高 等 学 校 专 业 教 材

食品质量管理学

庞 杰 刘先义 主 编

余 华 何明祥 项雷文 王良玉 副主编

中国轻工业出版社

图书在版编目（CIP）数据

食品质量管理学/庞杰，刘先义主编 . —北京：中国轻工业出版社，2021.12
普通高等教育"十三五"规划教材
ISBN 978 - 7 - 5184 - 1253 - 2

Ⅰ.①食… Ⅱ.①庞…②刘 Ⅲ.①食品—质量管理—高等学校—教材 Ⅳ.①TS207.7

中国版本图书馆 CIP 数据核字（2017）第 040769 号

责任编辑：马 妍 责任终审：滕炎福 封面设计：锋尚设计
版式设计：锋尚设计 责任校对：燕 杰 责任监印：张 可

出版发行：中国轻工业出版社（北京鲁谷东街 5 号，邮编：100040）
印 刷：北京君升印刷有限公司
经 销：各地新华书店
版 次：2021 年 12 月第 1 版第 7 次印刷
开 本：787×1092 1/16 印张：12.25
字 数：280 千字
书 号：ISBN 978 - 7 - 5184 - 1253 - 2 定价：36.00 元
邮购电话：010-85119873
发行电话：010-85119832 010-85119912
网 址：http://www.chlip.com.cn
Email：club@chlip.com.cn
如发现图书残缺请与我社邮购联系调换
KG1452-151575

本书编委会

前言 | Preface

　　"民以食为天"，食品关系国计民生，是人类生存、社会发展的重要的物质基础。食品质量安全状况是一个国家经济发展水平和人民生活质量的重要标志。我国政府始终坚持以人为本，高度重视食品质量问题，一直把加强食品质量安全管理摆在重要的位置。多年来，我国政府立足从源头抓质量，建立健全食品质量管理体系和制度，全面加强食品质量管理立法和标准体系建设，对食品实行严格的质量管理，积极推行食品质量管理的国际交流与合作。经过努力，我国食品质量总体水平稳步提高，食品安全状况不断改善，食品生产经营秩序显著好转。但是目前我国食品质量问题仍层出不穷，食品危害人民健康的事件也屡见不鲜，这些都带来了一定的社会危害。因此，认识食品质量问题的诸多因素和不断产生的新问题，完善食品质量管理体系，是生产者、经营者、管理者和消费者共同面临的重要课题。

　　本教材着重阐述食品质量管理的基础知识、食品法规标准、食品卫生质量控制体系和食品质量检验等的基本理论、基本技术和方法。教材收集了较广泛的国内外资料与案例，体现了食品质量管理的先进水平，在内容和体系编排上有所创新，并通过大量案例分析使教材内容通俗易懂。

　　本教材共 8 章，包括绪论、食品质量管理概论、食品质量管理、食品卫生标准操作程序、食品良好操作规范（GMP）、HACCP 食品安全管理体系、食品质量标准与法规和食品安全危害的应急管理案例分析等内容。

　　本教材由全国多所院校和监管部门共同参与编写，汇集了从事本领域教学与研究工作的师资力量，是集体智慧的结晶。本教材适用于高等院校食品科学与工程类专业本科生和研究生的教学工作，也可用于食品生产和经营企业的管理人员和生产技术人员学习参考。本书编写人员的分工为：第一章和第二章由福建师范大学福清分校项雷文编写，第三章由成都大学余华、福州市工业产品生产许可证审查技术中心何明祥、福建中医大学王雅立编写，第四章由成都大学余华、福建师范大学福清分校王良玉编写，第五章由内蒙古农业大学杨志华编写，第六章由浙江树人大学刘彩琴编写，第七章和第八章由福州市质量技术监督局刘先义统编，何明祥、陈婧、陈曦芸、张文颖参编。全书由福建农林大学庞杰统稿。

　　在教材的编写过程中得到了编者所在院校和出版社的帮助和支持，在此深表谢意。由于工作繁忙和时间紧迫，加之学科内容广泛和发展迅速，书中疏漏和不妥之处在所难免，恳请诸位同仁和读者赐教惠正。

编　者

2017 年 3 月

目录 | Contents

第一章 绪论 ·· 1

第一节 质量管理学的简史 ························· 1

一、质量管理学的早期研究 ····················· 1

二、质量管理学的理论研究 ····················· 3

第二节 食品质量管理的一般特性 ················· 5

一、严谨性 ·································· 5

二、专一性 ·································· 5

三、开放性 ·································· 6

第三节 食品质量管理研究的内容和意义 ············ 6

一、研究内容 ································ 7

二、研究意义 ································ 8

第四节 国内外食品质量管理研究状况及发展趋势 ····· 9

一、我国食品质量管理状况、研究现状及发展趋势 ··· 9

二、国外食品质量管理状况、研究现状及发展趋势 ··· 12

第五节 本课程的特点与学习要求 ················· 13

第二章 食品质量管理概论 ························· 15

第一节 食品质量管理的基本概念 ················· 15

一、质量 ··································· 16

二、质量管理 ································ 17

三、食品质量 ································ 18

四、食品质量管理 ···························· 21

第二节 食品质量管理的重要性 ··················· 22

一、食品安全方面的重要性 ····················· 22

二、食品加工和保藏方面的重要性 ··············· 23

三、食品营养方面的重要性 ····················· 24

四、食品分析方面的重要性 ····················· 24

第三节 食品质量管理体系 ······················· 24

一、质量管理体系审核和认证 ··················· 24

二、食品安全管理体系 ························· 25

　　三、ISO 22000 标准体系 ·· 28

第三章　食品质量管理 ··· 30

第一节　食品质量控制 ··· 30

　　一、食品原料中的危害控制 ·· 30

　　二、食品加工过程的危害物控制 ·· 31

　　三、食品质量设计控制 ··· 32

　　四、食品的容器、包装材料污染控制 ·· 32

　　五、食品储存和运输过程中的危害控制 ······································· 32

第二节　食品质量改进 ··· 33

　　一、质量改进定义 ·· 33

　　二、质量改进过程的管理 ··· 34

　　三、食品行业的质量改进 ··· 36

第三节　食品质量成本控管 ·· 36

　　一、质量成本的定义 ·· 36

　　二、质量成本管理 ·· 37

　　三、质量成本控制 ·· 37

第四节　食品质量管理常用的统计工具 ··· 38

　　一、统计分析表 ·· 38

　　二、数据分层法 ·· 38

　　三、排列图（柏拉图）··· 39

　　四、因果分析图 ·· 39

　　五、直方图 ··· 40

　　六、散布图 ··· 41

　　七、控制图 ··· 41

第四章　食品卫生标准操作程序（SSOP）·· 43

第一节　SSOP 的定义 ··· 43

第二节　SSOP 体系的起源与发展 ·· 43

第三节　SSOP 的基本内容 ·· 44

　　一、用于接触食品或食品接触面的水，或用于制冰的水的安全 ········· 45

　　二、食品接触表面的卫生情况和清洁度 ······································· 47

　　三、防止交叉污染 ·· 48

　　四、设施的清洁与维护 ··· 50

　　五、防止食品被外部污染物污染 ·· 51

　　六、有毒化合物质的正确标记、储存和使用 ································· 52

　　七、雇员的健康与卫生控制 ·· 54

　　八、虫害的防治 ·· 55

第四节　SSOP 与 GMP、HACCP 的关系 ·· 56

　　一、SSOP 与 GMP 的关系 ·· 56

二、SSOP 与 HACCP 的关系 ………………………………………………………… 57

第五节　SSOP 在实际生产中的应用 ……………………………………………… 57

一、加工用水的安全 ………………………………………………………………… 58

二、与食品接触的表面的卫生状况和清洁程度 …………………………………… 59

三、防止发生食品与不洁物、食品与包装材料、人流和物流、高清洁区的食品与
低清洁区的食品、生食与熟食之间的交叉污染 ……………………………… 61

四、手的清洗消毒设施以及卫生间设施的维护 …………………………………… 62

五、防止食品被污染物污染的规程 ………………………………………………… 63

六、有毒、有害化合物的储存及使用规程 ………………………………………… 64

七、雇员的卫生条件规程 …………………………………………………………… 64

八、防鼠灭蝇虫规程 ………………………………………………………………… 65

第五章　食品良好操作规范（GMP） ……………………………………… 67

第一节　概述 ………………………………………………………………………… 67

一、GMP 的起源与发展 …………………………………………………………… 67

二、我国 GMP 现状 ………………………………………………………………… 68

第二节　GMP 的内容 ……………………………………………………………… 68

一、食品原材料采购、运输和贮藏的良好操作规范 ……………………………… 68

二、食品工厂设计和设施的良好操作规范 ………………………………………… 70

三、食品生产过程的管理要求 ……………………………………………………… 71

四、食品生产用水的良好操作规范 ………………………………………………… 72

五、食品生产人员个人卫生的要求 ………………………………………………… 72

六、食品工厂的组织和制度 ………………………………………………………… 73

七、食品检验机构的职责 …………………………………………………………… 74

八、食品检验的内容和实施 ………………………………………………………… 74

第三节　GMP 的认证 ……………………………………………………………… 75

一、食品 GMP 认证工作 …………………………………………………………… 75

二、食品 GMP 认证标志 …………………………………………………………… 75

第六章　HACCP 食品安全管理体系 ……………………………………… 77

第一节　概述 ………………………………………………………………………… 77

第二节　HACCP 的起源与发展 …………………………………………………… 78

一、HACCP 的起源与发展 ………………………………………………………… 78

二、建立 HACCP 的意义和重要性 ………………………………………………… 80

第三节　HACCP 的原理与特点 …………………………………………………… 81

一、HACCP 基本术语 ……………………………………………………………… 81

二、HACCP 的基本原理 …………………………………………………………… 82

三、HACCP 特点 …………………………………………………………………… 86

第四节　HACCP 的建立 …………………………………………………………… 87

一、建立 HACCP 的基本要求 ……………………………………………… 87
二、HACCP 计划的制定和实施 …………………………………………… 88
第五节　HACCP 体系与 GMP、 SSOP、 ISO 的关系 …………………… 94
一、HACCP 与 GMP、SSOP 的关系 ……………………………………… 94
二、HACCP 与 ISO 9000 的关系 ………………………………………… 94
三、HACCP 与 ISO 22000 的关系 ……………………………………… 95

第七章　食品质量标准与法规 …………………………………………… 97
第一节　概述 ……………………………………………………………… 97
一、食品标准的演变与由来 ……………………………………………… 97
二、食品标准相关概念 …………………………………………………… 104
三、食品法规的演变与由来 ……………………………………………… 108
四、食品法规的定义及特性 ……………………………………………… 114
第二节　我国食品标准与法规 …………………………………………… 119
一、我国食品标准体系 …………………………………………………… 119
二、我国食品法律法规体系 ……………………………………………… 133
第三节　我国食品生产经营许可制度 …………………………………… 143
一、我国食品生产经营许可制度概况 …………………………………… 143
二、食品生产许可证 ……………………………………………………… 144
三、食品经营许可 ………………………………………………………… 148

第八章　食品安全危害的应急管理案例分析 …………………………… 151
第一节　食品安全危机管理 ……………………………………………… 151
一、危机管理的基本理论 ………………………………………………… 151
二、食品安全公共危机管理 ……………………………………………… 155
三、食品安全的企业危机管理 …………………………………………… 161
第二节　食品公共危机管理案例分析 …………………………………… 168
【案例】三聚氰胺奶粉危机事件分析 …………………………………… 169
第三节　企业危机管理案例分析 ………………………………………… 173
【案例1】瘦肉精事件中 A 企业危机管理分析 ………………………… 173
【案例2】B 企业"标准门"危机管理分析 …………………………… 176
【案例3】福建 C 乳品有限公司危机事件分析 ………………………… 179
第四节　食品危机管理案例启示 ………………………………………… 181
一、食品公共危机管理案例启示 ………………………………………… 181
二、食品企业危机管理案例启示 ………………………………………… 182

第一章　CHAPTER

1

绪　论

第一节　质量管理学的简史

质量管理学是哲学、行为科学、系统工程、控制论、数学、计算机技术等自然科学和社会科学相互渗透而形成的一门交叉学科。与其他科学的发展一样，质量管理学的发展也有其内在规律，它以社会对质量的要求为原动力，与世界经济发展密切相关。

一、　质量管理学的早期研究

纵观质量管理学发展历程，大致经历了五个阶段：传统质量管理阶段、质量检验管理阶段、统计质量控制阶段、全面质量管理阶段和标准化质量管理阶段。

1. 传统质量管理阶段

20 世纪以前，生产力发展水平较低，产品相对简单，生产规模较小，产品生产方式以手工操作为主，这时产品质量依赖于操作者本人的技艺和经验。产品生产、质量检验和质量管理集于操作者一身，甚至出了质量问题，也由操作者来解决。操作者的技艺和经验就是标准，并通过带徒授艺方式传承。对操作者的信任也成为消费者对产品信任的依据。因此这一阶段也称为"操作者的质量管理"阶段。

随着生产规模的扩大和生产工序的复杂化，操作者的质量管理就越来越不能适应这种发展，因此建立起工长的质量管理，先由工人自检，再由各工序的工长负责质量检验和把关，从而形成了质量检验的雏形。工业化大生产的出现使产品生产变得更为复杂，由工长负责质量检验和把关的模式不能适应工业化大生产的需要。

2. 质量检验管理阶段

质量检验管理阶段是从 20 世纪初至 30 年代末，是质量管理的初级阶段，主要特点是以事后检验为主。美国学者泰勒（F. W. Taylor）提出按照职能的不同进行合理的分工，首次将质量检验作为一种管理职能从生产过程中分离出来，建立了专职质量检验制度，并逐渐形成了制定标准（管理）、实施标准（生产）、按标准检验（检验）的三权分立。在理论基础方面，形成了大量生产条件下的互换性理论和规格、公差的概念等，规定了产品的技术标准和适宜的加工精度。质量检验人员根据技术标准，利用各种检测手段，对零部件和成品进行检查，做出合格与不合格的判断，避免不合格品进入下道工序或出厂，起到把关作用。

质量检验专业化的重要性至今仍不可忽视。只是早期的质量检验主要是在产品制造出来后才进行的，属于事后把关。在大量生产的情况下，即使检查中发现残次品，由于事后检验信息反馈不及时，对生产者来说已经造成了很大损失，并且全数检验增加了质量成本。故又萌发出"预防"的思想，从而导致质量控制理论的诞生。

3. 统计质量控制阶段

统计质量控制（Statistical Quality Control，SQC）形成于 20 世纪 20 年代，完善于 40 年代至 50 年代末，是质量管理发展史上的一个重要阶段，其主要特点是从单纯依靠质量检验事后把关，发展到工序控制，突出了质量预防性控制与事后检验相结合的管理方式，即事先控制，预防为主，防检结合。此阶段质量管理用数据说话并应用统计方法进行科学管理。

20 世纪 20 年代，在生产的推动下，统计科学得到发展。英国数学家费希尔（F. A. Fisher）结合农业试验提出方差分析与实验设计等理论，奠定了近代数理统计学基础。美国贝尔电话实验室成立休哈特（W. A. Shewhart）负责的过程控制组和道奇（H. F. Dodge）负责的产品控制组。休哈特提出统计过程控制（Statistical Process Control，SPC）理论并首创监控过程工具——控制图，奠定了质量控制理论基础。道奇与罗米格（H. G. Romig）提出检验理论，构成了质量检验理论的重要内容。但直至 1950 年，美国专家戴明（W. E. Deming）到日本推广品质管理，才使统计质量控制趋于完善。

统计质量控制阶段强调定量分析，在质量管理中引入数理统计方法，建立抽样检验法，改变全数检验为抽样检验；制定公差标准，保证批量产品在质量上的一致性和互换性。这是质量管理科学开始走向成熟的一个标志，为质量管理的进一步科学化奠定了理论基础。

统计方法的应用减少了不合格品，降低了生产成本。但是现代化大规模生产十分复杂，影响产品的质量因素多种多样，统计质量控制只关注生产过程和产品的质量控制，未能考虑影响产品质量的全部因素。因此单纯依靠统计方法不能解决一切质量管理问题。随着大规模系统的涌现与系统科学的发展，质量管理也走向了系统工程的道路。

4. 全面质量管理阶段

全面质量管理（Total Quality Control，TQC）从 20 世纪 60 年代开始，一直发展到现在。随着科技的发展，大规模系统开始涌现，人造卫星、第三代集成电路的电子计算机等相继问世，并相应出现了强调全局观点的系统科学；国际贸易竞争加剧，市场对产品品种、质量、服务的要求越来越高，这些都促使了全面质量管理理论的诞生与发展。其代表人物是美国的费根堡姆（A. V. Feigenbaum）与朱兰（J. M. Juran）等。

全面质量管理是一个组织以质量为中心，以全员参与为基础，目的在于通过让顾客满意和本组织所有成员及社会受益而达到长期成功的管理途径。其核心是"三全"管理，即全面质量，不限于产品质量，还包括服务质量和工作质量等在内的广义的质量；全过程，不限于生产过程，还包括市场调研、产品开发设计、生产技术准备、制造、检验、销售和售后服务等质量环节；全员参与，不限于领导和管理干部，而是全体工作人员都要参加。我国质量管理协会也给以相近的定义：企业全体职工及有关部门同心协力，综合运用管理技术、专业技术和科学方法，经济地开发、研制、生产和销售令用户满意产品的管理活动。全面质量管理阶段的突出特点就是强调全局观点、系统观点，是系统科学全局观点的反映，因此称之为质量系统工程。

但是，全面质量管理学说只是提出了一般的理论，各国在实施全面质量管理时应根据本国的实际情况，要考虑本民族的文化特色，提出实用的、具有可操作性的具体方法，逐步推广实施。如日本在 20 世纪 90 年代实行全公司质量管理（Company Wide Quality Control，CWQC），认为必须结合全公司或全集团每一个部门的每一个员工，通力合作，构成涵盖配套企业、中心企业、销售企业的庞大体系，形成共识，对每一环节实行有效管理。

5. 标准化质量管理阶段

20 世纪 80 年代开始，我国产品的生产、销售全球化。由于不同民族、国家有着不同的社会历史背景，质量观点不一，易形成国际贸易的障碍，这就要求在产品质量上要有共同的语言和共同的准则。产品和服务质量的国际标准化是由各国公认的国际标准化组织对各类产品和各项服务制定统一的产品标准和服务规范，这有助于国际间经贸往来与交流合作。

朱兰指出 21 世纪是质量的世纪，这意味着质量管理科学将在本世纪会有蓬勃发展。质量管理系统将作为社会系统的子系统而得到更大发展，并受到政治、经济、科技、文化和自然环境的制约。因此，质量管理将进入一个新的发展阶段，可称之为社会质量管理（Social Quality Management，SQM）阶段，未来可向全球质量管理（Global Quality Management，GQM）阶段发展。

二、 质量管理学的理论研究

质量管理学是研究和提示质量形成和实现过程的客观规律的科学，其研究范围包括微观质量管理与宏观质量管理。微观质量管理着重从企业、服务机构的角度，研究组织如何保证和提高产品质量、服务质量；宏观质量管理则着重从国民经济和全社会的角度，研究政府和社会如何对工厂、企业、服务机构的产品质量、服务质量进行有效的统筹管理和监督控制。由于质量、技术、管理密不可分，质量管理必须是质量、技术与管理的结合。所以质量管理也是管理科学与自然科学、技术科学结合的一门边缘科学，涉及面十分广泛。

在全面质量管理阶段，为了进一步提高和保证产品质量，又从系统观点出发，在原有质量管理理论基础上，提出了以下若干新理论。

1. 质量保证理论

质量保证就是对产品的质量实行担保和保证。卖方市场中不存在真正意义上的质量保证。在买方市场形成初期，质量保证也只停留在恢复缺陷产品质量的包退、包修、包换水平，用户得到有限补偿。买方市场成熟后，质量保证的内容和范围都发生了质的变化。质量保证从传统的、只限于流通领域扩展到生产经营的全过程，供方向需方提供产品和服务本身的信誉，并要出示能够保证长期、稳定生产，满足需方要求的全面质量证据。

2. 产品质量责任理论

为制止企业和个体经营者的不正当竞争行为，减少质量事故的发生，保护消费者利益，必须进行质量监督和制定相应的质量法规，从而形成了产品质量责任理论。

3. 质量经济学

从宏观角度看，质量经济学研究质量形成的经济规律，分析价格、税收经济杠杆对促进产品质量提高的作用，对实施质量政策的经济评价等。从微观角度看，质量经济学分析研究为获得一定的质量所投入的资源的经济效益，经济质量控制（Economical Quality Control，EQC）即属于这类内容，以德国的冯·考拉尼（Elart von Collani）为代表。其他如朱兰、费根堡姆提出质量成本的概念及核算方法；美国麦尔斯（L. D. Miles）提出价值工程、价值分析的理论。质量经济学的研究虽然已取得了相当多的成果和经济效益，但作为一门完整的科学尚有待于进一步完善和开拓。

4. 质量文化

质量文化是指企业在生产经营活动中所形成的质量理念、质量意识、质量精神、质量行为、质量价值观、质量道德观、质量形象以及企业所提供的产品或服务等实物质量的总和，从质量道德观、质量价值观等方面约束人们的行为，提高人们自觉的质量意识，质量文化的发展将会代表更高水平的全面质量管理。企业质量文化的形成和发展反映了企业文化乃至社会文化的成熟程度，要从社会、文化、法律和社会心理等方面进行培育和建设，努力探索，形成具有自身特色的企业质量文化。

5. 质量管理与电子计算机的结合

应用电子计算机集成制造系统（Computer Intergrated Manufacturing System，CIMS）把一个企业从市场调研、确定产量、制造、运输、销售等各个环节全部用电子计算机进行控制和优化，还有电子计算机集成质量系统（Computer Integrated Quality System，CIQS）。随着网络发展，电子计算机在质量管理中将不单用于生产过程的在线控制，还将用于整个经营系统中与质量有关的决策和控制，如质量并行工程（Quality Concurrent Engineering，QCE）和质量重建工程（Quality Reengineering，QR），这是质量管理在现场运行的未来发展模式，也是解决质量控制与自动控制如何结合的途径。

6. 质量诊断理论

质量诊断理论有可能与其他行业的诊断，如设备故障诊断、人体诊断等统一成为综合的诊断理论。传统的休哈特质量控制理论对于生产异常只能显示异常，但不能进行诊断。我国张公绪先生于1982年提出的质量诊断概念和两种质量诊断理论，开辟了统计质量控制理论的新方向，从此SQC上升为统计过程控制与诊断（Statistical Process Control and Diagnosis，SPCD）。自20世纪90年代起，SPCD又上升为统计过程控制、诊断与调整（Statistical Process Control，Diagnosis and Adjustment，SPCDA），国外称为算法的统计过程控制（Algorithmic Statistical Process Control，ASPC）。

7. 柔性生产系统理论

随着生产过程自动化和自动检测技术的广泛应用，检验环节的集成化程度明显增加。质量控制与抽样检验理论将沿着多元化、小样本化、模糊化、柔性化等方向继续深入发展。自动生产、自动检测、自动判断以及自行反馈等集成化，具有很高的时效性，简化管理。统计过程控制的贯彻，销售服务的完善和工人自主管理活动的推广为在生产过程中推广无检验方式提供了可靠的保证。此外，质量控制与抽样检验也可用统一的理论进行描述和处理。

8. 质量改进理论与田口方法

质量改进是质量体系有效运行的驱动力，是实施质量保证的有力手段。日本田口玄一发展出稳健性设计（Robot Design）方法，提高了日本产品质量以及产品开发能力，成为质量改进理论的一个重要内容，在设计低成本、高质量的产品时得到广泛应用。

9. 质量功能展开理论

质量功能展开（Quality Function Deployment，QFD）是日本赤尾洋二利用矩阵表将消费者的需求转化为所开发产品的规格要求，作为开发设计任何产品的第一步。例如，丹麦食品工业中的著名点心曲奇就用 QFD 进行设计。

10. 零缺陷质量管理

美国军工企业在生产导弹时，提出零缺陷质量管理（Zero Defect Management，ZDM）概念，即所有生产过程都以零缺陷为质量标准，操作者都要做到第一次做就完全做对，并且制造业用 6σ 控制原则来替代 3σ，使稳态不合格品率降低。因此，零缺陷质量管理是建立在科学方法和先进技术基础上的管理执行标准和工作态度，已逐步发展并形成了一整套先进的控制图评价标准和统计判别原则，成为质量管理学科的新分支。对于大众食品的生产不可能采用零缺陷质量管理模式，但对航天食品必须要采用这种管理模式。

第二节 食品质量管理的一般特性

食品质量管理学作为质量管理学的一个分支，也是一门管理科学，因此也具有管理的二重性，具有自然属性和社会属性。自然属性就是指食品质量管理的一般规律；由于制度不同，地区和行业不同，各企业情况不同，食品质量管理又有所差异，这就是食品质量管理的社会属性。各食品企业要结合自身特点，因地制宜、创造性地开展质量管理活动。食品质量管理具有严谨性、专一性、开放性等一般特性。

一、 严谨性

食品质量管理是质量管理的理论、技术和方法在食品加工和贮藏工程中的应用。食品是一种对人类健康有着密切关系的特殊有形产品，它既符合一般有形产品质量特性和质量管理的特征，又具有其独有的特殊性和重要性。因此食品质量管理需要严谨性。

二、 专一性

食品质量管理对产品功能性和适用性有特殊要求。食品的功能性除了内在性能、外在性能以外，还有潜在的文化性能。内在性能包括营养性能、风味嗜好性能和生理调节性能；外在性能包括食品的造型、款式、色彩、光泽等；文化性能包括民族、宗教、文化、历史、习俗等特性。因此在食品质量管理上还要严格尊重和遵循有关法律、道德规范和风俗习惯的规定，不得擅自做更改。例如清真食品在加工时有一些特殊的程序和规定，也应列入相应的食品质量管理的范围。因此食品质量管理具有专一性。

食品质量管理具有专一性还表现在特殊食品的适用人群。许多食品适应于一般人群，但也有部分食品仅仅针对一部分特殊人群，如婴幼儿食品、孕妇食品、老年食品、运动食品等。政府及主管部门对特殊食品制定了相应的法规和政策，建立了审核、检查、管理、监督制度和标准，因此特殊食品的质量管理一般都比普通食品有更严格的要求和更高的监管水平。

食品质量管理具有专一性还表现在食品的适用标准上。不同食品适用于不同的标准，如《食品添加剂使用标准》（GB 2760—2014）、《预包装食品标签通则》（GB 7718—2011）和一系列检测标准（GB 5009），不同食品还有相应的标准等。

三、 开放性

食品质量管理在空间、时间、对象上具有开放性。

在空间上的开放性包括田间、原料运输车辆、原料贮存车间、生产车间、成品贮存库房、超市或商店、运输车辆、冰箱、再加工、餐桌等环节的各种环境。从田间到餐桌中的任何疏忽都可使食品丧失食用价值。

在时间上的开放性包括3个主要时间段：原料生产阶段、加工阶段和消费阶段，其中原料生产阶段时间特别长。对加工企业而言，在加工阶段，对在制品和产品的质量管理和控制能力较强，而对原料生产阶段和消费阶段的管理和控制能力往往鞭长莫及。在时间上的开放性还表现在食品质量的时效性上。随着技术水平和人们生活水平的提高，对质量的要求也不断提高，各种标准也在不断地被修订。例如，原先被顾客认为质量好的产品可能会因为顾客要求的提高而不再受到顾客的欢迎。因此，食品企业应不断地调整对质量的要求。

开放性还表现在管理对象的复杂性。食品原料包括植物、动物、微生物等。许多原料在采收以后必须立即进行预处理、贮存和加工。而且原料大多为具有生命机能的生物体，必须控制在适当的温度、气体分压、pH等环境条件下，才能保持其鲜活和可利用的状态。食品原料还受产地、品种、季节、采收期、生产条件、环境条件的影响，这些都会改变原料的化学组成、风味、质地、结构，进而改变原料的质量和利用程度，最后影响到产品的质量。因此增加了食品质量管理的难度，只有随原料的变化不断调整工艺参数，才能保证产品质量的一致性。

开放性还表现在质量的相对性。需求不同，质量要求也就不同。不同的人对质量的要求是不同的，因此会对同一产品的功能提出不同的要求，也可能对同一产品的同一功能提出不同要求。例如薯片，有的人喜欢番茄酱口味的，有的人喜欢吃咸味的。消费者对一种食品的热情不会维持很久，对食品口味的要求经常发生变化。因此食品质量管理也必须不断进行市场调查，及时调整工艺参数，提高产品的适应性。

第三节　食品质量管理研究的内容和意义

食品工业是人类的生命产业，是一个古老而又永恒的产业。食品产业是世界制造业的第一大产业。我国有近14亿人口，应当成为食品工业的大国和强国。发展食品工业是我国经济发展的一大战略。2012 年我国食品工业总产值 89551 亿元，占全国工业总产值的 11.2%，就业人数 707 万人，成为整个工业中为国家积累产值和吸纳就业人数最多的产业。目前中国食品工业总体发展水平还比较低，农产品加工率不高，产品结构不合理，生产技术水平有待继续提高，还应建立健全食品工业质量安全监督检查体系，确保食品安全。

一、 研究内容

食品质量管理研究的内容包括食品质量管理的基本理论和基本方法、食品卫生与安全的质量控制、食品质量管理的法规和标准以及食品质量检验的制度和方法四个主要研究方向。

1. 食品质量管理的基本理论和基本方法

食品质量管理是质量管理在食品行业中的应用。因此质量管理学科在理论和方法上的突破必将深刻影响食品质量管理的发展方向。同时，食品质量管理在理论和方法上的进展也会促进质量管理学科的发展，因为食品工业是制造业中占据重要份额且发展最快的行业。

质量管理基本理论和基本方法主要研究质量管理的普遍规律、基本任务和基本性质，如质量战略、质量意识、质量文化、质量形成规律、企业质量管理的职能和方法、数学方法和工具、质量成本管理的规律和方法等。质量战略和质量意识研究的任务是探索适应经济全球化和知识时代的现代质量管理理念，推动质量管理上一个新的台阶。企业质量管理重点研究的是综合世界各国先进的管理模式，提出适合各主要行业的行之有效的规范化管理模式。数学方法和工具的研究正集中于超严质量管理控制图的设计方面。质量成本管理研究的发展趋势是把顾客满意度理论和质量成本管理结合起来，推行综合的质量经济管理新概念。

2. 食品卫生与安全的质量控制

食品卫生与安全质量控制是食品质量管理的核心和工作重点。食品卫生与安全问题是全球性的严重问题，不仅发展中国家存在，发达国家也存在着严重的食品卫生和安全问题，如英国的疯牛病、日本的大肠杆菌 O157 事件和比利时的二噁英事件等。WHO 认为食品卫生与安全是其工作重点和优先解决的领域，为防止欺骗行为和保护人类健康安全，各国有权采取贸易技术壁垒，实施与别的国家标准、导则或建议不尽一致的技术法规、标准和合格评定程序。但是，部分国家也会以食品卫生与安全为借口进行贸易壁垒的设置。

食品良好操作规范（Good Manufacturing Practice，GMP）、危害分析与关键控制点（Hazard Analysis and Critical Control Points，HACCP）系统和 ISO 9000 标准系列都是行之有效的食品卫生与安全质量控制的保证制度和保证体系。食品 GMP 是食品企业自主性的质量保证制度，是构筑 HACCP 系统和 ISO 9000 标准系列的基础。HACCP 系统是在严格执行 GMP 的基础上通过危害风险分析，在关键点实行严格控制，从而避免生物的、化学的和物理的危害因素对食品的污染。ISO 9000 标准系列是更高一级的管理阶段，包含了 GMP 和 HACCP 的主要内容，体现了系统性和法规性，已成为国际通用的标准和进入欧美市场的通行证。

但这些普遍原则缺乏针对性，在执行过程中需要较长期的磨合。GMP、HACCP 和 ISO 9000 标准在内容上重复之处颇多，因此推出了一种针对性强、易于操作的规范制度 ISO 22000。

食品企业在构建食品卫生与安全保障体系时，首先要根据自身的规范、生产需要和管理水平确定适合的保证制度，然后结合生产实际把保证体系的内容细化和具体化，这需要进行一系列的试验研究。

3. 食品质量管理的法规和标准

食品质量管理必须走标准化、法制化、规范化管理的道路。国际组织和各国政府制定了各种法规和标准，旨在保障消费者的安全和合法利益，规范企业的生产行为，防止出现恶性食品卫生与安全事件，促进企业的有序公平竞争，推动世界各国的正常贸易，避免不合理的贸易壁垒。

对于我国政府、企业和人民来说，食品质量法规和标准的研究有着更重要的现实意义。我国社会主义市场经济正处于建立、逐步完善和发展阶段，法制建设也处于完善、发展阶段，企业在完成原始积累以后正朝着现代企业目标前进，广大人民群众在生活水平提高后更关注食品质量问题，因此我国管理部门、学术机构和企业都应十分关注和研究食品质量法规与标准。

食品质量法规与标准有国际组织的、世界各国的和我国的三个主要部分。国际组织和发达国家的食品质量法规与标准是我国法律工作者在制定法规与标准时的重要参考，食品出口企业在组织生产时也应严格遵照出口对象国的法规与标准进行目标管理，即使内销企业也可等同采用国际标准，提高企业的管理水平和国际竞争力。中国在加入 WTO 以后正全力组织研究食品法典委员会（Codex Alimentarius Commission，CAC）、WHO、国际乳品联合会（International Dairy Federation，IDF）和国际葡萄与葡萄酒局（International – Vine and Wine Office，IWO）等国际组织及美国、加拿大、日本、欧盟、澳大利亚等国（地区）的食品法规与标准，并大幅度地制定新的法规标准和修订原有的法规标准，这就要求企业和学术界紧跟形势。

在学习研究法规和标准时，除掌握具体内容外，还应了解法规发生的背景、依据、指导思想、体系、主要侧重点和存在问题等，洞悉法规和标准形成和发展的趋势。食品企业应根据国际国内的法规标准，结合企业实际，制定企业自身的各项制度和标准体系。

4. 食品质量检验的制度和方法

食品质量检验是食品质量控制的必要的基础工作和重要的组成部分，是保证食品卫生与安全、营养、风味、品质的重要手段，也是食品生产过程质量控制的重要手段。食品质量检验主要研究确定必要的质量检验机构和制度，根据法规和标准建立必需的检验项目，选择规范化的切合实际需要的采样和检验方法，根据检验结果提出科学合理的判断。

食品质量检验的热点问题有，根据实际需要和科学发展，提出新的检验项目和方法，例如基因工程的出现就要求对转基因食品进行检验。食品进口国对农残和兽残的限制越来越严格，要求检验手段和方法要随之升级。传统的或法定的检验方法比较繁复和费时，难以在实际生产中指导生产，因此需要发展在精度和检出限上相当而又简便、快捷的方法。现代质量管理要求及时获取信息并反馈到生产线上进行检控，因此希望开展在线检验（On – line Quality Control，On line QC），红外线检测等无损伤检验手段已经在生产中得到应用。

二、 研究意义

食品安全直接关系到广大人民群众的身体健康和生命安全，关系国家的健康发展和社会的和谐稳定。对食品安全的信心，同时也是对社会、国家和政府的信心。质量管理也是生产力发展到一定水平的产物，是反映一个国家、地区、企业发展水平的标志，质量管理水平和受重视程度随着经济和社会的发展而提高。食品质量管理的作用主要体现在如下几个方面。

1. 有助于保障消费者身体健康

食品生产和流通环节比较多，如不注意加强质量管理，容易造成食品污染，从而危害消费者身体健康，甚至危及生命。搞好食品质量管理，可以预防、减少食物中毒和食源性疾病的发生，有助于保障消费者身体健康。

2. 有助于提高食品工业产品竞争力

食品工业产品能否占有市场，具有较强的竞争力，很大程度上取决于产品的质量状况，只有稳定的产品质量才能赢得市场。食品安全事故不但挫伤消费者的信心，而且会对食品企业产生致命的打击，产生"劣币驱逐良币"的负效应，甚至毁掉一个行业。如南京冠生园陈馅月饼事件让历史悠久的老品牌一夜倒塌，导致全国月饼行业的信任危机；三鹿奶粉三聚氰胺事件让国产奶粉进入寒冬。

3. 有助于提高食品企业的经济效益

搞好食品质量管理，有助于减少生产过程中的废品损失和浪费，减少原材料、动力和工时的消耗，降低产品的成本，从而提高劳动生产率，用比较少的消耗生产出更多更好的食品；有助于使产品尽快占有市场，从而缩短库存期，加速资金周转，提高食品生产企业的经济效益。

4. 有助于促进国际贸易的健康发展

加强食品质量管理有助于企业按国际通用标准生产出高质量的产品。加入 WTO 以后，我们一方面要加强食品质量管理，提高出口食品质量，促进食品出口；另一方面也要提高检测、检验水平，提供有力的质量保证，推动食品的出口，从而坦然面对进口对象国的贸易技术壁垒问题。

第四节　国内外食品质量管理研究状况及发展趋势

一、 我国食品质量管理状况、 研究现状及发展趋势

改革开放以来，越来越多的食品企业意识到食品质量安全重于泰山，企业靠市场，市场靠商品，商品靠质量，以质量站稳市场，以质量开拓市场，并将质量管理的理论和实践应用到食品企业中来。当前我国食品企业的质量管理工作发展并不平衡，出现了两极分化。经济效益较好的食品企业，质量管理已初步实现制度化、程序化、规范化；而效益滑坡的食品企业，疲于应付生存危机，质量工作存在着不同程度的失控现象。具体来说，目前我国食品生产企业质量管理工作中比较突出的问题表现在以下几个方面。

1. 质量意识淡薄

在不少食品企业中，无论是管理层还是员工，对食品质量和食品质量管理的认识普遍存在一定程度的偏差。比如对产品质量的内涵、质量控制内容认识不足。一些食品企业的管理层认为产品质量是质量保证部门的事，过多地依赖质量检验。在许多食品企业，质量的重要性未能体现在各项工作中，当质量与其他指标如产量、销售额发生冲突时，质量往往成为牺牲品。

　　加强食品企业的质量管理是一项系统工程，必须从企业实际出发，解决制约质量管理的根本性问题。食品企业首先要加强企业领导和员工的质量意识，不断提高质量管理手段，完善各项质量管理体系，加强质量监督，以法治代替人治，积极提高员工积极性并全面参与质量管理，只有这样才能使食品企业质量管理水平不断提高，产品质量不断改进，企业效益不断提升。

　　2. 未能进行有效的质量管理

　　粗放的原料生产方式制约质量管理。由于食品生产加工的原料大量来源于千家万户粗放型操作，而非集约化生产的原料基地，生产产业化程度较低，即便现在时髦的公司＋农户形式，也难以避免粗放型原料生产带来的各种安全弊病。粗放的生产管理、相对落后的生产技术以及多种原料来源，造成原料安全质量的不一致性，农药、兽药残留、寄生虫以及物理性异物等食品安全危害，都可能随着原料进入食品加工过程。

　　对食品卫生与安全问题追溯性差。在劳动密集型食品加工方式下，如果不对员工的个人卫生状况进行严格管理，细菌很容易通过这些员工的呼吸、唾液和创口污染正在加工中的食品。又如化学危害，粗放型原料生产方式，导致超标农、兽药残留进入食品链。原料带入的物理性危害比加工过程中的更易发生（发达国家正好相反），如在水产品中发现的鱼钩、为使原料规格符合要求人为加入的金属块等。这应向日本看齐，日本市场中大量的农产品包装袋印有二维 QR 码，消费者用手机打开读码器对准 QR 码，就能看见包装内与食品有关的所有信息，确保了食品质量的可追溯性。以黑毛日本牛肉为例，QR 码信息包括牛肉外观以及每 100g 肉所含不饱和脂肪酸、氨基酸等营养成分的量，信息具体到生产黑毛日本牛的农场，不仅有生产者的姓名、地址、照片，还包括牛饲养过程中使用的饲料、药品、用药目的，宰杀牛和加工牛肉的屠宰场和肉类加工厂的名称、地址、电话等。附加文件则包括牛的血统证明书、饲养证明书和检疫证明书。

　　多数食品生产企业还是以企业主亲自坐镇指挥的方式进行经营管理，从而限制了企业主对企业经营战略级、开发新领域的可行性进行深入研究，使企业始终处于人治阶段，形成不了成熟的运行规则。每个管理人员形成自成体系的管理模式，极易随着人员流动被新的管理模式所取代。

　　3. 食品质量安全标准水平低，不完善

　　标准化是质量管理的基础。现有中小食品生产企业多数遵循着个体工商户—作坊式企业—规模企业的发展路径，标准化工作起点低。标准化问题主要体现在技术标准体系不健全，部分企业只有一个产品标准或标准样品，没有检测、工艺、计量、生产等技术标准；管理标准和工作标准体系不健全，没有主要的职能管理制度。不少企业没有任何文字章程，或者有令不行、有禁不止，规章制度流于形式。并且我国食品安全标准体系严重滞后。早在 1995 年欧盟食品法就已经禁止在食品中使用苏丹红一号，但国内直到 2005 年才意识到。企业标准与国家标准存在不配套、相互矛盾、不便执行的情况。技术指标水平高低不一，采用国际标准比例少，关键是执行标准差距较大，有大量食品无标生产、无标上市、无标流通，在城乡结合部和广大农村市场尤为明显。标准覆盖范围不全，有的一品多标，有的无标。农药及兽药残留量标准不健全，从而导致企业相关检验出现漏洞。

　　4. 质量管理员工素质整体水平有待提高

　　食品企业严重缺乏质量管理人才，在岗的质量管理人员素质参差不齐，许多企业的经营者和技术人员缺乏系统的质量专业知识和技能的培训。技术和管理人才的缺乏，导致了企业质量管理水平低下。再就是企业员工对质量管理的参与大多是被动的，主动关心企业，积极提高产品质量和工作质量的并不普遍。

5. 质量管理技术落后

与发达国家相比，我国质量管理的关键检测技术落后，体现在仪器设备落后、检测方法落后、检测方法的标准化程度低和标准参考物质缺乏等方面。而发达国家的食品安全检测技术呈现出速测化、系列化、精确化和标准化的特征。

食品安全过程控制技术落后，体现在缺乏或没有推广应用清洁生产技术和产地环境净化技术；投入品安全控制缺乏；食品包装和贮藏技术落后；对新原料、新技术和新工艺的食品安全问题没有深入研究等方面。

质量管理手段明显不足。我国食品生产企业应用控制图控制生产过程的比例极低，采用工序能力分析等质量方法的为数更少，质量检验仍是控制质量的最常用、最重要的手段，粗放型管理仍占主流。由此导致不合格品损失居高不下，尤其是中小型企业，只有50%左右能够使用统计方法收集和分析数据，许多企业尚处于凭经验判断的阶段。

6. 相关监督机制不完善

我国大部分食品企业都是从家庭小作坊转变而来的，经营管理经历从不规范到规范，从不完善到完善的发展过程。质量管理在很多企业中未能得到重视，对产品质量的控制还处于初期阶段。比如，对原材料无自检能力，只能靠供货方的质检单，无法核实原料是否与质检单一致。认为第三方的公正检验耗时耗力，增加成本，从而造成产品合格率低，反而增加了成本，降低了市场竞争能力。

尽管许多中小型食品企业都通过了国际标准认证，但是食品企业往往认证动机不纯，获证企业为的是取证，而认证机构只为获取效益；咨询、认证人员知识结构不够合理、素质参差不齐，无法有效地指导企业建立质量管理体系；有关机构政策引导与监管力度不够，对认证企业和获证企业的后续管理不到位。这些都导致食品安全、质量问题不少。三鹿奶粉事件就是这一系列食品安全事故中的典型事件。因此有必要完善我国食品企业在通过国际标准认证后的质量管理体系实施过程中的监督机制，促进我国食品企业质量管理水平的提高。

质量管理是一门新兴的学科，历史不长，将它应用于食品工业生产则时间更短。要将质量管理的基本原理和方法应用于食品生产，搞好食品质量管理，不断提高食品质量，还有很多工作需要去做。特别在我国现在还存在着将食品卫生管理代替食品质量管理的趋向，食品质量管理工作没有得到普遍重视。因此，必须了解食品质量管理的发展趋势，明确方向，不断提高我国的食品质量。食品质量管理发展趋势如下所示。

1. 食品质量管理向全面质量管理发展

食品质量是受食品企业生产经营活动过程中多种因素影响的结果。要保证和提高食品质量，使其满足用户不断增长的需要，必须把影响质量的因素，全面地、系统地管起来，实行全面质量管理。

2. 食品质量管理工作对掌握专门技术的要求将越来越高

在质量管理方面发生的重要变化是，质量管理人员掌握了质量管理领域的专业技能。我国食品质量管理的整体水平逐年提高，对高质量食品质量管理方面的人才需求将随之增长。质量管理人员已不像过去那样只由检验员和统计员所组成。今天工业产品的高度技术性和复杂性，使几年前还很常见的质量管理做法变得陈旧不堪，要求设计人员和质量管理人员间建立起更加密切和相互支持的关系。质量管理已变成了技术性的职业。对食品工业来说也是如此，食品质量管理工作对掌握专门技术的要求将越来越高。

3. 计算机在食品质量管理中将得到更广泛的应用

许多质量管理工作者都力图以数学方法来尽早地鉴别出生产系统的质量问题，使用费用最少。以数学手段为基础的质量管理工作，可用自动化数据处理方法有效地处理不同来源的数据信息，使其变成有意义的、可用的形式。计算机已用于质量管理的许多方面，如质量设计、工序控制、质量检验等。未来的质量管理包括食品质量工作将依靠附属于计算机的综合信息系统。

4. 食品质量管理将越来越受到重视

21 世纪是质量的世纪。随着我国经济的增长、生活水平的提高，人民对食品的要求向安全、卫生、营养、快捷等方面发展。要实现国民经济持续、快速、健康发展，必须切实提高国民经济的整体素质，优化产业结构，全面提高农业、工业和服务业的质量、水平和效益。农业和农村经济结构调整，要求农民按市场需求生产优质安全的农产品或食品加工原料。国内外食品贸易的增长也要求加强对食品的质量和安全的监督、管理力度。

5. 食品质量管理将加快法制化进程

随着我国法制化建设进程的加快，我国将逐步完善食品质量与安全的法律法规，建立健全管理监督机构，完善审核、管理、监督制度，制定农产品及其加工品的质量安全控制体系和标准体系，将与国际先进水平进一步接轨，对破坏食品质量安全的违法经营行为将增加打击力度。

6. 食品质量管理学科建设走向成熟

食品质量管理将随着食品工业和国际食品贸易的发展而逐步成熟完善。食品质量管理专业教育和科研队伍不断壮大，学术水平将不断提高，特别是中青年学术骨干将担负起发展食品质量管理学科的重任。

超严质量管理、零缺陷质量控制稳健设计等理论及其在食品中的应用将会有突破性的进展。无损伤检验、传感器技术、生物芯片、微生物快速检测等技术及其应用将加快发展步伐。我国食品质量与安全专业的本科教育已经有了好的开端。食品管理的国际学术交流活动和研讨活动呈现增长趋势。

开展食品安全风险分析工作。对食品中有害人体健康的因素进行评估，根据风险程度确定相应的风险管理措施，控制或者降低食品安全风险，并且在风险评估和风险管理的全过程中保证风险相关各方保持良好的风险交流状态。

二、 国外食品质量管理状况、 研究现状及发展趋势

质量管理是生产力发展到一定水平的产物，质量管理水平和受重视程度也随着经济和社会发展而提高。质量管理水平是反映国家、地区、企业发展水平的标志。一般情况下，发达国家、一个国家内经济发达地区、同一地区内实力雄厚有竞争力企业的质量管理水平较高。

20 世纪 50 年代以来，世界各国在食品安全管理上掀起了三次高潮，第一次是在食品链中广泛引入食品卫生质量管理体系与管理制度；第二次是在食品企业推广应用危害分析与关键控制点（HACCP）质量保证体系；第三次是开展食品安全风险分析工作。

随着经济全球化、贸易自由化和食品国际贸易的迅速发展，饮食的地域界限被打破，导致食品的不安全因素越来越多，食品安全的重要性日益凸显。如何做到既能保证公平贸易，又能有效规避风险及保障公众健康是食品质量管理必须面对的重大课题。近几年全球性食品安全事件的频繁发生，人们已经认识到基于产品检测的事后管理体系在效果和效率上都不尽如人意。事后检测无法改变食品已被污染的事实，对每一件产品进行检测会花费巨额成本。因此，现代食品安全风险管理的着眼点应该是进行事前有效管理。

现代生命科学可以探讨生命过程的详细机制，现代化学可定量检测出极低浓度的化学物质，但这些进展并不能直接反映食品安全与否的问题。食品安全风险分析以现代科学技术和很多生物学数据为基础，选择适当的模型对食品的不安全性进行系统研究。风险分析将贯穿食物链（从原料生产、采集到终产品加工、储藏、运输等）各环节的食源性危害均列入评估内容，考虑了评估过程中的不确定性、普通人群和特殊人群的暴露量、权衡风险与管理措施的成本效益、不断监测管理措施（包括制定的标准法规）的效果并及时利用各种交流信息进行调整。特别需要指出的是在风险分析过程中，评估者与管理者的职能划分使决策更加科学和客观。推导出科学、合理的结论，使食品的安全性风险处于可接受的水平，这就是食品风险分析在食品质量管理中的应用。

第五节　本课程的特点与学习要求

食品质量与安全问题是当今社会普遍关注的热点问题，如何保证食品质量与安全也成为各国政府、企业、学者以及消费者迫切需要解决的问题。食品质量管理学集食品科学、管理学、分析化学、统计学等于一体，是食品专业一门重要的专业课程。学好食品质量管理学，有助于食品从业者提高质量管理水平、确保食品的质量和安全。食品质量管理的理论和实践在不断前进，在系统性、全面性、新颖性、实践性等方面提出了更高要求。

随着食品质量管理科学的发展，其内容已经十分丰富。从经典的全面质量管理到质量保证体系；从 GMP 到 HACCP；从传统的符合性质量观到如今迅速发展的让消费者满意理念的质量经营战略；从产品质量管理到服务质量管理；从单纯的企业经营管理行为和方法到与国际接轨，采用国际通行的质量标准和管理体系。作为食品质量管理学的教材，本书主要介绍食品质量管理的基本概念和特点、基本理论和方法。同时介绍一些当今国外食品管理研究和应用的最新成果。本书体现出如下特点。

1. 内容更加系统化

按照食品质量管理的内容，从食品质量管理的基本概念入手，详细阐述了食品质量设计、质量控制、质量保证、质量改进和质量成本管理等内容，使本书内容更加全面和系统。

随着食品质量和安全管理体系不断更新、食品质量法规和标准的不断修订，本书紧跟时代，与时俱进，不断补充新的内容。如在本书中 SSOP、GMP 和 HACCP 采用最新的版本进行编写，增加食品质量标准与法规内容等，使本书内容更加新颖和现代化。

2. 易读性和实践性强

为了使学生理解质量管理的内容，本教材列举了大量的教学和实践案例，并将食品安全危害的应急管理案例分析作为一章，实现理论和实践结合，避免了空谈理论，内容枯燥乏味。

3. 强调灵活性和创新性

任课教师可根据本学校教学安排和课程设计灵活选择本教材有关章节来讲授，并强调课程内容的理论创新和实践创新。

🔍 思考题

1. 质量管理学发展经历哪几个历程？
2. 在全面质量管理阶段，提出哪些新理论？
3. 食品质量管理有哪些特性？
4. 食品质量管理研究的内容主要有哪些？
5. 试述食品质量管理研究的意义。
6. 简述国内外食品质量管理研究状况及发展趋势。
7. 我国食品质量安全存在的主要问题？

参考文献

［1］吴广枫主译．食品质量管理技术—管理的方法．北京：中国农业大学出版社，2005.

［2］陆兆新主编．食品质量管理学．北京：中国农业出版社，2004.

［3］刁恩杰主编．食品质量管理学．北京：化学工业出版社，2013.

［4］赵光远主编．食品质量管理．北京：中国纺织出版社，2013.

［5］宁喜斌主编．食品质量安全管理．北京：中国质检出版社，2012.

［6］陈宗道，刘金福，陈绍军主编．食品质量管理．北京：中国农业大学出版社，2003.

［7］苑函主编．食品质量管理．北京：中国标准出版社，2011.

［8］冯叙桥，赵静编著．食品质量管理学．北京：中国轻工业出版社，1995.

［9］周黎明主编．质量控制技术．广州：广东经济出版社，2003.

［10］游俊主编．质量管理学．成都：西南财经大学出版社，2012.

［11］宋庆武主编．食品质量管理与安全控制．北京：对外经济贸易大学出版社，2013.

［12］［美］詹姆斯．R. 埃文斯，威廉．M. 林赛著，焦叔斌主译．质量管理与质量控制．北京：中国人民大学出版社，2010.

［13］邱澄宇主编．食品企业质量管理学．北京：海洋出版社，2003.

［14］曾瑶，李晓春编著．质量管理学．第四版．北京：北京邮电大学出版社，2012.

第二章

CHAPTER

2

食品质量管理概论

本章学习目标

1. 掌握质量、质量管理和食品质量管理的基本概念。
2. 了解食品质量管理的重要性。
3. 了解食品质量管理体系有哪些。

第一节　食品质量管理的基本概念

质量绝非现代工商业中的一个新名词。自从有了商品生产，质量概念也随之出现，并随着生产的发展而逐步深化。

威廉·库珀·普鲁克特（William Cooper Procter）在1887年10月曾对其雇员讲到："生产出消费者乐意购买并愿意持续购买的质量过硬的商品是我们的首要工作。如果我们能够经济有效地制造这样的商品，我们将赢得利润，你们就能够分享这些利润。"这段话切中了对于制造业和服务业组织的经理们而言至关重要的三个议题：生产率、成本和质量。生产率（对于效率的衡量，定义为单位投入所实现的产出量）、运营成本和能够让顾客满意的产品与服务的质量，这三者都是影响利润率的重要因素。在这三个影响盈利能力的因素中，长远而言，质量是决定一个组织成败的最关键因素。优质的产品和服务能够为组织带来竞争优势。高质量降低了退货、返工以及废品带来的成本。高质量还可以提高生产率、利润以及衡量成功的其他指标。最重要的是，高质量造就了满意的顾客，而满意的顾客将会以更多的光顾和口碑宣传来回报公司。因此没有质量就没有销售；没有销售就没有利润；没有利润就没有工作。

但是，将质量融入组织的产品和服务中，尤其是融入组织自身的基础架构中，并非易事。在这章中将讨论有关对质量、食品质量、质量管理、食品质量管理的认识，质量管理在经营企业中的重要性以及相关的食品质量管理体系。

一、质量

由于人们根据个人在生产销售价值链上所扮演的不同角色而采用了不同的标准来认识质量（见图2－1），导致质量概念有所不同，并且质量的含义也随着质量专业的发展和成熟而不断演变。商品生产的目的是进行商品交换，商品是用来交换的劳动产品，它具有两大重要特性，即价值和使用价值。使用价值是商品能满足人们某种或多种需要的特性。从某种意义上可以说，商品使用价值对人们需要的满足程度就构成了商品质量的高低。质量常被定义为产品或工作的优劣程度，因此在日常生活中常说教学质量、生活质量等。

按国际标准，质量（Quality）的定义为：反映实体满足明确和隐含需要的能力的特性之总和。

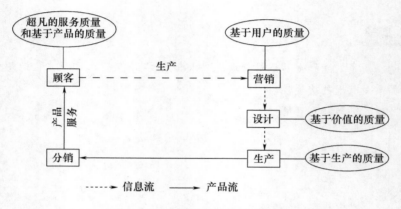

图2－1　价值链中的各种质量观

实体（Entity，Item）是指可单独描述的被研究的事物，实体可以是产品、活动和过程，也可以是组织、体系或人，还可以是上述各项的组合。

需要（Need）是指顾客的需要，也可指社会的需要及第三方（政府主管部门、质量监督部门或消费者协会等）的需要。而明确需要包括以合同契约形式规定的，顾客对实体提出的明确要求以及标准化、环保和安全卫生等法规规定的明确要求。隐含需要是指顾客或社会对实体的期望，虽然没有通过一定形式给以明确的要求，但却是人们普遍认同的无须事先申明的需要。因此供方必须比照国内外的先进标准和通过市场调研了解顾客或社会有哪些期望。

产品（Product）可以是有形的（如零部件、流程性材料等），也可以是无形的（如知识产品、服务等）。产品可分为四类：硬件，即具有特定性状、可分离的有形产品；流程性材料，即把原材料转化为有形的代加工的半成品；软件，即承载媒体的表达形式的信息知识；服务，即供方为满足顾客需要而提供的活动。

组织（Organization）是指具有其自身职能和行政管理系统的公司、集团公司、商行、企事业单位或社团或其组成部分，不论其性质是股份制、公有还是私营的。

顾客（Customer）是指供方提供产品的接受者，顾客既可以是组织内部的，也可以是组织外部的；既可以是采购方，也可以是最终消费者、使用者或受益者。

供方（Supplier）是指向顾客提供产品的组织。在合同情况下，供方称为承包方。供方既可以是组织内部的，也可以是组织外部的；既可以是生产者、组装者，也可以是进口商、批发商和服务组织。

二、 质量管理

质量管理（Quality Management）是确定质量方针、目标和职责并在质量体系中通过诸如质量策划、质量控制、质量保证和质量改进使其实施的全部管理职能的所有活动。

质量方针（Quality Policy）是指由本组织管理层正式发布的该组织总的质量宗旨和质量方向。质量方针是本组织较长期的有关质量的指导原则和行动指南，是各职能部门全体人员质量活动的根本准则，具有严肃性和相对稳定性。质量方针应当明确、重点突出，具有激励性。

质量目标是根据质量方针制定的明确可行的具体指标。组织内各部门各人员都应明确自己的职责和质量目标，并为实现该目标而努力。

质量体系（Quality System）是实施质量管理所需的组织结构、程序、过程和资源。组织结构（Organization Structure）是指组织行为使其职能按某种方式建立的职责、权限及其相互关系，包括各级领导的职责权限、质量机构的建立和分工，各部门的职责权限、质量机构的建立和分工，各部门的职责权限及其相互关系框架、质量工作的网络架构、质量信息的传递架构等。程序（Procedure）是指为进行某项活动所规定的途径。

质量体系是质量管理的核心和载体，是组织的管理能力和资源能力的集合，是一个组织的管理系统，包括质量管理体系和质量保证体系。质量管理体系是组织根据或参照国际标准提供的指南所构建的，用于内部质量管理的质量体系。而质量保证体系是供方为履行合同或贯彻法令向供方或第三方提供的证明材料、质量管理体系是质量保证体系的基础，组织在构建管理系统时必然和必须积累形成该体系的文件系统。质量体系文件通常包括质量手册、程序性文件、质量计划和质量记录等。

质量策划（Quality Planning）是指确定质量目标以及采用质量体系要素的活动，包括收集、比较顾客的质量要求，向管理层提出有关质量方针和质量目标的建议。从质量和成本两方面评审产品设计、制定质量标准，确定质量控制的组织机构、程序、制度和方法，制定审核原料供应商质量的制度和程序，以及开展宣传教育和人员培训活动等工作内容。

质量控制（Quality Control）是为达到质量要求所采取的作业技术和活动，其目的是监视过程并排除质量环节所有阶段中导致不满意的原因，以取得经济效益。作业技术包括专业技术和管理技术，是质量控制的主要手段和方法的总称。活动是运用作业技术开展的有计划有组织的质量职能活动。

质量改进（Quality Improvement）是指为向本组织及其顾客提供更多的效益，在整个组织所采取的旨在提高活动和过程的效益和效率的各种措施。质量改进的程序是计划、组织、分析诊断、实施改进，即在组织内制定计划，发现潜在的或现存的质量问题，寻找改进机会，提出改进措施，提高活动的效益和效率。

质量保证（Quality Assurance）是指为了提供足够的信任表明有实体能够满足质量要求，而在质量体系中实施并根据需要进行证实的全部有计划和有系统的活动，可分为内部质量保证（Internal Quality Assurance）和外部质量保证（External Quality Assurance）。前者取信于管理层，后者取信于需方。组织应建立有效的质量保证体系，实施全部有计划有系统的活动，能够提供必要的证据，从而得到组织的管理层、用户、第三方的足够的信任。

　　质量管理基本概念之间的关系：质量管理涵盖了质量方针、质量体系、质量控制和质量保证等内容。其中质量方针是管理层对所有质量职能和活动进行管理的指南和准则。而质量体系是质量管理的核心，对组织、程序、资源都进行了系统化、标准化和规范化的管理和控制。质量控制和质量保证则是在质量体系的范围和控制下，在组织内采取的实施手段。质量保证对内取得管理层的信任，对外取信于需方。

三、食品质量

　　食品质量与一般产品的质量概念一致，只是食品本身具有其特殊属性。食品是具有一定营养价值的、可供食用的、对人体无害的、经过一定加工制作的食物。由于食品的使用价值体现在其具有食用性，因此，食品质量可以定义为在食用方面能满足用户需要的优劣程度。但在我国《食品工业基本术语》中将食品质量定义为食品满足规定或潜在要求的特征和特性的总和，反映食品品质的优劣，它不仅是指食品的外观、品质、规格、数量、质量和包装，同时也包括了安全卫生。就食品而言，安全卫生是反映食品质量的主要指标，离开了安全卫生，就无法对食品质量的优劣下结论。

　　1. 食品与其他产品的区别

　　食品作为一种特殊的产品，具有其他产品的一些共同特性，但由于食品与其他产品使用性的不同，在多方面都表现出与其他产品的一些差异，其差异主要表现在：其他产品的使用价值都表现在能满足用户需要的某种使用性上，而食品的使用性转化成了食用性；其他产品的使用性可以多次体现，而食品的食用性只能体现一次；其他产品相对来说在生产、运输和销售过程中对卫生条件的要求不是很严格，但食品由于关系到用户身体健康，在整个生产、运输和销售过程中都要重视卫生问题，以保证食品的安全性。

　　2. 食品质量特性

　　（1）食品质量特性　由于食品与其他产品的上述区别，其也表现出质量特性上的一些差异。食品质量特性如图2－2所示。

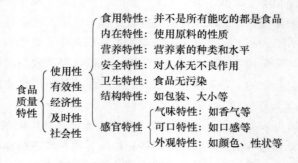

图2–2　食品质量特性

　　（2）食品的综合质量　食品的综合质量是为适应食品工业的发展而产生的一个概念，同其他产品的综合质量一样，包括产品质量、工程质量、服务质量等。在食品工业中，工程质量中的原材料、方法、环境等因素有时对食品质量有重大的影响。如果换用其他地方的同一原料，采用相似的工艺，也难以产出同样的产品。这也许是环境的差异给原料带来了加工的特殊性。此外，由于食品是一次性消耗产品，其服务质量不体现在提供售后服务方面，而体现在购买和食用的方便性上。工作质量仍然是食品工业企业一切成果的基础和保证。

从食品的综合质量形成过程来看，食品质量是否能够满足消费者的要求，取决于开发设计质量、生产制造质量、食用质量和服务质量四个因素。

①开发设计质量：开发设计是产品质量形成最为关键的阶段。设计一旦完成，产品的固有质量也就随之确定。食品质量设计的好坏，直接影响着消费者的购买和产品的食用安全。食品的开发设计主要包括产品的配方、加工工艺及流程、所需要的生产原料、生产设备、包装、运输和贮藏条件等。每一个环节设计出现问题，都将影响着最终产品的质量和安全。

②生产制造质量：生产制造是将设计的成果转化为现实的产品，是产品形成的主要环节。没有生产制造，就不可能有我们所需要的食品。生产制造质量体现在生产设备的稳定性、先进性以及消毒、清洗和维修保养情况，生产人员的技术水平、管理水平以及管理体系运行情况等。

③食用质量：主要包括产品的颜色、风味、气味、口感、营养、安全以及食用方便等。

④服务质量：这是产品质量的延续，体现了一个企业对顾客的重视，是企业形象的体现。每一个企业的产品不可能完美，出现质量问题，能够及时跟上服务，可对产品质量进行弥补，可以挽回企业的损失和声誉。

3. 影响食品质量的因素

从食品生产过程来看，影响食品质量安全的因素包括六大因素，即人（Man）、生产设备（Machine）、原材料（Material）、方法（Method）、测定（Measure）和环境（Environment），简称"5M1E"。

人是影响食品质量安全的决定因素。人是直接参与食品生产的决策者、组织者、指挥者和操作者，是质量安全问题的决定因素，甚至有许多属于技术、管理、环境等原因造成的质量问题，最终常常归结到人的身上。作为控制的对象，人应避免产生错误或过失；作为控制的动力，应充分调动人的积极性。食品生产实践中应增强人的责任感和质量观，最关键的是要求工作人员具有相应的素质（如职业道德、敬业精神、诚实信用等）、能力（工作经验、人事能力等）和知识（学历、专业知识等）。

生产设备是食品生产的重要组成部分。所以应从设备的选型、主要性能参数、使用与操作要求控制着手，对生产设备的购置、检查验收、安装和试车运转严加管理，确保相关管理制度和规定落实到位、建立设备管理台账、完善设备器具维护清洗消毒记录，以保证食品质量安全目标的实现。

原材料是食品生产的物质条件，是食品质量与安全的基础，原材料的质量直接影响食品的质量。所以加强材料的质量控制是提高质量安全的重要保证。原、辅材料质量控制包括进货验收方式、原辅料进货记录、食品添加剂使用及登记备案、投料记录、原辅料贮存等。

方法包含食品整个生产周期内所采取的技术方案、工艺流程、组织措施、计划与控制手段、检验手段等各种技术方法，是实现食品质量与安全的重要手段，无论食品生产采取哪种技术、工具、措施，都必须以确保质量为目的。

测量包括测量设备和测量方法。测量设备是食品生产安全实施的物质基础，测量方法是确保食品质量安全的关键。在食品企业内部，测量既是控制食品质量与安全的第一关，也是最后一关。以往发生的食品质量与安全事件，如三鹿奶粉事件、苏丹红事件、瘦肉精事件等，都是由于原料把关不严导致。

环境不仅包括贮运环境、生产环境和销售环境，也包括社会环境、技术环境、管理环境、劳动环境等。环境因素对食品质量与安全的影响，具有复杂而多变的特点，如各种工业、环境污染物的存在；有害元素、微生物和各种病原体的污染；生物技术和食品新技术、新工艺的应用带来的可能的负面效应。对环境因素的控制，关键是充分调查研究，并进行风险分析，针对各个不利因素以及可能出现的情况，提前采取措施，充分做好各种准备。确保现场环境卫生，现场生产作业人员卫生、生产食品用工具及设施卫生符合要求，避免生产过程的交叉污染情况，洗手、更衣、消毒等控制措施有效。

4. 食品质量的形成过程

任何食品都要经历设计、制造和使用的过程，食品质量相应也有一个产生、形成和实现的过程，这一过程由按照一定的逻辑顺序进行的一系列活动构成。可以用一个不断循环的圆环来表示这一过程，即所谓的质量环，可对产品质量的产生、形成和实现过程进行抽象描述和理论概括。过程中的一系列活动一环扣一环，互相制约、互相依存、互相促进。过程不断循环，每经过一次循环，就意味着产品质量的一次提高。通过将食品质量形成的全过程分解为若干个相互联系而又相对独立的阶段，就可以对之进行有效的管理和控制。

任何产品质量的形成基本遵循这样的过程：市场调研—产品研发—生产设计—采购—生产制造—检验—包装—贮存—运输—销售—服务—市场调研。现以烤鸡质量形成过程为例说明质量环。

首先进行市场调研，了解顾客对烤鸡的消费需求（如大小、价格、风味、宗教信仰等），针对顾客需求进行产品的研发以及生产工艺的设计，根据设计采购所需原料，然后进行烤制、检验、包装、运输和销售；服务的内容主要包括食用方法、保存方法等；销售和服务过程中，通过调研了解烤鸡存在的问题，以备下次烤制过程中进行改进。

朱兰于20世纪60年代用一条螺旋曲线来表示质量的形成过程，称之为朱兰质量螺旋曲线（图2-3）。

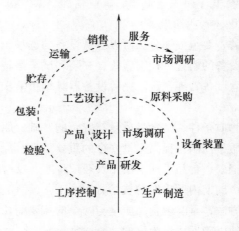

图2-3　朱兰质量螺旋曲线

从图2-3可以看出，产品质量的形成由市场研究、开发（研制）、设计、制定产品规格、制定工艺、采购、仪器仪表及设备装置、生产、工序控制、检验、测试、销售和服务十三个环节组成；产品质量形成的各个环节环环相扣，周而复始，不断循环上升。

四、　食品质量管理

1. 概述

食品质量管理学是质量管理学的原理、技术和方法在食品原料生产、储藏、加工和流通过程中的应用。食品是与人类健康有密切关系的特殊产品，既有一般有形产品的质量特性和质量管理特征，又有其特殊性和重要性。因此，食品质量管理具有特殊的复杂性。例如，食品质量管理在时间和空间上涉及从田间到餐桌的一系列过程，其中的任何一个环节中稍有疏忽，就会影响食品质量；同时，食品质量所涉及的面既广又很复杂，例如，涉及食品原料及其成分的复杂性、食品对人类健康的安全性、功能性和营养性以及食品成分检测的复杂性等。戴明和朱兰总结出质量管理的理论包括14点经验，分成4部分：

（1）系统思考　质量是一个系统，质量系统就像彼此联系的网络，它的形成就是为了提高质量。因此质量管理是系统工程，管理就是优化这一工程。

（2）理解变化　任何一个独立变化都是随机的，不易理解原料、工具、机器、工人、环境之间复杂的变化，但它们共同的作用却是稳定并可预料的。

（3）理论应用　管理与预料关系密切，对不同管理方法实施后的效果必须做到心里有数，为了很好地做出计划，必须知道目前与过去应用管理理论的经验和教训。

（4）心理学知识　人们的行为会影响管理的水平和成效。心理学知识涉及管理的方方面面，能帮助人们理解别人，理解人和环境间的相互作用，理解领导和雇员的关系，有助于质量管理。

这些质量管理理论同样适用于食品质量管理，不过食品质量分析与一般的商品质量分析有很大区别，食品和农产品的理化和微生物状况甚至风味会不断变化。食品成分的复杂多变，使得工程技术知识显得非常重要，对于诸如微生物、化学加工技术、物理、营养学、植物学、动物学之类的知识的掌握有助于理解这种复杂变化，并促进控制这种变化的技术和理论研究。

在食品质量管理中既要用心理学知识来研究人的行为，又要运用技术知识来研究原料的变化。与心理学同等重要的还有社会学、经济学、数学和法律知识。

食品质量管理学包含加工技术原理的应用和管理科学的应用，两者有机结合，缺一不可。但是技术和管理的结合分别可以产生三种管理途径：管理学途径、技术途径和技术－管理学途径（见图2－4）。管理学途径以管理学为主，以管理学的原理来管理质量。因此管理方面能做得很好，但是由于对技术参数和工艺了解不够，所以在质量管理方面就不能应用自如。反之在传统的技术途径管理中，由于缺乏管理学知识，管理学方面考虑的有限，因此在质量管理方面也有缺陷。而技术－管理学途径的重点是集合技术和管理学为一个系统，质量问题被认为是技术和管理学相互作用的结果，其核心是同时使用了技术和管理学的理论和模型来预测食品生产体系的行为，并适当地改良这一体系。体现技术－管理学途径的最好例子就是HACCP体系。在HACCP体系中，关键危害点通过人为的监控体系来控制，并通过公司内各部门合作使消费者期望得到实现。

日本的质量管理分为两大学派。一派以石川馨教授为代表，另一派以田口玄一教授为代表。田口学派将质量管理分为线内与线外质量管理两个方面。

①食品生产线内质量管理：线是指生产线，即生产现场。为保持和提高食品质量，在食

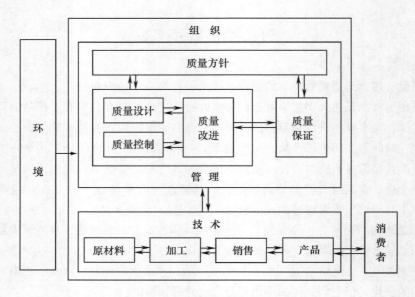

图2-4 食品质量管理模式

品生产过程中所进行的质量管理即是食品生产线内质量管理。这是食品质量管理的狭义概念。此种管理对维持名优食品的质量、防止产品质量劣变，具有重大作用，但对改进食品质量的作用不大。因为线内管理的主要任务就是保证生产按既定的标准进行，从而使生产出的产品质量能达到生产标准的要求。

②食品生产线外质量管理：这是食品产品开发、设计过程中的质量管理，是提高产品质量的关键。线内质量管理只能保证生产出的产品符合标准，而线外质量管理却能保证生产标准本身是先进的。生产过程是按所选定标准的要求来进行的，但这种生产标准本身就存在相对性、滞后性和间接性的局限，也就是说，生产标准本身也应随着社会和生产的发展而变化，以保证产品不断提供用户需求的质量，而这正是线外管理的主要任务。

2. 食品质量管理的概念

在现代管理技术中，线内质量管理和线外质量管理不可分割。因为保持和提高产品质量是它们的目标。没有线外质量管理，难以保持产品的高质量；没有线内质量管理，产品的高质量也无从实现。因此，广义的食品质量管理概念包含了线内和线外质量管理两部分。所谓食品质量管理，即为保证和提高食品生产的产品质量或工程质量所进行的调查、计划、组织、协调、控制、检查、处理及信息反馈等各项活动的总称，是食品工业企业管理的中心环节。

第二节　食品质量管理的重要性

一、　食品安全方面的重要性

食品的质量特性包括功能性、可信性、安全性、适应性、经济性和时间性等主要特性，但其中安全性始终放在首要考虑的位置。一个食品产品其他质量特性再好，只要安全性不过关就丧失了作为产品和商品存在的价值。我国在基本解决食物量的安全（500d Security）以后，对食物质的安全（500d Safety）越来越关注。1996 年 WHO 在《加强国家级食品安全性指南》中明确规定，食品安全性是对食品按其用途进行制作或食用时不会使消费者受害的一种担保。食品的安全性应保证食品不含有可能损害或威胁人体健康的有毒有害化学物质或生物（细菌、病毒、寄生虫等），避免导致消费者食源性疾病的危险。2000 年在日内瓦召开的第 53 届世界卫生大会首次通过了有关加强食品安全的决议，将食品安全列为世界卫生组织的工作重点和最优先解决的领域。

除了预防食源性疾病以外，食品安全性还包括排除物理性危害的可能性。食品中不应夹杂石子、金属、玻璃、毛发等非食品成分。食品包装物应坚固耐撞击、不至于爆炸伤人。果冻等食品的体积应适宜，不至于卡在儿童的喉管中导致窒息死亡。灌肠中不应有骨碎片，以免伤及消费者。即使是正常的食品成分和营养成分在不当使用时也会产生安全问题。例如，食品添加剂超范围和超标使用，营养强化剂维生素 A 和矿物质的超标使用等也会引起极严重的后果。

食品安全的重要性决定了食品质量管理中安全质量管理的重要地位，健全农产品质量安全体系也是我国经济建设和经济体质改革的重要内容之一，足见食品的安全性受到了全社会和政府的高度重视。因此可以说食品质量管理以食品安全质量管理为核心，食品法规以安全卫生法规为核心，食品质量标准以食品卫生标准为核心。

二、　食品加工和保藏方面的重要性

我国已经进入全面建设小康社会，今后 5 ~ 10 年，是进行经济结构战略性调整的重要时期，也是完善社会主要市场经济体制和扩大对外开放的重要时期。国民经济的高速发展，经济结构的战略调整，都离不开经济增长质量和效益的提高，离不开国民经济整体素质的提高，离不开工业、农业、服务业产品质量的提高。

农业和农村经济结构的调整必须走农民按市场需求生产符合食品和质量标准的适于加工或食用的营养丰富的优质农产品的道路。因此农业的产业和现代化也离不开食品质量管理。疯牛病和比利时的二噁英事件的沉重打击对农牧业的教训，值得我国农业主管部门和研究部门的重视。

我国的工业结构优化升级要以市场为导向，以技术进步为支撑，以提高产品质量为核心。食品工业等传统产业在提升产业技术水平的同时应不断提高管理水平。日本雪印低脂牛奶污染事件对每个食品企业来说，都是一个很好的反面材料。食品质量管理牵涉到居民的消费安全、居民的物质和文化生活水平，牵涉到全民的健康水平。

食品质量管理与食品的国际贸易关系极大。加强食品质量管理有助于企业按国际通用标准生产出高质量的产品。在进入 WTO 以后，海关等部门需依照我国的法规对进口食品质量和安全进行严格管理，对外贸易也经常面对进口国的贸易技术壁垒。我们一方面要加强食品质量管理，提高出口食品的质量，促进食品出口；另一方面也要提高我们的检测检验水平，提供有力的质量保证，推动食品的出口。

总之，食品质量管理与国民经济和人们生活关系极大，必须引起政府、农户和企业、全社会的关注和重视，共同努力，确保我国的食品安全和高品质。

三、 食品营养方面的重要性

由于我国近代科技落后，传统食品现代化、工业化开发滞后，许多传统工艺、加工方法，需要用现代科学技术重新评价和改进。西方的工业化食品大多也是由那里的传统食品不断改进而来的，有的因为过于注重营销，忽视营养，结果成了有害健康的"垃圾食品"。中国传统食品也面临类似问题，由于缺乏科学营养指导，有些所谓"中餐"也被异化或误导，例如"水煮鱼"变成了"油泡鱼"等。总之，中国传统食品的营养价值和本质弘扬不应被忽视，从某种意义讲它是更重要的文化遗产，也是人类食物营养科学进步的基础。

四、 食品分析方面的重要性

在食品质量检测控制方面存在着相当的难度，质量检测监控常采用物理、化学和生物学测量方法。食品的质量检测包括化学成分、风味成分、质地、卫生等方面的检测。一般来说，常量成分的检测较为容易，微量成分的检测就相对困难一些，而活性成分的检测在方法上尚未成熟。感官指标和物性指标的检测往往要借用评审小组或专门仪器来完成。食品卫生的常规检验一般采用细菌总数、大肠菌群、致病菌作为指标，而细菌总数检验技术较为落后，耗时长，大肠菌群检验既烦琐又不科学，致病菌的检验准确性欠佳。对于转基因食品的检验更需要专用的实验室和经过专门训练的操作人员。

食品生产加工行业在质量控制方面都有着类似的地方，在整个质量控制的生产过程中应做出系统安排，开展工艺质量控制与检验，使产品质量的生产工序处于受控状态。

如果没有专职的检测机构，就做不到按食品质量标准进行生产，当公司提供了质量差、可靠性低的产品时，就会有隐性成本产生，对公司的形象、声誉以及未来收益产生影响。一旦顾客产生了不满的情绪，就更容易选择竞争对手的产品，也更可能将这种不满告诉潜在的消费者，从而大大降低企业的潜在收益。因此，食品加工企业根据不同规模设立质量管理检验机构，该机构职能是要求从食品原材料—工序过程—成品出厂都按工艺规程进行生产，做到不合格原料不进厂、不加工，不合格产品不出厂。

第三节　食品质量管理体系

一、 质量管理体系审核和认证

任何组织都需要管理。当管理与质量有关时，则为质量管理。质量管理是在质量方面指挥和控制组织的协调活动，通常包括制定质量方针、目标以及质量策划、质量控制、质量保证和质量改进等活动。实现质量管理的方针目标，有效地开展各项质量管理活动，必须建立相应的管理体系，这个体系就称为质量管理体系。

质量管理体系是指企业内部建立的、为保证产品质量或质量目标所必需的、系统的质量活动，可以有效达到质量改进。它根据企业特点选用若干体系要素加以组合，加强从设计研制、生产、检验到销售、使用全过程的质量管理活动，并予以制度化、标准化，成为企业内部质量工作的要求和活动程序。ISO 9000 是国际上通用的质量管理体系。

1. 质量管理体系的内涵

欲有效开展质量管理，必须设计、建立、实施和保持质量管理体系。组织的最高管理者对依据 ISO 9001 国际标准设计、建立、实施和保持质量管理体系的决策负责，对建立合理的组织结构和提供适宜的资源负责，应结合组织的质量目标、产品类别、过程特点和实践经验；管理者和质量职能部门对形成质量管理体系的文件的制定和实施、过程的建立和运行负直接责任。

质量管理体系是相互关联和作用的组合体，包括：合理的组织机构和明确的职责、权限及其协调的关系；规定到位的文件程序和作业指导书；必需、充分且适宜的资源，包括人员、资金、设施、设备、料件、能源、技术和方法；过程的全面有效运行等。并且质量管理体系应有一定的防止重要质量问题发生的能力，以及进一步完善，保持持续受控的能力，通过质量管理体系持续有效运行使利益最大化、成本和风险控制最佳化。

2. 质量管理体系的特点

质量管理体系代表的是现代食品企业如何发挥质量管理的作用、如何进行质量决策的一种观点。这是公司内部形成质量文件的基础，是公司内质量活动能够得以实现的基础，也是公司主要质量活动按重要性顺序进行改善的基础。

3. 质量管理体系建立的步骤

建立、完善质量管理体系一般要经历质量管理体系的策划与设计、文件的编制、试运行和审核与评审四个阶段，每个阶段又可分为若干具体步骤。

策划与设计：该阶段主要是做好各种准备工作，包括教育培训，统一认识，组织落实，拟定计划；确定质量方针，制订质量目标；现状调查和分析；调整组织结构，配备资源等方面。

文件的编制：体系文件一般应在第一阶段工作完成后才正式制订，必要时也可交叉进行；除质量手册需统一组织制订外，其他体系文件应按分工由职能部门分别制订，先提出草案，再组织审核；应结合本单位的质量职能分配进行；在编制前应制订"质量体系文件明细表"，将现行的质量手册（如果已编制）、企业标准、规章制度、管理办法以及记录表式收集在一起，与质量体系要素进行比较，从而确定新编、增编或修订质量体系文件项目；在文件编制过程中要加强文件的层次间、文件与文件间的协调。

试运行：试运行可考验质量管理体系文件的有效性和协调性，并对暴露出的问题，采取改进措施和纠正措施，以达到进一步完善质量体系文件的目的。

审核与评审：审核的重点主要是验证和确认体系文件的适用性和有效性。

应当强调，质量体系是在不断改进中得以完善的，质量体系进入正常运行后，仍然要采取内部审核、管理评审等各种手段以使质量体系能够保持和不断完善。

二、　食品安全管理体系

食品安全管理体系（Food Safety Management System）是指与食品链相关的组织（包括生产、加工、包装、运输、销售的企业和团体）以 GMP 和 SSOP 为基础，以国际食品法典委员会制定的《HACCP 体系及其应用准则》（即食品安全控制体系）为核心，融入组织所需的管理要素，将消费者食用安全为关注焦点的管理体制和行为，主要由管理、HACCP 体系和 SSM

方案三部分组成。

1. HACCP 的概念

HACCP 的定义就是为了控制食品安全卫生而发展起来的一种国际食品安全控制体系，它是英文 Hazard Analysis and Critical Control Point 的首字母缩写，即危害分析与关键控制点系统。它是一个以预防食品安全问题为基础的防止食品引起疾病的有效的食品安全保证系统，通过食品的危害分析（Hazard Analysis，HA）和关键控制点（Critical Control Points，CCP）的控制，保证食品安全。它是一项国际认可的技术，希望生产商能通过此体系来减低甚至防止各类食品危害（包括生物性、化学性和物理性三方面），它包括了从原材料开始到卖给消费者的整个食品形成过程的危害控制。

HACCP 是一套确保食品安全的管理系统，这种管理系统由下列三部分组成：①对从原料采购—产品加工—消费各个环节可能出现的危害进行分析和评估；②根据这些分析和评估来设立某一食品从原料直至最终消费这一全过程的关键控制点；③建立起能有效监测关键控制点的程序。

HACCP 体系这种管理手段提供了比传统的检验和质量控制程序更为良好的方法，它具有鉴别出还未发生过问题的潜在领域的能力。通过使用 HACCP 体系，控制方法从仅仅是最终产品检验（即检验不合格）转变为对食品设计和生产的控制（即预防不合格）。人们在设计食品生产工艺时必须保证食品中没有病原体和毒素。由于单靠成品检验不能做到这一点，于是才产生了 HACCP 体系的概念。HACCP 体系是涉及从农田到餐桌全过程食品安全卫生的预防体系。

2. SSM 方案

支持性安全措施（Supportive Safe Measures，SSM）是指除关键控制点外，为满足食品安全要求所实施的预防、消除或降低危害发生可能性的特定活动。SSM 是组织按照国家相应的法律法规，结合自身条件并根据其在食品链中所处阶段可能实施的具体计划，如良好农业（含水产养殖）规范（GAP）；良好操作规范（GMP）；良好卫生规范（GHP）；良好分销规范（GDP）；良好兽医规范（GVP）；良好零售规范（GRP）。其中对食品加工企业来说，GMP 是最主要的安全支持性措施。

SSM 方案是指控制已确定危害发生的安全支持性措施的实施和有效运行的方案。SSM 方案包括（但不限于）：卫生标准操作程序（SSOP）；其他影响食品安全的标准操作程序（SOP），包括工艺操作和设备维护保养规程等。

3. 食品安全管理体系的特点

正确应用食品安全管理体系，能鉴别出能想到的危害，包括那些实际预见到可发生的危害，也可降低产品损耗，是对其他质量管理体系的补充。食品安全管理体系具有如下特点：

食品安全管理体系是基于科学分析，而建立在企业良好的食品卫生管理传统的基础上的体系，针对不同食品加工过程来确定，需要强有力的技术支持，须根据企业自身情况所做的实验和数据分析，并经过实践—认识—再实践—再认识的过程，不断对其有效性进行验证，在实践中加以完善和提高。

食品安全管理体系是预防性的结构严谨的食品安全控制体系，能够及时识别出所有潜在的生物的、物理的、化学的危害，确定哪些是显著危害，找出关键控制点，并在科学的基础上建立预防性措施；并能通过预测潜在的危害，以及提出控制措施使新工艺和新设备的设计与制造更加容易和可靠，有利于食品企业的发展与改革；是减少或者降低食品安全中的风险最有效、最经济的方法；还要具备相关的检验、卫生管理等手段来配合共同控制食品生产安全。

食品安全管理体系为食品生产企业和政府监督机构提供了一种最理想的食品安全监测和控制方法，使食品质量管理与监督体系更完善、管理过程更科学，可以增加人们对产品的信心，提高产品在消费者心中的置信度，保证食品工业和商业的稳定性，减少对成品实施烦琐的检验程序，已经被政府监督机构、媒介和消费者公认为是目前最有效的食品安全控制体系。

我国食品行业的特点决定了在我国推行食品安全管理体系具有特殊意义。我国食品业整体发展水平较低，食品生产企业多数规模小、加工设备落后、卫生保证能力较差，从业人员整体素质较低，生产主体多元化，质量卫生安全问题多，食品原材料及成品污染问题突出。我国传统的食品安全控制流程一般建立在"集中"视察、最终产品的测试等方面，通过"望、闻、切"的方法去寻找其危害，而不是采取预防的方式，因此，存在一定的局限性。相比之下，食品安全管理体系具有更大优势，实施食品安全管理体系可以通过加强管理的方法弥补我们其他方面的不足，是我国食品企业大发展的契机。

4. 食品安全管理体系的关键要素

组织应按 GB/T 22000—2006/ISO 22000：2005 的要求建立有效的食品安全管理体系，并形成文件，加以实施和保持，必要时进行更新。组织应确定食品安全管理体系的范围。该范围应规定食品安全管理体系中所涉及的产品或产品类别、过程和生产场地。食品安全管理体系的关键要素包括：

①相互沟通：为了确保食品链每个环节所有相关的食品危害均得到识别和充分控制，组织与其外部相关方以及组织内部均需进行沟通。

②体系管理：组织应该根据食品安全管理体系标准的要求，建立有效的食品安全管理体系，组织应该规定食品安全管理体系中所涉及的产品或产品类别、过程和生产场地。从而针对每个涉及点进行体系管理，以保证最终产品的安全性。

③前提方案：保持卫生环境所必需的基本条件和活动，这些条件和活动是食品链范围内的，其作用是生产、处理和提供适合人类消费的安全食品。

④HACCP 原理：HACCP 原理是对食品加工、运输以至销售整个过程中的各种危害进行分析和控制，从而保证食品达到安全水平。

5. 食品安全管理体系与 ISO 9000 质量管理体系的关系

食品安全管理体系与 ISO 9000 质量管理体系是不同的两个体系，由于食品安全管理体系是建立在 HACCP 基础上并吸收了 ISO 9000 质量管理体系的框架，因此它们之间的关系可以用 ISO 9000 与 HACCP 之间的关系来说明。

HACCP 是食品安全控制系统，而 ISO 9000 是适用于所有工业的整体质量控制体系；ISO 9000是企业质量保证体系，而 HACCP 是源于企业内部对某一产品安全性控制要求的体系，HACCP 其原理为危害预防，而非针对最终产品检验，一般被较大型食品企业采用，一般企业也采用相近的控制系统生产高品质产品。但两者共同点在于：均需要全体员工参与；两者均结构严谨，重点明确；目的均是使消费者信任。

三、 ISO 22000 标准体系

自从人类社会出现以来，人们就在不断地追求丰富而安全的食物。在茹毛饮血的原始社会，就有"神农尝百草"的传说，这是在科技极不发达的情况下，人们只能靠尝试来检验食品是否有毒。随着食品检验技术的进步，通过对终产品进行检验以确定食品是否安全，成为食品安全管理体系有效性评价或验证的手段之一，并成为科学的食品安全管理方法。但是终产品检验，由于其检验的滞后性和检验样品的破坏性在美国太空食品的研制过程中遇到了弊端。这导致了现代食品安全管理体系的诞生。

进入 21 世纪，世界范围内消费者都要求安全和健康的食品，食品加工企业因此不得不贯彻食品安全管理体系，以确保生产和销售安全食品。为了帮助这些食品加工企业去满足市场的需求，同时，也为了证实这些企业已经建立和实施了食品安全管理体系，从而有能力提供安全食品，开发一个可用于审核的标准成为了一种强烈需求。另外，由于贸易的国际化和全球化，基于 HACCP 原理，开发一个国际标准也成为各国食品行业的强烈需求。

国际标准化组织（International Standard Organization，ISO）是非官方的国际组织，善于兼容和并包。ISO 一直关注 HACCP 体系，在 2001 年，ISO 开始着手建立一个可审核的标准，并于 2001 年制定了 ISO 15161《食品与饮料行业 ISO 9001 应用指南》，以加强 ISO 9001 与 HACCP 体系的兼容性。2005 年，ISO 整合食品安全管理普遍认同的相互沟通、体系管理、前提方案和 HACCP 原理 4 个关键要素，制定了 ISO 22000：2005 "*Food safety management system—Requirements for any organizations in the food chain*"，这一标准进一步加深了 HACCP 在食品安全管理体系中的作用，将最新成型的 ISO 22000 推向了发展的顶峰。我国以等同采用的方式制定了国家标准《食品安全管理体系　食品链中各类组织的要求》（GB/T 22000—2006），并于 2006 年 3 月发布，2006 年 7 月开始实施。

随着消费者对安全食品的需求日益增长，许多公司都在发展 HACCP 食品质量和安全管理体系，ISO 22000 标准试图为需要符合并超过世界范围内食品安全规则的公司定义出食品安全管理要求，帮助食品生产商合理使用 HACCP 原则，避免影响他们赢利性的食品生产。

ISO 22000：200X 是按照 ISO 9001：2000 的框架构筑，覆盖了 CAC 关于 HACCP 的全部要求，并为 HACCP "先决条件" 概念制定了 "支持性安全措施"（SSM）的定义，涵盖了所有消费者和市场的需求，加快并简化了程序，定义了食品安全管理体系的要求，适用于从 "农场到餐桌" 这个食品链中的所有组织，而无须折衷其他质量和食品安全管理体系。ISO 22000 将会是一个有效的工具，它帮助食品制造业生产出安全、符合法律和顾客以及他们自身要求的产品。因此，ISO 22000：200X 不仅仅是通常意义上的食品加工规则和法规要求，而是寻求一个更为集中、一致和整合的食品安全体系，为构筑一个食品安全管理体系提供一个框架，并将其与其他管理活动相整合，如质量管理体系和环境管理体系等。ISO 22000 将会帮助食品制造业更好地使用 HACCP 原则，它将不仅针对食品质量，也将包括食物安全和食物安全系统的建立，这也是首次将联合国有关组织的文件列入到质量管理系统中来。

思考题

1. 如何理解质量的含义？2. 如何理解质量管理？
3. 简述食品质量的概念。食品质量特性包含哪些内容？
4. 影响食品质量的因素有哪些？
5. 简述食品质量管理的概念。如何进行食品质量管理？
6. 食品质量管理研究的重要性体现在哪些方面？
7. 结合戴明循环，理解质量控制的基本原理。
8. 结合朱兰质量螺旋曲线，理解质量形成过程。
9. 食品质量管理体系与食品安全管理体系分别有哪些？两者有何区别和联系？

参考文献

[1] 吴广枫主译. 食品质量管理技术 – 管理的方法. 北京：中国农业大学出版社，2005.

[2] 陆兆新主编. 食品质量管理学. 北京：中国农业出版社，2004.

[3] 刁恩杰主编. 食品质量管理学. 北京：化学工业出版社，2013.

[4] 赵光远主编. 食品质量管理. 北京：中国纺织出版社，2013.

[5] 宁喜斌主编. 食品质量安全管理. 北京：中国质检出版社，2012.

[6] 陈宗道，刘金福，陈绍军主编. 食品质量管理. 北京：中国农业大学出版社，2003.

[7] 苑函主编. 食品质量管理. 北京：中国标准出版社，2011.

[8] 冯叙桥，赵静编著. 食品质量管理学. 北京：中国轻工业出版社，1995.

[9] 周黎明主编. 质量控制技术. 广州：广东经济出版社，2003.

[10] 游俊主编. 质量管理学. 成都：西南财经大学出版社，2012.

[11] 宋庆武主编. 食品质量管理与安全控制. 北京：对外经济贸易大学出版社，2013.

[12] ［美］詹姆斯. R. 埃文斯等著，焦叔斌主译. 质量管理与质量控制. 北京：中国人民大学出版社，2010.

[13] 邱澄宇主编. 食品企业质量管理学. 北京：海洋出版社，2003.

[14] 曾瑶，李晓春编著. 质量管理学. 第四版. 北京：北京邮电大学出版社，2012.

第三章

食品质量管理

本章学习目标

1. 掌握食品原料污染的种类及控制方法。
2. 了解质量成本的概念、质量成本管理的内容和方法。
3. 掌握质量成本管理的基本知识和基本理论。
4. 掌握质量管理中常用的传统质量管理控制方法的基本原理，能够在质量管理和质量保证的活动中，尤其是在质量改进的活动中灵活地运用这些工具。

第一节 食品质量控制

一、 食品原料中的危害控制

食品原料污染分为生物性污染及化学性污染，根据其来源不同危害控制也有所不同。

1. 生物性污染控制

生物性污染是指有害的病毒、细菌、真菌以及寄生虫污染食品。属于微生物的细菌、真菌是人的肉眼看不见的。鸡蛋变臭，蔬菜烂掉，主要是细菌、真菌在起作用。细菌有许多种类，有些细菌如变形杆菌、黄色杆菌、肠杆菌可以直接污染动物性食品，也能通过工具、容器、洗涤水等途径污染动物性食品，使食品腐败变质。真菌的种类很多，有5万多种。很早以前即为人类所用的霉菌，就是真菌的一种。现在，人们吃的腐乳、酱制品都离不开霉菌。霉菌中百余种菌株会产生毒素，毒性最强的是黄曲霉毒素。污染食品的寄生虫主要有蛔虫、绦虫、旋毛虫等，这些寄生虫一般都是通过病人、病畜的粪便污染水源、土壤，然后再使鱼类、水果、蔬菜受到污染，人吃了以后会引起寄生虫病。

主要控制措施：

（1）微生物（细菌与细菌毒素、霉菌与霉菌毒素）

①充分加热：如罐头工艺中的杀菌。

②控制产品的 pH。

③改变水分活度值（A_W 0.85 以下），但不能保证完全控制。

④控制保存温度（冷藏）以及时间（巴氏消毒后冷藏于 3.3℃ 或 10℃）。

⑤食品中增加食盐或亚硝酸盐；严格按照卫生操作程序（即 SSOP）进行加工。

（2）寄生虫（包括虫卵，指病人或病畜的粪便间接或直接污染食品）

①速冻 –35℃ 以下 18h，–18℃ 以下 7d。

②其他方法也能杀死寄生虫，如加热、挑选并去除动物体内的寄生虫（不能完全控制）。

③屠宰厂对原料进行严格的宰前宰后检疫检验，肉制品加工厂对原料肉的来源进行控制。

（3）昆虫（甲虫、螨类、蛾、蝇、蛆）　严格按照卫生操作规范（即 SSOP）进行加工。

（4）病毒（肝炎病毒、脊髓灰质炎病毒、口蹄疫病毒）

①食用前进行充分加热并防止二次污染。

②通过 SSOP 来控制。

2. 化学性污染

农药残留污染：目前世界各国的化学农药品种有 1400 多个，作为基本品种使用的有 40 种左右，按其用途可分为杀虫剂、杀菌剂、除草剂、植物生长调节剂、粮食熏蒸剂等；按其化学成分为有机氯、有机磷、有机氟、有机氮、有机硫、有机砷、有机汞、氨基甲酸酯类等。另外，还有氯化苦、磷化锌等粮食熏蒸剂。农药除了可造成人体的急性中毒外，绝大多数会对人体产生慢性危害，并且都是通过污染食品的形式造成。农药污染食品的主要途径有以下几种：一是为防治农作物病虫害使用农药，喷洒作物而直接污染食用作物；二是植物根部吸收；三是在空中随雨水降落；四是食物链富集；五是运输贮存中混放。几种常用的、容易对食品造成污染的农药品种有有机氯农药、有机磷农药、有机汞农药、氨基甲酸酯类农药等。农药污染的主要控制措施为，不用禁用药物并严格执行停药期。

兽药残留主要来源于兽医治疗用药、饲料添加用药，如抗生素、磺胺类、抗寄生虫药、促生长激素、性激素。需加强用药规范，在收购原料时需养殖者提供必要的证书，以及用药程序和记录，对产品也应加强检测。

工业污染物重金属、氰化物、多氯联苯、二噁英等污染，对水产品的影响尤其明显。因此需保证水产原料必须来自安全开放的水域，且能够通过质量保证来控制其污染来源；每批原料应附有证书，说明鱼类不是来自可能使鱼体中的化学污染物超过规定限量的已被化学污染的水域内。动物养殖过程中应控制饲料添加剂、水源、垫料等；其他动植物种植或养殖的环境要处于无污染的环境中；对产品加强检测。

工厂本身也存在一些化学物质污染的可能性，如工厂使用的清洁剂、润滑油、消毒剂、涂料、燃料、油漆、杀虫剂、灭鼠药、化验室用的药品等。生产过程要严格执行 SSOP。

二、食品加工过程的危害物控制

食品加工过程的危害物主要来源于食品添加剂和加工过程中化学反应产生的化学物质。食品加工过程中加入的食品添加剂包括：防腐剂、色素、营养强化剂、品质改良剂、漂白剂等。食品添加剂使用方面，首先考虑是否含禁用物质。其次考虑添加的最大量是多少，否则会引起中毒等问题，并且在所有食品营养标签上都需列出添加剂的名称和含量。

此外，食品加工过程存在许多其他复杂的化学反应，产生了各种各样功能不尽相同的化学物质。因此，食品中除了存在着已明确危害性的物质外，还有可能含有具有潜在危害性的物质，以美拉德反应为例，它不仅发生在温度较高的食品烹煮过程中，而且也可发生在室温条件下，由于绝大部分食品都含有羟基化合物和氨基化合物，因此，该类型复杂化学反应是涵盖了加工、贮藏、发酵和运输等环节的食品加工过程中一种必然的化学反应过程。同时也形成一些对人体健康存在危害的化学物质，如晚期糖基化终末产物（Advanced Glycationend Products，AGEs）、杂环胺（Heterocyclic Aromatic Amines，HAAs）、丙烯酰胺（Acrylamide，AM）和反式脂肪酸（Trans Fatty Acid，TFA）等。国内外的医学研究已证实，这些化学物质一般均具有积聚性，被摄入人体后，会产生潜在的食品安全隐患，危害人类健康。因此加工、生产需严格执行 SSOP。

三、 食品质量设计控制

食品质量设计就是在食品设计中提出质量要求，确定食品的质量水平（或质量等级），选择主要的质量特性参数，规定多种质量特性参数经济合理的容差，或制定公差标准和其他技术条件。无论新产品的研制，还是老产品的改进，都要经过质量设计的过程。质量设计有助于质量的实现，质量设计首先应考虑顾客的要求和期望，生产过程中应保证低消耗、高效率、对环境影响最小和符合法律法规的要求，设计的目的是保持和提高人们的健康水平。

四、 食品的容器、 包装材料污染控制

食品容器、包装材料和生产设备、工具的污染，主要指金属毒物（如有甲基汞、镉、铅、砷）N–亚硝基化合物、多环芳香族化合物等有害物质的污染。因此食品容器、包装材料要严格按照 SSOP，使用合格的容器、材料和包装物料。

五、 食品储存和运输过程中的危害控制

食品储存和运输过程中的污染主要是物理性污染，其通常指食品生产加工过程中的杂质超过规定的含量，或食品吸附、吸收外来的放射性核素所引起的食品质量安全问题。如小麦粉生产过程中，混入磁性金属物，就属于物理性污染。其另一类表现形式为放射性污染，如天然放射性物质在自然界中分布很广，它存在于矿石、土壤、天然水、大气及动植物的所有组织中，特别是鱼类、贝类等水产品对某些放射性核素有很强的富集作用，食品中放射核素的含量可能显著地超过周围环境中存在的该核素放射性。放射性物质的污染主要是通过水及土壤污染农作物、水产品、饲料等，经过生物圈进入食品，并且可通过食物链转移。物理性污染来源主要有：①来自食品产、储、运、销的污染物，如粮食收割时混入的草籽、液体食品容器池中的杂物、食品运销过程中的灰尘及苍蝇等；②食品的掺假使假，如粮食中掺入的沙石、肉中注入的水、奶粉中掺入大量的糖等；③食品的放射性污染，主要来自放射性物质的开采、冶炼、生产、应用及意外事故造成的污染。物理性污染主要控制措施为：使用金属检测器进行检测；着重查看易出现异物的加工点；眼看手摸，感官剔除；用 X 光机进行排查。

第二节 食品质量改进

一、 质量改进定义

质量改进（Quality Improvement），是为向本组织及其顾客提供增值效益，在整个组织范围内所采取的提高活动和过程的效果与效率的措施。企业内部的每一项活动或每一项工作均包括一个或多个过程。设计的产品、服务或输出的质量是由顾客的满意度确定的，并取决于形成过程的效果和效率。因此，质量改进是一种以追求更高的过程效果和效率为目标的持续活动。

美国质量管理学家朱兰在欧洲质量管理组织第 30 届年会上发表《总体质量规划》论文中指出："质量改进是使效果达到前所未有的水平的突破过程。"由此可见，质量改进的含义应包括以下内容：

1. 质量改进的对象

质量改进的对象包括产品（或服务）质量以及与它有关的工作质量，也就是通常所说的产品质量和工作质量两个方面。前者如食品厂生产的食品的质量、食品销售输出的服务质量等；后者如食品企业中供应部门的工作质量、生产车间计划调度部门的工作质量等。因此质量改进的对象是全面质量管理中所叙述的"广义质量"概念。

2. 质量改进的效果在于"突破"

朱兰提出：质量改进的最终效果是按照比原计划目标高得多的质量水平进行工作。工作的目的是为了得到比原来目标高得多的产品质量。质量改进与质量控制效果不一样，但两者是紧密相关的，质量控制是质量改进的前提，质量改进是质量控制的发展方向，控制意味着维持其质量水平，改进的效果则是突破或提高。可见，质量控制是面对"今天"的要求，而质量改进是为了"明天"的需要。

3. 质量改进是一个变革的过程

质量改进是一个变革和突破的过程，该过程也必然遵循 PDCA 循环（见下页）的规律。由于时代的发展是永无止境的，为立足于时代，质量改进也必然是"永无止境"的。此外，还要深刻理解"变革"的含义，变革就是要改变现状。改变现状就必然会遇到强大的阻力。这个阻力来自技术和文化两个方面。因此，了解并消除这些阻力，是质量改进的先决条件。

4. 偶发性缺陷与长期性缺陷

在质量管理过程中，既要及时排除产品的质量缺陷，又要保证产品质量的继续提高。缺陷是质量管理的主要对象，缺陷是指不满足预期的使用要求，即一种或多种质量特性偏离了预期的使用要求。一般情况下，质量缺陷分为偶然性质量缺陷和长期性质量缺陷两种类型。

偶然性质量缺陷是指产品质量突然恶化所造成的缺陷，它是由于生产过程中系统偏差所造成的。由于偶然性质量缺陷影响生产的进展，因此需要立即采取措施使生产恢复正常。它类似产品质量的"急性病"，采取对策的方式是"救火式"，其目的仅局限于"恢复常态"。

长期性质量缺陷是指产品质量长期处于低水平状态所造成的缺陷，它是生产过程中随机偏差综合影响所造成的。人们虽然对它有所察觉，但习以为常，缺乏采取措施的紧迫感。例如，某车间不合格品率由15%下降到4%，并长期停滞在该水平上，人们认为4%的不合格品率是天经地义之事，从而不思改进。长期性质量缺陷不易引起人们的重视，所造成的经济损失远远高于偶发性质量缺陷。长期性质量缺陷类似产品质量的"慢性病"，对其采取的对策是"质量突破"方式，其目的是"层次提高"。

二、 质量改进过程的管理

质量改进活动涉及质量管理的全过程，改进的对象既包括产品（或服务）的质量，也包括各部门的工作质量。改进项目的选择重点，应是长期性的质量缺陷。

1. 质量改进的过程

任何一个质量改进活动都要遵循的基本过程是 PDCA（由 Walter Shewhart 提出）循环过程，即策划（Plan）、实施（Do）、检查（Check）和处置（Action）四个阶段，这四个阶段一个也不能少，详见图 3 - 1。

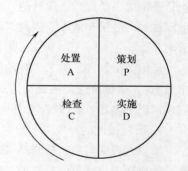

图 3 - 1　PDCA 循环

P——策划阶段品质只是找出存在的问题，通过分析制定改进的目标，确定达到这些目标的具体措施和方法。

D——执行阶段按照制定的计划要求去做，以实现质量改进的目标。

C——检查阶段对照计划要求，检查、验证执行的效果，及时发现改进过程中的经验及问题。

A——处置阶段是把成功的经验加以肯定，制定成标准、程序、制度（失败的教训也可纳入相应的标准、程序、制度），巩固成绩，克服缺点。

PDCA 完整地包含了四个阶段的循环。循环中存在着大环套小环的现象。即在 PDCA 的某一阶段也会存在实施计划、落实计划、检查计划的实施进度和处置的小 PDCA 循环。PDCA 是不断上升的循环，每循环一次，产品质量、工序质量或工作质量就提高一步。日本质量管理专家谷津进教授图示分析解决问题的过程，如图 3 - 2 所示。

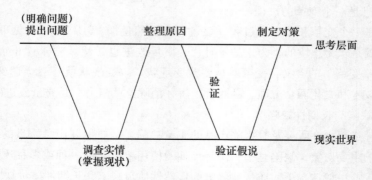

图 3 - 2　分析解决问题的途径

2. 质量改进的理论模式

质量改进的理论模式主要包括两种，第一是质量控制与质量改进的本质对比，第二是质量改进的典型管理策略。

（1）质量控制与质量改进对比　质量控制的目的是维持某一特定的质量水平，控制系统的偶发性缺陷；而质量改进则是对某一特定的质量水平进行"突破性"的变革，使其在更高的目标水平下处于相对平衡的状态。二者的区别可用图 3 - 3 表示。

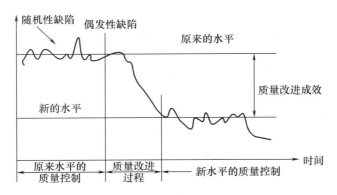

图 3 - 3　质量控制和质量改进的区别

由图 3 - 3 可见，质量控制是日常进行的工作，需纳入"操作规程"中加以规范并贯彻执行。质量改进则是一项阶段性的工作，有时间节点，达到既定目标之后，该项工作就完成了，通常它不能纳入"操作规程"，只能纳入"质量计划"中加以贯彻执行。

（2）质量改进的典型管理策略　世界各国均重视质量改进的实施策略，方法各不相同。美国麻省理工学院 Robert Hayes 教授将其归纳为两种类型，一种称为"递增型"策略；另一种称为"跳跃型"策略。它们的区别在于：质量改进阶段的划分以及改进的目标效益值的确定两个方面有所不同，详见图 3 - 4。

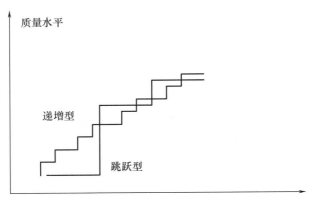

图 3 - 4　"递增型"策略和"跳跃型"策略的区别

递增型质量改进的特点是：改进步伐小，改进频繁。该策略认为，改进的重点在于，各方面的工作都需要每天每月进行改进，即使改进的步子很微小，但可以保证无止境地改进。递增型质量改进的优点是，将质量改进列入日常的工作计划中去，保证改进工作不间断地进行。由于改进的目标不高，课题不受限制，所以具有广泛的群众基础；它的缺点是，缺乏计划性，力量分散，所以不适于重大的质量改进项目。

跳跃型质量改进的特点是：两次质量改进的时间间隔较长，改进的目标值较高，而且每次改进均需投入较大的力量。该策略认为，当客观要求需要进行质量改进时，公司或企业的领导者就要做出重要的决定，集中最佳的人力、物力和时间来从事这一工作。该策略的优点是能够迈出相当大的步子，成效较大，但不具有"经常性"的特征，难以养成在日常工作中"不断改进"的观念。

三、 食品行业的质量改进

目前，食品行业中的质量改进还存在一些不足。食品企业在某些管理领域取得成功，如全面生产维护（Total Productive Maintenance，TPM）运行良好，但在质量圈等管理手段的尝试尚未成功。分析原因主要有以下几点：

（1）员工受教育水平较低，有时还存在沟通障碍，使其难于参与到解决问题的活动中来。

（2）生产环境的不利因素，如噪声、异味、高湿等。

（3）组织结构的功能划分不合理。大多数参与质量改进工作的技术人员集中在专业化部门，操作工拥有丰富的经验却常常被排除在外。

（4）食品企业常常无法自行改进设备。

（5）关于产品质量方面的信息反馈较少，起不到激励作用。

（6）改进行为常常得不到奖励，特别是得不到最高管理层的关注和支持。

（7）行业中，基于软科学的管理方法的使用不常见。企业文化以问题的最终解决为导向。

从技术 – 管理角度看，食品行业的核心竞争力大多数情况下与某项技术或工艺相关。因此，在质量改进过程中，应该把重点放在这些核心竞争力上，同时，给予适当的管理作支撑。具体内容如下：

（1）质量改进要求有一个合适的测算和信息系统。这些信息应该包括与工艺性核心竞争力相关的关键质量点和安全控制点；并且，这些信息能用一般的统计学工具进行分析（如裴瑞罗分析、标准偏差计算等），使得参与者和管理者都能做出正确的决策。

（2）培训也是质量改进的必要管理手段。针对那些特殊的质量控制点，培训将拓展相关责任人的技术和管理知识。更重要的是，员工通过简单统计技术的培训，可以提高他们有效地组织和处理数据的能力，以及将这些技术用于分析和讨论过程。

（3）团队建设是管理工作的另一项重要任务。这项任务需要有良好的领导并且不能被强制执行。管理者应为团队建设创造条件，使团队能够自主地成长。

在食品行业中，目前只有数量有限的几个公司采取了自我管理团队的工作模式，并将统计学工具用于质量改进过程，虽然已经取得了一些成果，但事实上要形成一种不断追求质量改进的企业文化需要很长的时间。

第三节 食品质量成本控管

一、 质量成本的定义

美国质量专家菲根堡姆最早提出质量成本的概念：质量成本是要把质量预防和鉴定活动

的费用与产品不符合要求所造成的损失一起加以考虑。

质量成本是在制造过程中同出现不合格品有密切联系的相关费用，包括为保证满意质量（规定的质量水平）而发生的费用和没有获得满意质量而导致的损失。如预防成本是为预防不合格品出现的费用；鉴定成本是为了评定是否出现不合格品的费用；内外损失成本则是因为不合格品在厂内和厂外发生的费用。

质量成本不包括制造过程中与质量有关的全部费用，而是其中的一部分，是同不合格品的产生最直接、最密切的费用。计算质量成本不仅仅是为了得到结果，最终是为了分析质量成本，从而寻找改进质量、控制质量成本的途径和评定质量体系的有效性，达到成本最低和用最经济的手段实现规定的质量目标的目的。

二、 质量成本管理

质量成本管理包括质量成本的预测、计划、分析、报告、控制和考核等内容。

质量成本的预测是质量成本计划的基础工作，甚至是计划的前提，是企业质量决策的依据。预测时要求综合考虑消费者或用户对产品质量的要求、竞争对手的质量水平、本企业的历史资料以及企业关于产品质量的竞争策略，采用科学的方法对质量成本目标值作出预测。

质量成本计划是在预测基础上，用货币量形式规定当生产符合质量要求的产品时，所需达到的质量费用消耗计划。主要包括质量成本总额及其降低率，质量成本构成的比例，以及保证实现计划的具体措施。

质量成本分析，由于预防成本、鉴定成本和外部质量保证三个成本的计划性较强，故障成本发生的偶然因素较多，所以，故障成本分析是查找产品质量缺陷和管理工作中薄弱环节的主要途径。成本分析可以从部门、产品种类、外部故障等角度进行分析。

质量成本报告是在质量成本分析的基础上写成的书面文件，它们是企业质量成本分析活动的总结性文件，供领导及有关部门决策使用。质量成本报告的内容与形式视报告呈送对象而定。

质量成本控制是指成本计划在执行过程中，加强监督检查，及时协调和纠正出现的各种偏差，把影响质量总成本的各个质量成本项目控制在计划范围内的一种管理活动，是质量成本管理的重点。质量成本控制是完成质量成本计划、优化质量目标、加强质量管理的重要手段。

质量成本考核就是定期对质量成本责任单位和个人考核其质量成本指标完成情况，评价其质量成本管理的成效，并与奖惩挂钩以达到鼓励鞭策，共同提高的目的。因此，质量成本考核是实行质量成本管理的关键之一。

三、 质量成本控制

1. 质量成本控制的步骤

质量成本控制贯穿质量形成的全过程，一般应采取以下步骤：

步骤1：事前控制。事先确定质量成本项目控制标准。将质量成本计划所定的目标作为控制的依据，分解、展开到单位、班组、个人。采用限额费用控制等方法作为各单位控制的标准，以便对费用开支进行检查和评价。

步骤2：事中控制。按生产经营全过程进行质量成本控制，即按开发、设计、采购、生产和销售服务几个阶段提出质量费用的要求，分别进行控制，对日常发生的费用对照计划进行检查对比，以便发现问题和采取措施，这是监督控制质量成本目标的重点和有效的控制手段。

步骤3：事后控制。查明实际质量成本偏离目标值的问题和原因，在此基础上提出切实可行的措施，以便进一步为改进质量、降低成本进行决策。

2. 质量成本控制的方法

质量成本控制的方法一般有以下几种：

（1）限额费用控制的方法。

（2）围绕生产过程重点提高合格率水平的方法。

（3）运用改进区、控制区、过剩区的划分方法进行质量改进、优化质量成本的方法。

（4）运用价值工程原理进行质量成本控制的方法。

企业应针对自己的情况选用适合本企业的控制方法。

第四节　食品质量管理常用的统计工具

食品质量管理七种工具是常用的统计管理方法，又称初级统计管理方法。它主要包括控制图、因果图、相关图、排列图、统计分析表、数据分层法和散布图所谓的 QC 七种工具。运用这些工具，可以从经常变化的生产过程中，系统地收集与产品质量有关的各种数据，并用统计方法对数据进行整理，加工和分析，进而画出各种图表，计算某些数据指标，从中找出质量变化的规律，实现对质量的控制。日本著名的质量管理专家石川馨曾说过，企业内95% 的质量管理问题，可通过企业上下全体人员活用这 QC 七种工具而得到解决。全面质量管理的推行，也离不开企业各级、各部门人员对这些工具的掌握与灵活应用。

一、 统计分析表

分析表是利用统计表对数据进行整理和初步分析原因的一种工具，其格式可多种多样，这种方法虽然简单，但实用有效。

二、 数据分层法

数据分层法就是将性质相同的，在同一条件下收集的数据归纳在一起，以便进行比较分析。因为在实际生产中，影响质量变动的因素很多，如果不把这些因素区别开来，就难以得出变化的规律。数据分层可根据实际情况按多种方式进行。例如，按不同时间、不同班次进行分层，按使用设备的种类进行分层，按原材料的进料时间、原材料成分进行分层，按检查手段、使用条件进行分层，按不同缺陷项目进行分层，等等。数据分层法经常与上述的统计分析表结合使用。

数据分层法的应用，主要是一种系统概念，即在于要想把相当复杂的资料进行处理，就得懂得如何把这些资料有系统有目的加以分门别类的归纳及统计。科学管理强调的是以管理的技法来弥补以往靠经验靠视觉判断的管理的不足。而此管理技法，除了建立正确的理念外，更需要有数据的运用，才有办法进行工作解析及采取正确的措施。如何建立原始的数据及将这些数据依据所需要的目的进行统计，也是诸多品管手法的最基础工作。

举个例子：我国航空市场近几年随着开放而竞争日趋激烈，航空公司为了争取市场除了加强各种措施外，也在服务品质方面下功夫。我们经常可以在航机上看到客户满意度的调查。此调查是通过调查表来进行的。调查表的设计通常分为地面的服务品质及航机上的服务品质。地面又分为订票、候机；航机又分为空服态度、餐饮和卫生等。透过这些调查，将这些数据予以集计，就可了解到从何处加强服务品质了。

三、　排列图（柏拉图）

排列图又称柏拉图，由此图的发明者19世纪意大利经济学家柏拉图（Pareto）的名字而得名。柏拉图最早用排列图分析社会财富分布的状况，他发现当时意大利80%财富集中在20%的人手里，后来人们发现很多场合都服从这一规律，于是称之为Pareto定律。后来美国质量管理专家朱兰博士运用柏拉图的统计图加以延伸将其用于质量管理。排列图是分析和寻找影响质量主要因素的一种工具，其形式用双直角坐标图，左边纵坐标表示频数（如件数、金额等），右边纵坐标表示频率（用百分比表示）。分折线表示累积频率，横坐标表示影响质量的各项因素，按影响程度的大小（即出现频数多少）从左向右排列。通过对排列图的观察分析可抓住影响质量的主要因素。这种方法实际上不仅在质量管理中，在其他许多管理工作中，例如在库存管理中，都是十分有用的。在质量管理过程中，要解决的问题很多，但往往不知从哪里着手，但事实上大部分的问题，只要能找出几个影响较大的原因，并加以处置及控制，就可解决问题的80%以上。柏拉图是根据归集的数据，以不良原因、不良状况发生的现象，有系统地将项目别（层别）加以分类，计算出各项目别所产生的数据（如不良率，损失金额）及所占的比例，再依照大小顺序排列，再加上累积值的图形。在工厂或办公室里，也可把低效率、缺损、制品不良等损失按其原因别或现象别，将能换算成损失金额的80%以上的项目加以追究处理，这就是所谓的柏拉图分析。

柏拉图的使用要以层别法的项目别（现象别）为前提，依经顺位调整后的统计表才能画制成柏拉图。柏拉图分析的步骤；

步骤1：将要处置的事，以状况（现象）或原因加以层别。

步骤2：纵轴虽可以表示件数，但最好以金额表示。

步骤3：决定搜集资料的期间，自何时至何时，作为柏拉图资料的依据，期限间尽可能定期。

步骤4：各项目依照大小顺位从左至右排列在横轴上。

步骤5：绘上柱状图。

步骤6：连接累积曲线。

柏拉图法（重点管制法），使我们在没法面面俱到的状况下，去抓重要的事情，关键的事情，而这些重要的事情又不是靠直觉判断得来的，而是有数据作为依据的，并用图形来加强表示。也就是层别法提供了统计的基础，柏拉图法则可帮助我们抓住关键性的事情。

四、　因果分析图

因果分析图是以结果作为特性，以原因作为因素，在它们之间用箭头联系表示因果关系。因果分析图是一种充分发动员工动脑筋、查原因、集思广益的好办法，也特别适合于工作小组中实行质量的民主管理。当出现了某种质量问题，未搞清楚原因时，可针对问题发动大家寻找可能的原因，使每个人都畅所欲言，把所有可能的原因都列出来。所谓因果分析图，就是将造成某项结果的众多原因，以系统的方式图解，即以图来表达结果（特性）与原因（因素）之间的关系。其形状像鱼骨，又称鱼骨图。某项结果之形成，必定有原因，应设法利用图解法找出其因。首先提出这个概念的是日本品管权威石川馨博士，所以特性原因图又称石川图。

因果分析图，可使用在一般管理及工作改善的各种阶段，特别是树立意识的初期，易于使问题的原因明朗化，从而设计步骤解决问题。

（1）因果分析图使用步骤

步骤1：集合有关人员。召集与此问题相关的，有经验的人员，人数最好4～10人。

步骤2：挂一张大白纸，准备2～3支色笔。

步骤3：由集合的人员就影响问题的原因发言，发言内容记入图上，中途不可批评或质问。（脑力激荡法）

步骤4：时间大约1h，搜集20～30个原因则可结束。

步骤5：就所搜集的原因，何者影响最大，再由大家轮流发言，经磋商后，认为影响较大的圈上红色圈。

步骤6：与步骤5一样，针对已圈上一个红圈的，若认为最重要的可以再圈上两圈、三圈。

步骤7：重新画一张原因图，未上圈的予以去除，圈数最多的列为最优先处理。

因果分析图提供的是抓取重要原因的工具，所以参加的人员应包含对此项工作具有经验者，才易奏效。

（2）因果分析图与柏拉图的使用　建立柏拉图须先以层别建立要求目的的统计表。建立柏拉图的目的，在于掌握影响全局较大的重要少数项目。再利用特性原因图针对这些项目形成的原因逐条予以探讨，并采取改善对策。所以因果分析图可以单独使用，也可联合柏拉图使用。

（3）因果分析图再分析　要对问题形成的原因追根究底，才能从根本上解决问题。形成问题的主要原因找出来以后，再以实验设计的方法进行实验分析，拟具体实验方法，找出最佳工作方法，问题也许能得以彻底解决，这是解决问题，更是预防问题。任何一个人，任何一个企业均有它追求的目标，但在追求目标的过程中，总会有许许多多有形与无形的障碍，而这些障碍是什么，这些障碍因何形成，这些障碍如何破解等问题，就是原因分析图法主要的概念。一个管理人员，在他的管理工作范围内所追求的目标，假如加以具体的归纳，我们可得知从项目来说不是很多。然而就每个追求的项目来说，都有会影响其达成目的的主要原因及次要原因，这些原因就是阻碍你达成工作的变数。将追求的项目一一地罗列出来，并将影响每个项目达成的主要原因及次要原因也整理出来，并使用因果分析图来表示，并针对这些原因有计划地加以强化，将会使你的管理工作更加得心应手。同样地，有了这些原因分析图，即使发生问题，解析问题的过程也能更快速、更可靠。

五、直方图

直方图又称柱状图，它是表示数据变化情况的一种主要工具。用直方图可以将杂乱无章的资料，解析出规则性，比较直观地看出产品质量特性的分布状态，对于资料中心值或分布状况一目了然，便于判断其总体质量分布情况。在制作直方图时，牵涉到一些统计学的概念，首先要对数据进行分组，因此如何合理分组是其中的关键问题。分组通常是按组距相等的原则进行的，其中的关键数字是分组数和组距。

六、 散布图

散布图又称相关图，它是将两个可能相关的变量数据用点画在坐标图上，用来表示一组成对的数据之间是否有相关性。这种成对的数据或许是特性—原因，特性—特性，原因—原因的关系。通过对其观察分析，来判断两个变量之间的相关关系。这种问题在实际生产中也是常见的，例如热处理时淬火温度与工件硬度之间的关系，某种元素在材料中的含量与材料强度的关系等。这种关系虽然存在，但又难以用精确的公式或函数关系表示，在这种情况下用相关图来分析就是很方便的。假定有一对变量 x 和 y，x 表示某一种影响因素，y 表示某一质量特征值，通过实验或收集到的 x 和 y 的数据，可以在坐标图上用点表示出来，根据点的分布特点，就可以判断 x 和 y 的相关情况。在我们的生活及工作中，许多现象和原因，有些呈规则的关连，有些呈不规则的关连。我们要了解它，就可借助散布图统计手法来判断它们之间的相关关系。

七、 控制图

控制图又称管制图，由美国的贝尔电话实验所的休哈特（W. A. Shewhart）博士在 1924年首先提出。管制图使用后，就成了科学管理的一个重要工具，特别在质量管理方面成了一个不可或缺的管理工具。它是一种有控制界限的图，用来区分引起质量波动的原因是偶然的还是系统的，可以提供系统原因存在的信息，从而判断生产过程是否处于受控状态。控制图按其用途可分为两类，一类是供分析用的控制图，用控制图分析生产过程中有关质量特性值的变化情况，看工序是否处于稳定受控状；另一类是供管理用的控制图，主要用于发现生产过程是否出现了异常情况，以预防产生不合格品。

统计管理方法是进行质量控制的有效工具，但在应用中必须注意以下几个问题，否则的话就得不到应有的效果。这些问题主要是：

（1）数据有误　数据有误可能是两种原因造成的，一是人为地使用有误数据，二是未真正掌握统计方法。

（2）数据的采集方法不正确　如果抽样方法本身有误则其后的分析方法再正确也是无用的。

（3）数据的记录、抄写有误。

（4）异常值的处理　通常在生产过程取得的数据中总是含有一些异常值，它们会导致分析结果有误。

以上概要介绍了常用初级统计质量管理七大手法，即所谓的"QC 七种工具"，这些方法集中体现了质量管理的"以事实和数据为基础进行判断和管理"的特点。最后还需指出的是，这些方法看起来都比较简单，但能够在实际工作中正确灵活地应用并不是一件简单的事。

思考题

1. 食品原料污染的种类及控制方法有哪些？
2. 食品质量改进的意义、原则和方法有哪些？
3. 试述食品质量成本的概念。食品质量成本管理的内容和方法有哪些？
4. 试述食品质量成本管理在食品质量管理中的地位和作用。
5. 试述食品质量控制中的常用统计工具的基本原理、特点及使用方法。

参考文献

［1］P. A. Luning，W. J. Marcelis，W. M. F. Jongen：吴广枫主译．食品质量管理：技术 – 管理的方法．北京：中国农业大学出版社，2005.

［2］陆兆新主编．食品质量管理学．北京：中国农业大学出版社，2004.

［3］刁恩杰主编．食品质量管理学．北京：化学工业出版社，2013.

［4］赵光远主编．食品质量管理．北京：中国纺织出版社，2013.

食品卫生标准操作程序（SSOP）

1. 掌握卫生标准操作程序的定义。
2. 了解卫生标准操作程序的内容。
3. 了解生产过程中卫生监控与记录。

第一节　SSOP 的定义

SSOP 是卫生标准操作程序（Sanitation Standard Operating Procedure）的简称，是食品生产加工企业为了保证达到 GMP 所规定要求，确保加工过程中消除不良的因素，使其生产加工的食品符合卫生要求而制定的，用于指导食品生产加工过程中如何实施清洗、消毒和卫生保持。SSOP 最重要的是具有八个卫生方面的内容，加工者根据这八个主要方面实施卫生控制，以消除与卫生有关的危害。SSOP 的正确制定和有效执行，对控制危害是非常有价值的。企业可根据法规和自身需要建立文件化的 SSOP。

第二节　SSOP 体系的起源与发展

20 世纪 90 年代，美国频繁爆发食源性疾病，造成每年七百万人次感染，七千人死亡。经调查，有大半感染或死亡的原因与肉、禽产品有关。针对这一情况，美国农业部（USDA）不得不重视肉、禽生产的状况，决心建立一套包括生产、加工、运输、销售所有环节在内的肉禽产品生产安全措施，从而保障公众的健康。1995 年 2 月颁布的《美国肉、禽类产品 HACCP 法规》中第一次提出了要求建立一种书面的常规可行的程序——卫生标准操作程序（SSOP），确保生产出安全、无掺杂的食品。但在这一法规中并未对 SSOP 的内容做出具体规定。同年 12 月，美国 FDA 颁布的《美国水产品 HACCP 法规》（21 CFR part 123）中进一步明确了 SSOP 必须包括的八个方面及验证等相关程序，从而建立了 SSOP 的完整体系。此后，SSOP 一直作为 GMP 或 HACCP 的基础程序加以实施，成为完成 HACCP 体系的重要前提条件。

第三节 SSOP 的基本内容

根据美国 FDA 的要求，将执法检查和消费者投诉中发现的问题加以总结，SSOP 计划至少包括以下八个方面：①用于接触食品或食品接触面的水，或用于制冰的水的安全；②与食品接触的表面的卫生状况和清洁程度，包括工器具、设备、手套和工作服；③防止发生食品与不洁物、食品与包装材料、人流和物流、高清洁区的食品与低清洁区的食品、生食与熟食之间的交叉污染；④设施的清洁与维护；⑤防止食品被外部污染物污染；⑥有毒化学物质的正确标志、储存和使用；⑦雇员的健康与卫生控制；⑧虫害的控制（防虫、灭虫、防鼠、灭鼠）。

FDA 要求每个食品企业应针对各产品生产环境制定并实施书面 SSOP 计划或类似文件。一般来说，SSOP 计划应该涵盖下述内容：

（1）企业使用的卫生程序；

（2）卫生程序计划表；

（3）提供支持日常监测计划的基础；

（4）确保及时采取纠正措施的计划；

（5）如何分析、确认问题发生的趋势，并防止其再次发生；

（6）如何确保企业内每个人都理解卫生的重要性；

（7）员工连续培训的内容；

（8）向买方和检查人员的承诺；

（9）提高企业内卫生操作和状况的方法。

SSOP 是企业根据 GMP 要求和企业的具体情况自己编写的，没有统一的文本格式，主要是要求所编写的文本要易于使用和遵守。

除了水产品外，美国政府要求所有属联邦或地方管辖的肉、禽工厂制定、维持并遵守书面 SSOP。美国农业部（USDA）食品安全检查署（FSIS）认为，SSOP 在确定各机构的责任时是非常重要的，它有利于促使企业长期遵守有效卫生规程，减少产品直接污染或掺假的危险，因此提出了这项要求。

肉、禽工厂 SSOP 囊括了为防止产品直接污染或掺假而采取的所有日常预处理及卫生操作规范。必须确定监督日常卫生操作、评价 SSOP 是否有效实施以及在需要时负责采取适当纠正措施的具体负责人。同时，要求有能够反映每天实施 SSOP 操作过程的情况记录。其中，发生偏差以及采取纠正措施的记录至少应保留 6 个月，以备核实和监督之用。纠正措施包括：①确保已污染的产品得到恰当处理；②恢复卫生状况；③防止产品直接污染及掺假现象再次发生，包括重新正确评价与修改 SSOP 内容；④书面 SSOP 中，要包括雇员在实际操作中实施与维持该操作的责任说明以及指定负责人员在保证实施卫生规程过程中的责任说明。

在肉禽工厂中，必须由总负责人或者由企业中级别较高的管理人员在 SSOP 文件上署名并注明日期，以确证企业将实施 SSOP。此外，还必须记录 SSOP 开始实施的情况以及后来的修改。必要时，企业应重新评价和修改 SSOP，以反映企业中设施、人员或操作的变化，确保 SSOP 在防止产品直接污染、掺假方面仍旧有效。

一、 用于接触食品或食品接触面的水， 或用于制冰的水的安全

在食品加工过程中，水具有十分重要的作用：水既是某些食品的组成成分，也是食品的清洗，设施、设备、工器具清洗和消毒所必需的。因此生产用水（冰）的卫生质量是影响食品卫生的关键因素，对于任何食品的加工，首要的一点就是要保证水的安全。食品企业一个完整的 SSOP，首先要考虑与食品接触或与食品接触物表面接触用水（冰）的来源与处理应符合有关规定，应有充足的水源，并要考虑非生产用水及污水处理的交叉污染问题。

（一） 水源

食品企业加工用水一般来自城市公共用水、自备水和海水。使用城市公共用水，要符合国家饮用水标准；使用自备水源要考虑较多因素，如井水，需要考虑周围环境、井深度、污水等因素对水的污染；海水需要考虑周围环境、季节变化、污水排放等因素对水的污染。城市供水和自供水要符合《GB 5749—2006 生活饮用水卫生标准》；海水要符合海水水质标准（GB 3097—1997）。如果企业存在两种供水系统，则必须采用不同颜色管道，防止生产用水与非生产用水混淆，工厂应有详细的供水网络图，日常对生产供水系统进行管理与维护，生产车间的水龙头应编号。

（二） 监控

1. 水源的监控

（1）城市供水 若使用城市供水，要求具有一份城市水质分析报告的复印件，虽然这不是必需的，但也是有效的证明文件。水质分析报告除了提供水的安全信息外，还会提供一些影响加工状况的其他信息（如水的硬度及矿物质的含量）。每年的水费单和分析报告应与周期性或每月卫生控制记录共同存档。某些工厂还进行其他的成分分析，也应把结果记录在周期性卫生控制表中。

（2）自供水（井水） 同样，对自供水水源是否符合标准也需进行监控。要求对水源进行实验室分析，分析项目至少应包括指示性细菌（如大肠杆菌）的检测。如井水在工厂投产前必须进行检测，然后至少每半年检测 1 次，对可疑水源应增加检测频率。

抽样频率应符合地方或国家要求。由当地政府部门或认可的水质检测实验室提供抽样方法及检测程序，抽样方法必须考虑到适当选择抽样地点、适当的抽样程序和及时运送与处理样品。

（3）海水 对用于加工的海水，至少应与城市供水或自供水水源的饮用标准一致。因此，用海水加工水产品的工厂或船只，应考虑监控已经进行必要处理的水及贮水池中的水的最初来源。由于海水状况会随着季节及海滨的活动而变化，海水的监控应比陆地水及自供水的监控更频繁。虽然海水里盐的含量比淡水高，用于食品及食品接触面的海水至少应符合饮用水的标准，若不符合，应根据它的用途仔细考虑其安全以及在影响产品外观上的风险。

例如，当海水仅仅用于辅助用泵或槽或从船中卸载整条鱼时，就不必检测。但是，如果

海水用于加工且直接接触鱼片或其他水产品的可食部位时，就需要严格监控海水的来源。监控内容包括：检测当地环境状况（如赤潮）及水质。

2. 管道的监控

对饮用水管道和非饮用水管道以及污水管道的硬（永久性）管道之间可能产生问题的交叉连接处每月进行一次检查便可以了。为防止虹吸管回流或不适当地使用软管（例如直接浸入槽中、放在地面上）引起的交叉污染、潜在的水污染等情况需要增加监控频率（每日）。应检测并记录开工前由于虹吸管回流产生的交叉污染，所有问题都应及时纠正并做好每天的卫生控制记录。对管道的监控通常采用在水龙头取水样的方法，一般放水 3min 后取水样，取水样应在不同的出水口进行，在 1 个生产季节内编号的水龙头应至少取 1 次水样。消除虹吸管回流最有效的方式是在水源和水池、容器或地上的水之间形成简单的空气割断（空间）。如果这种方法不便操作，可用几种类型的真空排气阀防止回流。若真空排气阀发生故障，必须立刻维修或替换，在每天卫生控制记录中需要注明纠正措施。

3. 冰的监控

除了水源的安全性与之相连的管道进行监控外，用这些水制成的冰也必须进行周期性的监控。冰及冰的储存、处理状况可能会引起致病菌的传播。不卫生的贮藏、运输、铲运或与地面接触是造成冰污染的主要原因。

4. 废水的处理和排放

污水处理：符合国家环保部门的要求，进行必要的处理，符合 ISO 14000，符合防疫的要求，特别是来料加工的。

废水排放：地面坡度易于排水，一般为 1% ~ 1.5% 斜坡；加工用水、清洗案台或清洗消毒池的水不能直接流到地面。

地沟：明沟、暗沟加箅子（易于清洗、不生锈）。

流向：清洁区到非清洁区。

与外界接口：防异味、防蚊蝇。

（三）纠正

当监控发现加工用水存在问题时，生产企业必须对这种情况进行评估。如果必要，应中止使用此水源的水直到问题得到解决，并重新检测，证明问题已经解决。另外，必须对在这种不利条件下生产的所有产品进行评估，决定是否需要对其进行重新分级。

如果监控时发现在硬管道处有交叉污染，则必须马上解决。出现问题的部位若不能被隔离（如用关闭的阀门），则应停止生产，直至修好为止。另外，在不合理情况下生产的产品不能运销，除非其安全性已得到验证。

如果监控发现管道弯曲处缺少真空排气阀或其他一些缺陷导致虹吸管回流时，必须及时采取有效行动，在每天卫生控制记录表中正确记录所有的维护和纠正措施。

（四）记录

卫生控制记录是非常重要的文件，它使加工企业能连续地了解卫生状况与操作。记录应随着加工操作的变化而变化，在记录上应附有当月城市供水水费单的复印件和城市供水商的水质分析报告。

水费单和分析报告是证明企业生产用水满足水源要求的文件。如果加工时用自供水或海水，那么，水的检测结果也应记录在表格中。所有检测结果都应记录并妥善保存。若发现有污染情况，纠正措施的实施情况和重新检测的结果也应记录在相应的卫生控制记录表中并存档。记录还包括检查标记，表明加工企业对管道可能存在的交叉污染每月都进行了检查。

二、　食品接触表面的卫生情况和清洁度

食品接触面指：接触食品的表面以及在正常加工过程中会将水溅在食品或食品接触面上的那些表面。它包括食品加工过程所使用的所有设备、工器具、手套、外衣等。

（一）　对食品接触面的要求

保持食品接触面的卫生是为了防止其污染食品。要做好这项工作，在设备材料的选择和清洁、消毒等方面都有一系列要求。

1. 食品接触面的材料要求

安全的材料是指：无毒（无化学物质渗出）、不吸水（不积水或干燥）、抗腐蚀、不与清洁剂和消毒剂产生化学反应。食品工器具、设备要用耐腐蚀、不生锈，表面光滑易清洗的无毒材料制造；不允许用木制品、纤维制品、含铁金属、镀锌金属、黄铜等。设计安装及维护方便，便于卫生处理；制作精细，无粗糙焊缝、凹陷、破裂等。

2. 食品接触面的清洁和消毒

食品接触面的清洁和消毒是控制病原微生物的基础。不卫生的食品接触面，是导致食品污染的潜在因素，对食品的安全将构成威胁。在食品加工中必须证实食品接触面的卫生条件符合卫生控制程序（SCP），在有效的卫生标准操作程序（SSOP）中应列出基本的清洁和消毒计划。清洁和消毒通常包括5个步骤：清除（扫）、预冲洗（简短）、使用清洁剂（可能包括擦洗）、后冲洗和使用消毒剂。

食品接触面进行清洁处理后，必须进行消毒以去除或减少潜在的致病菌。商业上有许多类型的化学消毒剂。在开始加工之前，是否需要冲洗，取决于消毒剂的类型与浓度。在食品工厂中使用的消毒剂必须经过批准，如邀请微生物、材料学、化学、毒理学等方面的专家进行评估，必须根据标识说明进行制备和使用。

消毒剂的使用浓度必须有效，但不得超过规定范围。某些高浓度的消毒剂可在地面、冷却间的墙壁和其他非食品表面使用。

3. 清洗消毒的频率

对于大型设备，每班加工结束后消毒，工器具每2~4h进行一次；加工设备、器具被污染之后要立即进行消毒。手和手套的消毒在上班前和生产过程中每隔1~2h进行一次。

（二）　监控

监控的目的是确保食品接触面（包括手套和外衣等）的设计、包装、使用便于卫生操作、维护及保养，并符合相应卫生要求，能及时充分地进行清洁和消毒。

完整的SSOP计划应针对在加工过程中可导致食品污染的所有食品接触面。监控计划应确保：①加工所用的设备和工器具（食品接触面）要适于卫生操作；②设备和工器具能够进行适当的清洁和消毒；③能够抵抗食品企业允许使用的消毒剂（在规定浓度下）的侵蚀；④接触食品的手套和外衣要保持清洁并且状况良好；⑤避免裸露食品上方天花板或管道的冷凝水偶然跌入造成的污染。

食品接触面的监控通常将视觉检查与对消毒剂的化学检测相结合。视觉检查包括确认表面状况是否良好，是否经过适当清洁和消毒，手套和外衣等是否清洁并保养良好。监控包括

对表面结构和状况的视觉检查，适当的照明、抛光或者浅色表面有助于检查表面上的残留物。可能需要拆卸设备的某些部件来确认其中是否夹杂食品残渣。总之，监控过程就是寻找影响清洁和消毒效果仍缺损、不良的关节连接、已腐蚀的部件、暴露的螺钉或螺帽或者其他可能藏匿水或污物的地方。

对于大多数普通使用的消毒剂，其化学检测非常简单，如氯、碘和季铵盐类化合物。特定的试纸条可通过颜色改变来检测某种消毒剂，以深浅指示其化学浓度，试纸条能快速得到结果，足以满足大多数现场检测要求。试纸条附有如何正确使用方面的说明，因为有的试纸条颜色变化很快，有的则需浸泡一段时间颜色才变化。大部分试纸只能检测出某一浓度范围，而不是精确的浓度，而且试纸并不能适用于所有的消毒剂。不同消毒剂都有配套的显色试剂盒，只需简单的化学混合，操作方便，大多数检测结果快速、准确。

监控频率取决于监控对象，可安排每月检查设备设计是否合理（如确保充分地排水）、是否有腐蚀迹象。作为工厂清洁程序的一部分内容，通常在使用过程中测定消毒剂的浓度。在每天加工过程中，准备需用的消毒剂，使用过程中应定时检查浓度，检查频率由使用条件决定。某些消毒剂降解速度很快，因此，需在用于消毒表面之前多进行几次监控，并在每次清洁和消毒操作后验证设备清洁程度。

（三）纠正

在监控过程中发现的问题应采用适当的方式及时纠正。若设备部分腐蚀，其纠正措施应包括抛光或者更换设备。如工作表面不清洁，应在开工前进行正确的清洁和消毒。若消毒剂的浓度太低，应更换或者调整到正确的浓度。也就是说，必须建立标准以便确认是否达到要求。例如，用于食品接触面的氯消毒剂，其常用浓度一般为 $100 \sim 200mg/kg$ 有效氯，如果监控显示浓度超过这个范围，则必须进行纠正并记录。

（四）记录

卫生控制记录的目的是提供证据，来证实企业的消毒计划得到充分且有效的执行，可以及时发现所有问题并加以纠正。实际记录或记录表格随每个具体加工操作内容的不同而异。例如，每月卫生控制记录需对工厂中的食品接触面、设备的状况和工艺进行综合检查，而每天卫生控制记录需对食品接触面的清洁度做更详细的检查；对与即食食品有关的食品接触面的观察记录应比对生的、未蒸煮的水产品生产线的监控更加频繁；对所有的加工操作，需要在开工前进行监控，在开工前发现问题并进行必要的纠正；开工前和工作中的情况可能不同，开工前通常检查、监控设备的清洁度，而在工作过程中往往需要检查员工的手套和围裙等是否保持清洁，这方面在开工前是无法检查的；记录消毒剂的使用浓度等实际数值时，需注明所用消毒剂的类型和浓度，并注明标准值作为参照；留出足够的空间来注释并填写纠正措施；观察结果为不满意时，要对纠正措施进行记录；记录所有观察的时间，包括纠正措施。

三、防止交叉污染

交叉污染指通过生的食品、食品加工者或食品加工环境把生物或化学污染物转移到食品中的过程。

（一）造成交叉污染的主要原因

造成交叉污染的主要原因包括：工厂选址、设备设计、车间布局不合理；加工人员个人卫生不良；清洁消毒不当；卫生操作不当；生、熟产品未分开；原料和成品未隔离等。

（二）　防止交叉污染的主要措施

（1）工厂的选址、设计、建筑要符合出口食品加工企业的卫生要求。周围环境无污染源；锅炉房设在厂区的下风向，厂区厕所、垃圾箱远离车间。

（2）加强个人卫生监管。对手、手套和工作服的卫生要由专人监督和管理；员工要养成良好的卫生习惯。

（3）生熟产品严格分开。对于生产即食食品、油炸食品、肉制品的加工企业，要做到人流、物流、气流、水流严格分开，避免交叉污染。

（三）　监控

为了有效控制交叉污染，需要评估和监控各个加工环节和食品加工环境，从而确保生的产品在整理、储存或加工过程中不会污染熟的、即食的或需进一步加热的半成品。指定人员应在开工时或交班时进行检查，确保所有卫生控制计划中加工整理活动，包括生的产品加工区域与煮熟或即食食品的分离，而且检查人员在工作期间还应定期检查以确保这些活动的独立性。如果员工在生的加工区域活动，那么，他们在加工煮熟或即食产品前，必须清洗和消毒手。当员工由一个区域到另一个区域时，应当清洗鞋靴或进行其他的控制措施。当移动的设备、工器具或运输工器具由生的产品加工区域移向熟制或即食产品的加工区域时，也需经过清洁、消毒。产品储存区域，如冷库应每日检查，以确保煮熟和即食食品与生的产品完全分开。通常，可在生产过程中（开工一半时）或收工后进行检查。

管理者或其他指定的员工（卫生监督员）应在开工时或交班时以及工作期间定期监控员工的卫生，确保员工个人清洁卫生、衣着适当、戴发罩，不得戴珠宝或可能污染产品的其他装饰品。在加工期间，应定时监控员工操作，以确保不发生交叉污染。监控员工操作是否规范通常应检查：恰当使用手套；严格手部清洗和消毒过程；在食品加工区域不得饮酒、吃饭和吸烟；生的产品的加工员工不能随意去或移动设备到加工熟制或即食产品的区域。

在大多数情况下，不易监控员工在卫生间的洗手操作，而食品加工或整理区域内或附近洗手处的洗手操作则容易监控。所以，需要卫生监督员进行检查，以确保员工洗手，并且运用适当的手清洗和消毒技术。监控的频率视具体情况而定。下列情形很容易观察和监控到员工在开工前手部的清洗、消毒操作，如员工午饭后、换班、休息后、使用洗手间或处理不卫生物品（如垃圾）。员工可能从生的产品处理区到煮熟或即食产品处理区域活动，这些场所应特别注意监控。整理、加工煮熟或即食产品的操作中，需对手的清洗进行更多的监控。当员工在被要求洗手而未洗手和消毒或发现了不正确的手清洁和消毒操作，管理者应要求其立即改正。

（四）　纠正措施

对任何可能导致交叉污染的不令人满意的活动或状况应及时采取纠正措施，从而避免食品和食品接触面的潜在污染。当观察到食品整理区域的状况可能导致交叉污染时，应停止加工或整理活动，直到该区域被清洁、消毒，而且生的产品和成品的整理和加工活动也被充分地隔离。如果可能有污染，产品应被隔离放置，直到确定产品的安全性。

如果观察到员工的不良卫生情况或不正确的食品整理操作，应及时纠正员工的行为。尤其是当要求员工洗手而发现其未洗手消毒或不正确地洗手消毒后，监督者应要求其立即改正，审查要求的程序和操作的执行情况。员工也应理解这些操作能导致他们生产出不安全的产品，并会对他们的公司造成潜在影响的原因。利用这些易于沟通的机会教育员工，往往比正式的培训程序效果更好，便于员工明白他们应该怎样做才能达到要求。

（五） 记录

每天卫生控制记录应包括填写所做的观察记录和对可能导致交叉污染的每个潜在因素的纠正措施记录。不论状况是否满意，卫生监督员都应记录监控的时间以及监督与操作人员的姓名，记录应留出空间用于记录观察到不满意状况时所采取的纠正措施。虽然记录表格只列出了检查的指定时间（如早上和下午交班时），但对交叉污染的关注应延伸到整个工作过程中。记录须在日常监控计划下进行。

四、 设施的清洁与维护

设施的清洁与维护与 SSOP 的第三项内容——防止交叉污染而对手部的清洗、消毒处理加以监控的要求密切相关，食品的加工很多是通过手工操作的，手不仅接触食品表面，而且还要处理垃圾，接触化学药品、吃饭等，在这些活动中，手会被病原微生物和有害物质污染。还存在以下原因：①许多员工日常不洗手；②洗手措施未被正确地执行；③许多员工不理解洗手的重要性。同时，卫生设施的齐备与完好，能为食品加工企业提供控制卫生、防止交叉污染的基本条件。

（一） 洗手、 消毒和厕所设施的要求

洗手、消毒设施的要求包括：采用非手动开关的水龙头；有温水供应，在冬季洗手消毒效果好；有合适、满足需要的洗手消毒设施，每 10 ~ 15 人设 1 个水龙头为宜；拥有流动消毒车。

厕所设施的要求包括：与车间相连接的厕所，门不能直接朝向车间，要配有更衣、换鞋设备；数量必须与加工人数相适应，每 15 ~ 20 人设 1 个为宜；手纸和纸篓保持清洁卫生；设有洗手设施和消毒设施；有防蚊蝇设施。

（二） 洗手、 消毒的方法和频率

洗手、消毒方法为：

（1）用足够的时间以适当的方式进行洗手；

（2）在 38 ~ 43℃ 的热水中彻底沾湿双手；

（3）用有泡沫的皂液洗手 20s；

（4）用流动的热水冲洗；

（5）用一次性纸巾、毛巾擦干，或用干手机烘干；

（6）适量地用手部消毒剂，如四价氨盐复合剂（QAC）滴剂。

必要时，洗完手应立即进行消毒。消毒剂的种类很多，大多数用氨或碘作为活性成分。消毒剂的使用应被控制，必须根据法规及制造商的建议使用。

洗手消毒流程：清水洗手→用皂液或无菌皂洗手→冲净皂液→于 50mg/kg（余氯）消毒液中浸泡 30s→清水冲洗→干手（用纸巾或毛巾）

洗手、消毒的频率：

（1）每次进入车间开始工作前；

（2）在以下行为之后：上卫生间；接触嘴、鼻子及头皮（发）、抽烟；倒垃圾、清洁污物；打电话、系鞋带；接触地面污物及其他污染过的区域；

（3）任何需要的时候。

每次进入加工车间时、手接触了污染物后，或根据不同加工产品规定消毒频率。

（三）厕所的卫生要求

所有的厂区、车间和办公楼的厕所均要求通风良好、地面干燥，保持清洁卫生；设有洗手消毒设施、非手动开关的水龙头，以便如厕后进行洗手和消毒。

（四）监控

食品整理和加工区域的卫生间和洗手间的洗手设备至少 1d 检查 1 次，确保它们处于可正常使用的清洁状态，并配备热水、肥皂、一次性纸巾、垃圾箱等设施。而某些食品加工过程，则需每天检查 1 次以上，定期检查的方式和频率根据不同的食品和加工方法而定。例如，每日卫生控制记录包括每 4h 检查手部消毒间里供加工即食食品的员工使用的（浸入）消毒液的浓度。洗手槽里的消毒液应在其配好后，根据消毒液使用的情况用试纸测其浓度。对于以生鱼或预煮水产品为加工对象的员工的手部清洗、消毒设施，应每天开工前检查 1 次。

对于厕所设施的状况和功能的检查，也要求每日至少 1 次。为保证厕所设施在员工们开工前和工作中能正常使用，开工前是最好的检查时间。厕所设施应该一直保持一种良好的工作状态，并进行常规清洁以避免严重污染。作为每日 SSOP 检查表的一部分，每个厕所必须要冲洗干净并通过检查，保证正常使用。倒流或堵塞了的厕所会在整个工厂里传播粪便污染，不良状况可能会造成即食的、生的和预煮水产品的交叉污染。

（五）纠正

检查中发现问题应立即纠正。例如，在检查厕所和洗手设施时，发现卫生用品缺少或使用不当，应马上修理损坏的设备或补充卫生用品；若发现消毒液的浓度不够大时，应更换新的浓度适宜的洗手液，必要时，应要求员工们重新洗手并消毒。应由 1 个责任心强、知识丰富的人来评估确定产品是否被污染。如有被污染的情况，就应将被污染的产品隔离，重新评估后做出降级、重新加工或销毁并重新加工，或转为安全用途，或扔掉等决定。监督中应利用这种"施教机会"向员工解释为什么要这样做，以提高员工的卫生意识。

（六）记录

每日卫生控制记录或日志应能清楚反映出每天定期检测的设施状况的观察记录。记录中应注明在何地、何时进行的观察，所观察的情况是否令人满意，观察到的消毒液的实际浓度，所采取的纠正措施，使用卫生间时所做的观察等。记录和实际测量（如手部消毒液浓度）的过程对保持卫生状况是非常重要的。

五、 防止食品被外部污染物污染

在食品加工过程中，食品、包装材料和食品接触面会被各种生物的、化学的、物理的物质污染，如消毒剂、清洁剂、润滑油、冷凝物等，这些物质被称为外部污染物。

（一）导致外部污染的因素及其控制方法

在食品加工中导致外部污染的因素很多，主要外部污染物包括：水滴和冷凝水；空气中的灰尘、颗粒；外来物质；地面污物；无保护装置的照明设备；润滑剂、清洁剂、杀虫剂等化学药品的残留；不卫生的包装材料等。

预防并控制食品中外部污染物的措施包括：

（1）对包装物料实施控制。包装物料存放库要保持干燥清洁、通风、防霉，内外包装分别存放，上有盖布下有垫板，并设有防虫鼠设施；每批内包装进厂后要进行微生物检验，其细菌总数 <100 个$/cm^2$，致病菌不得检出；必要时对其进行消毒处理。

（2）对冷凝水实施控制。具体措施有保持车间内通风良好、车间温度控制稳定、顶棚呈圆弧形、提前降温、及时清扫。

（3）食品储存库保持卫生，不同产品、原料、成品分别存放，设有防鼠设施。

（4）正确使用和妥善保管各种化学品。

（二）监控

监控的目的是保证食品、食品包装材料和食品接触面免受各种微生物、化学和物理污染物的污染。所以，监控人员必须记住，对产品接触面、辅料和包装材料的污染也就是对成品的污染。为了控制这些污染，首先必须明确监控目标，清楚了解有毒化合物和不卫生表面形成的冷凝物和地板喷溅污染产品的可能性，针对生产中的实际情况进行监控。

推荐监控频率是：在开工前或工作开始时检查，生产过程中每 4h 检查 1 次。加工者应清楚，自开始加工，产品从预处理到整个操作过程中都有可能被外部污染物污染，一旦生产过程与已制定的卫生操作程序有偏差时，就需要进行适当纠正。

（三）纠正

对于任何可能导致产品污染的行为应及时加以纠正，以避免其对食品、食品接触面或食品包装材料造成污染。在防止和控制外部污染物污染方面经常采取的纠正措施包括：

（1）除去不卫生表面的冷凝物；

（2）调节空气流通和房间温度，以防止凝结；

（3）安装遮盖物，防止冷凝物落到食品、包装材料或食品接触面上；

（4）清扫地板，清除地面上的积水；

（5）在有死水的周边地带，疏通行人和交通工具；

（6）清洗因疏忽暴露于化学外部污染物的食品接触面；

（7）在非产品区域使用有毒化合物时，设立遮蔽物以保护产品；

（8）测算由于不恰当使用有毒倾倒物所产生的影响，以评估食品是否被污染；

（9）加强对员工的培训，纠正不正确的操作；

（10）丢弃没有标签的化学品。

（四）记录

对于确保食品、食品包装材料和食品接触面免受污染的记录不需太复杂。每日卫生控制记录的范例只需标明两项主要卫生条件的监控活动。通常情况下，记录的内容可以非常广泛，也可在其他涉及清洁卫生的监控表中进行详细阐述。本项记录的特点是防止任何物质污染食品，有些公司可能会将其每日卫生控制记录习惯性地做成监控某一具体区域或加工程序的格式，即在天花板上没有冷凝物集结；旋转好洗手消毒水或消毒剂，远离食品和食品接触面防止喷溅污染；在食品和食品包装区域附近无洗手水和残留液溢出。

六、 有毒化合物质的正确标记、 储存和使用

大多数食品加工企业需要使用特定的化学物质，包括清洁剂、消毒剂、灭鼠剂、杀虫剂、机械润滑剂、食品添加剂等。如果没有它们，企业将无法正常运转，但是，在使用它们

时，企业必须小心谨慎，按照产品说明使用。做到正确标记、贮藏安全，否则会导致企业整理或加工的食品有被污染的风险。同时，还必须遵照执行与这些物质的应用、使用、暂存有关的政府法规。

（一）　有毒化合物的标记、　贮藏和使用

所有有毒化合物必须正确标识，且要保持标识清楚，并标明有效期，保存使用登记记录。

用于清洁、消毒处理的化合物质与杀虫剂、灭鼠剂一样，应正确贮藏在远离食品整理和加工区域，通常是储存在 1 个上了锁的小屋或箱子里，并且钥匙或密码只能给相关的工作人员。化学清洁剂应与杀虫剂和灭鼠剂分开暂存，以免意外混合或误用。同样，食品级化学药品应与非食品级物质分开暂存。

有毒有害化合物不能置于食品设备、工器具或包装材料上。盛放散装清洁剂、消毒剂等的工作容器一定要卫生、干净。曾用于存放有毒有害化合物的器具不能用于储存、运输或分装食品、食品辅料，也不能用于储存可能接触食品接触面的清洁剂、消毒剂等物。同样，曾用于储存清洁剂、消毒剂等的工作容器也一定不能作为食品容器用于包装食品成品。

只有正确使用和处理用于操作和维护食品加工设施所必需的化合物（包括清洁剂、去污剂），才能杜绝交叉污染、外部污染物和微生物污染的可能性。必须按照制造商的要求或建议正确使用，所有物料的使用应本着不能导致食品受外部污染物污染的原则。在美国，化合物的使用必须遵照 EPA 注册所提供的使用说明。

企业应对其储存和使用的有毒有害化学物质编写一览表，以便于检查。使用的各种有毒有害化合物必须有主管部门批准的生产、销售、使用说明，以及其主要成分、毒性、使用剂量、注意事项与正确使用方法等方面的证明或说明。

所有有毒有害化合物必须在单独的区域储存，储存柜要带锁以防止随便乱拿，同时还须设有警告标示。

所有有毒有害化合物必须由经过培训的人员使用和管理。

（二）　监控

监控要确保有毒化合物的标记、贮藏和使用能充分保护食品免遭有毒化合物的污染。监控区域主要包括食品接触面、包装材料、用于加工过程和包含在成品内的辅料。有毒化合物包括清洁剂、消毒剂、杀虫剂（包括害虫和啮齿类动物）、机械润滑剂和其他清洁或保持水产品加工环境所需的化合物。

必须以足够的频率监控有毒倾倒物的贮藏、使用和标记，以确保符合卫生条件和操作要求。推荐监控频率是每天至少 1 次，开工前的检查可确保前 1 天使用过的有毒物均已被放回原处。加工者在一整天的操作过程中——从开工前到加工及卫生活动的过程中，要时刻注意有毒化合物的使用。

（三）　纠正措施

对任何不满意情况的纠正措施，包括有毒化合物的及时处理应避免其对食品、辅料、食品接触面或包装材料的潜在污染。对不正确操作常采取的几种纠正措施包括：

（1）将存放不正确的有毒物转移到合适的地方；

（2）将标签不全的化合物退还给供货商；

（3）对于不能正确辨认内容物的工作容器应重新标记；

（4）不合适或已损坏的工作容器弃之不用或销毁；

（5）准确评价不正确使用有毒化合物所造成的影响，判断食品是否已遭污染（有些情况必须销毁食品）；

（6）加强员工培训以纠正不正确的操作。

（四）　记录

对于正确标记、储存和使用有毒化合物的记录不必太复杂。每日卫生控制记录的内容通常包括所有有毒化合物可能引起的外部污染，清洁用化合物、润滑剂、杀虫剂、灭鼠剂等是否正确地标记和贮藏。在生产前进行检查，可做出满意或不满意的判定。很明显，不符合的规定需及时纠正。另一种记录类型是"日志"，它可以将几天的监控信息放到 1 张表中，企业可将保留的张贴于化学物品储存室的日志作为符合卫生要求操作的历史记录。

七、　雇员的健康与卫生控制

雇员的健康与卫生状况对食品、食品包装材料和食品接触面的卫生具有重要影响。根据食品卫生管理法规定，凡从事食品生产的人员必须经过体检合格，获有健康证者方能上岗。管理好患病或有外伤或其他身体不适的员工，他们可能成为食品的微生物污染源。对员工的健康要求一般包括：不得患有妨碍食品卫生的传染病；不能有外伤；不得化妆、佩戴首饰和携带个人物品；必须具备工作服、帽、口罩、鞋等，并及时洗手消毒。生产人员要养成良好的个人卫生习惯，按照卫生规定从事食品加工工作，进入加工车间更换清洁的工作服、帽、口罩、鞋等。

（一）　检查

食品企业的员工在上岗前必须进行健康检查，上岗后必须定期进行健康检查，每年至少进行 1 次体检。

食品生产企业应制定体检计划，并设有体检档案，凡患有妨碍食品卫生的疾病，如患有由伤寒沙门菌、志贺菌属、伤寒沙门菌、大肠杆菌、甲型肝炎等病菌引起的急性病，必须与食品处理区隔离。这些病菌所引起传染病的后果严重，在某些情况下还可能导致死亡。因此，这些患者均不得参加直接接触食品的工作，痊愈后必须经体检证明合格后才可重新上岗。

某些致病菌经常通过患病的员工污染食品而传播，如果加工食品的员工出现下列迹象或症状的一种便表明由病原体引起的传染病可能会通过食品供应传染给其他人，这些症状是：痢疾、呕吐、皮肤的创伤、烫伤、发烧、尿色加深或黄疸症。但是，也有一些员工虽没表现出任何症状，但也可能是某些病原体（如伤寒沙门菌、志贺菌属、大肠杆菌 O157：H7）的携带者，如食品加工者在洗手（如上厕所后、接触生肉后、清扫脏水或拿了垃圾后等）、戴干净手套、使用干净的工器具方面做得不够，就可能造成这些病原体的食源性传播。非食源性传播路径，比如人与人之间的传播，也是病菌传播的一个主要途径。

食品生产企业应制定卫生培训计划，定期对加工人员进行培训，并记录存档。

（二）　监控

监控就是要观察员工是否患病或有外伤，这可能会污染食品。应在工厂开工前或员工换班时，观察员工是否患病或有伤口感染的迹象。执行此项常规检查任务的卫生监督员能通过观察发现员工可能生病，尽管员工本人可能并没有不舒服的感觉。如发现可疑迹象，卫生监督员应谨慎地向该员工讲明。

每天都应监控员工的健康状况是很重要的一点，因为 1 个人的健康状况可在一夜之间发生变化。综上所述，最适当的检查时间应在员工开始工作前。因此，本监督程序是开工前应执行的检查之一。员工也有责任将自己处于监督之下，根据 FDA（1999）食品法规，如果员工确认为患病、有临床症状或高风险状况均需上报。

（三）　纠正措施

如果员工被确诊为患病或有外伤，可能会污染食品，那么管理人员应该：

（1）重新分配任务和安置此员工到非食品加工区，或回家休养直至此可疑健康状况改变或检查呈阴性；

（2）如有外伤时，用不透水的覆盖物包扎伤口，然后重新分配任务或回家休养。

（四）　记录

生产线上员工的健康状况在每天工作前都应记录在每日卫生控制记录表上，并且一定要记录出现的不满意状况及相应纠正措施。

八、　虫害的防治

食品生产加工过程主要存在的虫害有苍蝇、蟑螂等，这些虫害携带大量病源菌，如沙门菌、葡萄球菌、肉毒梭状杆菌、李斯特菌和寄生虫等，通过其传播的食源性疾病数量巨大，因此，虫害的防治是食品加工企业的重要工作内容。即使食品加工企业将虫害控制工作承包给外面的公司，加工者仍然有义务确保厂内没有害虫。

（一）　害虫防治方法

在食品加工企业中，虫害的控制对减少通过微生物污染而传播的食源性疾病是十分必要的，一般来说，虫害控制的操作分 4 项工作：

（1）去除任何昆虫、害虫的滋生地；

（2）阻止虫害进入食品加工企业；

（3）将虫害从食品加工企业中驱逐出去；

（4）消灭那些进入厂区的害虫。

首先，企业应对厂房进行一次预先检查，以便了解执行上述 4 项工作的现有能力，以及在减少可能导致食品安全危害方面的不足，然后制定从食品加工企业中清除害虫的措施，例如关闭门窗并密封以阻止害虫侵入。

在工厂中制定一套害虫控制清除体系要从多方面进行考虑，其中有（但不局限于）厂房和地面、结构布局、工厂机械、设备和器具、内务管理、废物处理、杀虫剂的使用和其他控制措施等。应提出一份控制害虫的审查或检查表，以助于解决最初评估中可能遇到的害虫问题。虽然 HACCP 法规中没有要求，但这种详细记录是很有用的。

（二）　监控

相关 GMP 法规说明了"虫害控制"的所有特征。在这方面需要做的监控工作包括视觉检查是否存在害虫（包括饲养动物、昆虫、啮齿类动物、鸟类）和害虫最近留下的痕迹（如粪便、啃咬痕迹和造巢材料等）。一般而言，应对加工区域、包装区域和储存区域进行监控。另外，对其他如不加以控制可能引起害虫问题的相关情况也需加以监控。

监控频率根据检查对象的不同而异。对于工厂内害虫可能入侵点的检查，可每月或每星期检查 1 次；对工厂内害虫遗留检查，应按照相应 GMP 法规或 HACCP 计划的规定检查，通常为每天检查。也可根据经验来调整监控的频率。

（三）　纠正措施

如果监控程序表明存在可能危害食品安全或影响食品卫生的问题，则应及时纠正。存在的害虫是必须解决的一个卫生问题，对这个问题应该具体情况具体分析，在制定最终解决办法之前应考虑复杂或者简单的害虫问题。例如，对于加工区的苍蝇，短期的解决办法可能是杀死苍蝇并清理加工区域附近的垃圾；从长远来看，则需安装空气帘，并将垃圾箱移到远离厂门的地方。

（四）　记录

必须记录监控过程中害虫检查结果和纠正措施的实际情况，以便在政府监督机构检查或审核过程中能提供这些记录文件。记录应能证明公司的卫生规范是适当的、按照规范要求做的，并对发现的问题作了纠正。

第四节　SSOP 与 GMP、 HACCP 关系

一、 SSOP 与 GMP 的关系

本着食品必须是在 GMP 的条件下生产、贮存的，政府食品主管部门用法规形式，强制性地要求食品生产企业的生产条件达到政府所制定的 GMP 要求，否则食品不得上市销售。良好的生产工艺规范 GMP 是保障食品安全和质量而制定的贯穿食品生产全过程的一系列技术要求、措施和方法。在我国有类同于 GMP 的"食品企业卫生规范"和"保健食品良好生产规范"等 19 个国家标准。

GMP 构成了 SSOP 的立法基础。GMP 规定了食品生产的卫生要求，食品生产企业必须根据 GMP 的要求制定并执行相关控制计划，这些计划构成了 HACCP 体系建立和执行的前提。此类前提计划主要包括：SSOP，人员培训计划，工厂维修保养计划，产品回收计划，产品的识别代码计划。

美国海产品 HACCP 法规（21 CFR - 123）强制性要求加工企业采取有效的卫生监控程序，程序的目标和频率必须充分保证生产条件和状况达到 GMP 的要求，并推荐加工者按八个主要卫生控制方面来起草一个卫生操作监控文件，该文件即称为卫生标准操作程序（SSOP）。

SSOP 必须形成文件，这在 GMP 是没有要求的。不过 GMP 通常与 SSOP 的程序和工作指导书是密切关联的，GMP 为它们明确了总的规范和要求。食品企业必须首先遵守了 GMP 的规定，然后建立并有效地实施 SSOP。GMP 和 SSOP 是相互依赖的，只强调满足包含八个主要卫生方面的 SSOP 及其对应的 GMP 条款，而不遵守其余的 GMP 条款，也会犯下严重的错误。

SSOP 指企业为了达到 GMP 所规定的要求，保证所加工的食品符合卫生要求而制定的指导食品生产加工过程中如何实施清洗、消毒和卫生保持的作业指导文件。它没有 GMP 的强制性，是企业内部的管理性文件。

GMP 的规定是原则性的，包括硬件和软件两个方面，是相关食品加工企业必须达到的基本条件。SSOP 的规定是具体的，主要是指导卫生操作和卫生管理的具体实施，相当于 ISO 9000 质量体系中过程控制程序中的"作业指导书"。制定 SSOP 计划的依据是 GMP，GMP 是 SSOP 的法律基础，使企业达到 GMP 的要求，生产出安全卫生的食品是制定和执行 SSOP 的最终目的。

SSOP 计划一定要具体，切忌原则性的、抽象的论述，要具有可操作性。

二、　SSOP 与 HACCP 的关系

食品出现的安全危害来源于两个方面：食品加工环境和加工过程中物理的、化学的和生物的污染；食品加工工艺流程不合理或控制不良所造成的食品不安全。只有对以上两方面实施了有效的控制，才能使最终产品是卫生的、安全的。

SSOP 具体列出了卫生控制各项目标，包括了食品加工过程中的卫生、工厂环境卫生和为达到 GMP 的要求所采取的行动。SSOP 的正确制定和有效执行，对控制危害是非常有价值的。如果 SSOP 实施了对加工环境和加工过程中各种污染或危害的有效控制，那么按产品工艺流程进行危害分析而实施的 CCP 的控制就能集中到对工艺过程中的食品危害的控制方面。按 FDA 的说法，就是"确定哪些危害是由加工者的卫生监控计划来控制的，将它们从 HAC-CP 计划中划出去，只余下少数需要在 HACCP 计划中加以控制的显著危害"。因此，HACCP 计划中 CCP 的确定受到 SSOP 有效实施的影响，或 HACCP 体系建筑在 GMP 为基础的 SSOP 上。SSOP 可以减少 HACCP 计划中的 CCP 数量。把某一危害归类到 SSOP 控制，而不列入 HACCP 计划内控制，丝毫不意味着对其控制的重要性有所降低。事实上，危害是通过 SSOP 和 HACCP 的 CCP 共同予以控制的。例如，工厂的卫生、人员的卫生和严格的操作程序，在控制熟制品中的李斯特菌危害方面完全同处于 HACCP 计划中作为 CCP 的实质性加热和冷藏工序，具有同等重要的意义。这就是为什么美国 21 CFR－123 法规要求对进口水产品验证时，同时提供 HACCP 和卫生监控记录的原因。

SSOP 在对 HACCP 系统的支持性程序中扮演着十分重要的角色。有了 SSOP，HACCP 就会更有效，因为 HACCP 体系集中在与食品或其生产过程相关的危害控制上，而不是在生产卫生环节上，HACCP 计划更加体现特定食品危害控制属性。反之，也可以把卫生控制作为 HACCP 计划的一部分，但在这种情况下，各项卫生控制必须具有 CCP 的所有特性，如建立监控、纠正措施、记录保持和验证程序。

值得注意的是，并非所有的食品生产都必须具有 HACCP 计划。某些低风险食品经过危害分析后，没有发现显著危害，从而不需设定 CCP，因此，也就可以没有 HACCP 计划。但食品加工企业按照食品法规的强制性要求，即使没有 HACCP 计划，工厂的生产卫生也必须达到 GMP 的规定。任何卫生计划中的一个重要部分是监控，监控体系应能确保生产的条件和状况符合 SSOP 的规定。

第五节　SSOP 在实际生产中的应用

一个完整的食品安全体系包括卫生控制程序和 HACCP 计划两个方面，卫生标准操作程序

（SSOP）概述了企业该如何在其内部保持卫生控制。尽管 FDA 没有要求书面的 SSOP 计划，但建议 SSOP 应阐明企业控制、监测和纠正关键卫生条件所遵从的程序和标准卫生操作（SCP）。

各个工厂的 SSOP 都应是具体的，SSOP 应描述工厂与食品卫生操作和环境清洁有关的程序和实施情况。企业可以选择制订正式的或非正式的 SSOP 计划，非正式的 SSOP 可能仅仅是描述企业对某具体任务或卫生问题的控制、监测和纠正偏差所遵循的程序和频率。正式的 SSOP 是书面的，必须遵守一定的标准模式，因此每一个 SSOP 都包含标准的信息。在制订正式的 SSOP 计划之前企业要对每个单个 SSOP 设计一个标准模式，标准模式可能包括以下部分或全部内容：

SSOP 的目的或目标；

SSOP 的范围或针对性（如即食产品包装车间的洗手设施的设备）；

责任 [例如，在 SSOP 中负责实施和（或）监测程序的员工或工作的描述]；

材料和设备 [例如，列出所有用来执行任务和（或）监测行为的工器具或设备]；

程序（执行 SSOP 所必需程序的文件）；

频率（SSOP 中的程序使用的时间间隔）；

文件的修改（记录修改 SSOP 的原因和文件版本数，及在用的版本）；

批准部分（例如企业管理者的签名）。

编写 SSOP 计划无所谓对错，重要的就是"SSOP 应易于使用和遵守"，一个不能执行的 SSOP 计划对企业毫无益处。对任何类型的 SSOP（非正式的或正式的）而言，最重要的两点是：①对某人执行的任务提供了足够详细的内容；②所列出的程序准确反映了正在执行的行动。过于详细的 SSOP 将达不到预期的目标，因为很难每次都严格执行程序，而且可能被非正式地修改。同样，不够详细的 SSOP 计划对企业也没有多大用处，因为员工得先"填补空白"，才能知道该怎样做才能完成任务。也就是说员工在执行不够详细的 SSOP 程序时，必然加入自己对这些程序的理解，而他们的理解并不一定完全正确，所以可能导致执行过程中的偏差。

如果企业要制订 SSOP 计划，那它应支持所要求的卫生控制监测、记录保持和纠正措施。然而，尽管长期的实施将证明 SSOP 计划是有价值的，但企业会发现编写 SSOP 计划非常困难。制订 SSOP 的一种简便方法就是，针对企业正在实施的各项卫生操作，记录其操作方式、场所、由谁负责实施等方面；另外还应考虑卫生控制程序的监测方式、记录方法，怎样纠正出现的偏差。简单的记下企业正在实施的卫生程序是实行 SSOP 计划的第一步。

下面是福州市某水产加工厂单冻鲽鱼片加工过程的 SSOP 计划。

一、 加工用水的安全

（一） 目的
保证生产用水安全卫生。

（二） 适用范围
生产过程所使用的水（包括制冰用水）。

（三） 规程
（1）在生产加工过程中使用的水（包括制冰用水）均采用自来水公司提供的生活饮用水，除自来水公司每个月至少提供两份出厂水质检验证明，每年由官方检验机构按照欧盟 98/83/EC 要求及我国的《生活饮用水卫生标准》（GB 5749—2006）各检测一次，只有检测合格的水才能用于食品加工。

（2）公司品管部每周至少对生产用水进行颜色、沉淀物、气味、余氯含量、pH、细菌总数和大肠菌群检验一次，并将结果记录于《水质检测原始记录表》，以确认生产用水是否遭受交叉污染。

（3）每日开工前及生产过程中，卫生监管员至少检测生产用水的余氯含量两次（其中供水管最末端水龙头要检测一次），并将结果记录于《生产用水余氯检测记录表》。全年至少对全厂所有生产用水的水龙头进行余氯检测一次。

（4）停产后生产开工前，必须由品管部检验人员进行颜色、沉淀物、气味、pH 及余氯含量检测，合格后方可用水，并将结果记录于《水质检测原始记录表》。

（5）每月至少由生产部安排人员对蓄水池清洗消毒一次，并将清洗消毒情况记录于月份水池清洗情况记录表。蓄水池的清洗消毒规程为：

①关闭进水阀，打开排水阀；

②待水位排至剩余约 10cm 时关闭排水阀；

③先用刷子刷洗池壁及池底后排干池水；

④用 100～150mg/kg 的含氯漂白粉液或消毒液刷洗池壁及池底；

⑤用清水冲洗；

⑥关闭排水阀，打开进水阀。

（6）水池贮备水由生产部指定的人员控制使用，以防久置而发生水质不符合要求情况。

（7）在自来水管道上的适当部位安装有止回阀，以防自来水因意外情况倒流。

（8）由生产部、动力科、品管部人员组成考评小组，负责每个月的月份卫生评估，以保证生产用水不存在交叉污染，考评组应将巡查情况记录于《月份卫生评审表》。若发现存在交叉污染时，必须立即通知动力科进行处理。

（9）当发现水质异常时，应立即停止用水，由生产部、动力科、品管部负责原因排查、甚至消除障碍，水质恢复正常后方可用水。

（10）当发现水质异常会影响产品质量时，应将所生产的产品隔离评估。

（四）相关记录

（1）饮用水检测报告；

（2）生产用水检测原始记录表；

（3）生产用水余氯检测记录表；

（4）水池清洗情况记录表；

（5）月份卫生评审表。

二、 与食品接触的表面的卫生状况和清洁程度

（一）目的

保证与食品接触表面的清洁度、防止污染食品。

（二）适用范围

与食品接触的表面、人员、设备、工器具。

（三）　规程

（1）当前公司所有与食品接触表面有关系的设备和工器具都能满足现行卫生要求，在更换生产设备的任何涉及与食品接触表面的主要部件前，生产部、动力科及品管部都要组织人员对其评估，以避免对食品造成不良影响。新购设备及器具与食品接触的表面必须由易于清洗、耐磨、无毒的材料制成。

（2）所有与食品接触的设备和工器具表面，在每天生产开工前或中途歇息后重新开工前，由生产线人员进行清洗消毒。清洗消毒规程为：

①先用清洁剂刷洗；

②用自来水清洗；

③用 100～150mg/kg 含氯消毒液酌情进行泼洒、涂抹或浸泡；

④5min 后用自来水冲洗干净；

⑤沥干（或吹干、或用消毒好的抹巾擦干）后使用。

（3）生产加工过程中，生产线人员至少每 4h 对与食品接触的表面（连续运转的单冻机、蒸煮机等除外）按上述第 2 款清洁消毒规程进行处理一遍后投入使用。

（4）生产加工结束后，生产线人员也要按第 2 款清洗消毒规程对与食品接触的表面进行处理一遍后备用。

（5）卫生监管员必须对以上的消毒液浓度及与食品接触的设备及工器具表面开工前、生产过程中及歇息后重新开工前的清洗消毒情况进行检查，认为卫生合格的可进行生产，否则要进行重新清洗消毒，直至合格后投入生产；每天生产结束后的与食品接触表面清洗消毒情况也应经卫生监管员检查，直至合格为止。卫生监管员要把上述情况记录于每日消毒记录表中。

（6）生产线员工要按要求使用公司发给的用不渗透材料制成的围裙和橡胶手套，卫生监管员负责检查员工的穿戴使用情况，监督以上用具随时都处于卫生和可用状态。未经卫生监管员或主管同意，员工不得擅自换成非生产用的围裙和手套。卫生监管员负责执行情况的监督，并将结果记录于《每日员工卫生检查记录表》。

（7）生产线员工接触产品的手套在接触产品或已清洗、消毒合格的与食品接触表面前，必须按下述规程对手套进行清洗消毒：

①用清水湿润手套表面；

②在手套表面涂抹上适量皂液后搓擦；

③用清水冲洗手套表面，直至皂泡完全清除；

④将手套置于 50～70mg/kg 含氯消毒液中浸泡 30s 以上；

⑤用清水冲洗手套上的残留消毒液；

⑥用消毒后的一次性手巾擦干手套表面。

（8）生产线员工使用的围裙必须按下述规程清洗消毒：

①用清水湿润围裙需清洗消毒面；

②在围裙需清洗消毒面涂抹上适量皂液后用刷子刷洗；

③用清水冲洗围裙表面，直至皂泡完全清除，除去水分；

④在清洗消毒面涂抹上 100～150mg/kg 的含氯消毒液；

⑤5min 后用清水冲洗围裙上的残留消毒液；

⑥待沥干后即可使用。

（9）接触生制品人员的手套，至少每2h消毒一次；接触熟制品人员的手套，至少每小时消毒一次。

（10）卫生监管员必须对生产过程中的上述情况进行巡查，若发现不按上述规程操作或清洗消毒结果不合格的，要令其重新清洗消毒，直到合格。卫生监管员必须将检查及执行结果记入每日员工卫生检查记录表中。

（11）品管部每周至少对生产用具、人员、机台等涂抹检验一次，检查生产用具、人员、机台等卫生状况，并将结果记录于机台或器具每周涂抹检查记录表、员工每周涂抹检查记录表中。若抽查结果不符合要求，通知现场主管及卫生监管员加强现场监管力度。

（四）相关记录

1. 每日消毒记录表；
2. 机台或器具每周涂抹检查记录表；
3. 员工每周涂抹检查记录表。

三、防止发生食品与不洁物、食品与包装材料、人流和物流、高清洁区的食品与低清洁区的食品、生食与熟食之间的交叉污染

（一）目的

预防不卫生的物体对食品造成污染。

（二）适用范围

非与食品直接接触的设备表面、人员。

（三）规程

（1）卫生监管员必须对生产线所用的设备及工器具的卫生情况进行巡查，若发现不卫生或被污染，必须立即要求对相应部分进行清洗、消毒，直到检查评定合格后再投入使用。卫生监管员检查及执行结果要记入车间卫生检查记录表中。

（2）卫生监管员、维修人员、品管人员和生产人员（包括处理下脚料及地面或与不洁物品有接触的工人），在加工产品前必须对其手和手套进行清洗消毒。卫生监管员至少每4h巡查一次，并将巡查结果填写在每日消毒记录表中。

（3）通过曾经接触地面废物或其他不卫生物的人员的手套、工器具而可能使产品遭受污染的，须按规定进行相应处理才能接触产品。该过程由卫生监管员至少每4h执行一次，并将结果记入每日消毒记录表中。

（4）生产线员工负责洗手盆的配置，并在盆中放置适量的50~70mg/kg含氯消毒液，以便员工的手或手套弄脏、或回到生产线时可以使用它们，卫生监管员负责检查该情况，并将其记录于每日消毒记录表中。

（5）加工人员因故离开生产车间、重新回到生产线工作前必须按规定要求进行洗手消毒。生产线员工的手（或手套）、围裙等未清洗消毒的不得与产品或生产用的冰、已清洗消毒好的工器具及与产品接触的设备表面接触。

（6）制冰机储冰室在空室使用前或停产清空室内储冰后，须进行清洗消毒一遍，品管部检验员负责清洗消毒效果的检查，并将结果记入机台或器具涂抹检查记录表中。

（7）动力科负责建立一套完善的维护保养系统，以保持工作室的良好通风、空气流动和

空气压力，避免工作室、生产区内及储存区内冷凝物的形成，以防产品、产品接触面及包装物料受污。

（8）生产线人员要对半成品、次品、下脚料、垃圾使用明确区别标识的器具分别盛放，以防交叉污染，并酌情及时清理。卫生监管员负责检查，并将结果记录于车间卫生检查记录表中。

（9）生、熟车间使用的工器具严格分开，不得混用。

（10）生、熟车间的人员不得窜岗。

（11）内包装物必须用清洁卫生的塑料袋密闭包装。仓管员必须将内包装物料分类离地堆垛，并遮盖防尘。仓库门窗状况良好，符合防鼠、防蝇要求，通风、干燥。卫生监管员至少每周巡检一次，发现问题及时提请解决，并将相关情况记录于成品库、包装材料库巡检记录表中。

（12）仓管员要把面包糠、食盐等辅料物料按规定置于相应符合要求的专用仓库内，卫生监管员负责检查工作，并将情况记录于成品库、包装材料库巡检记录表中。

（13）仓管员每月至少对冷藏库及冷冻库进行除霜清洗一次，每年至少用过氧乙酸稀释液消毒一次。消毒方法为：过氧乙酸 20 倍稀释后，以 $80mL/m^3$ 的用量喷雾消毒，至少密闭24h 方可使用，仓管员必须将除霜清洗及消毒情况分别记录于冷库除霜、清扫记录表、冷库消毒记录表中。

（四）相关记录

1. 车间卫生检查记录表；
2. 每日消毒记录表；
3. 机台或器具涂抹检查记录表；
4. 成品库、包装材料库巡检记录表；
5. 冷库除霜、清扫记录表；
6. 冷库消毒记录表。

四、手的清洗消毒设施以及卫生间设施的维护

（一）目的
保证卫生设施齐备和完好，确保食品加工环境卫生，并防止交叉污染。

（二）适用范围
所有洗手设施及卫生间。

（三）规程

（1）在厂内较合理的位置建有足够蹲位的男、女卫生间，卫生间的通风部位配置纱窗，并配置自动关闭的门。

（2）卫生间配置感应式洗手器，生产部指定人员负责配置充足的洗手用皂液和 50 ~ 70mg/kg 的含氯消毒液。

（3）环卫工负责卫生间的清洁工作，并保证卫生设备处于良好的状况，一旦发现卫生设备故障立即通知机修人员及时修复。卫生监管员每日都要检查卫生间状况并记录于厂区卫生巡检记录表中。

（4）由生产部指定人员在各车间入口处的洗手台随时添置 50 ~ 70mg/kg 含氯消毒液，

以便所有人员在进入车间或离开生产线重返岗位时均可使用。洗手消毒液至少每 2h 更换一次。

（5）由生产部指定人员负责车间入口处添置足量的 200～300mg/kg 含氯消毒液，以便员工在进入车间前，对所穿的工作靴进行消毒。该工作靴消毒液至少每 4h 更换一次。

（6）由生产部指定人员负责水龙头使用前的检查工作，使用中每隔 4h 至少检查一次，一旦发现状况异常及时通知机修人员修复。

（7）卫生监管员负责上述情况的检查工作，并将情况记录于厂区卫生巡检记录表及每日消毒记录表中。

（四）　相关记录

1. 厂区卫生巡检记录表；
2. 每日消毒记录表。

五、　防止食品被污染物污染的规程

（一）　目的

防止外来物质对食品造成污染。

（二）　适用范围

车间及仓库内可能导致外来化学、物理或生物物质对食品造成污染的区域。

（三）　规程

（1）卫生监管员每日检查车间内生产时任何可能的污染源，确保可能对产品造成污染的物质被正确标记和存放，并将相关情况记录于车间卫生检查记录表中。

（2）会着地的供水长软管在不使用状态要将水管头离地离墙搁置。

（3）供水软管在使用过程中要注意防溅，严防在使用过程中水流直接冲击地面反弹造成对产品或与食品接触表面的污染。

（4）卫生监管员随时检查地面溅水情况，发现溅水情况应设法予以解决。务必保证产品、产品接触面及包装物料不受污染。因溅水原因可能造成被污染的产品要隔离待估处理。卫生监管员要将每日的检查情况记录于车间卫生检查记录表中。

（5）生产部、动力科及品管部每月至少进行一次工厂结构及车间检查，以确保加工中没有来自内部和外部的污染源，并将情况记录于月份卫生评审表中。

（6）车间内不得存放与生产无关的物质，物料仓库应分类管理，原料、半成品、成品、辅料等仓库内不得存放会污染上述物品的物质。

（7）任何车间及仓库内的装修都要经过卫生质量管理领导小组批准后方可实施。

（8）卫生监管员负责上述情况的巡检，并将有关情况记录于车间卫生检查记录表和成品库、包装材料库抽检记录表中。

（9）每日生产前，由组长负责组织相关人员对所使用的塑料用具（包括红桶、篮筐等）进行检查，发现破损的立即弃之不用。生产过程中至生产结束时，发现塑料用具破损的要及时清除，缺损的要找出碎片，以防止对产品造成物理污染。

（四）　相关记录

1. 车间卫生检查记录表；
2. 月份卫生评审表；

3. 车间卫生检查记录表；

4. 成品库、包装材料库抽检记录表。

六、 有毒、 有害化合物的储存及使用规程

（一） 目的

合理储存和使用有毒、有害化合物，以防止对食品产生污染。

（二） 适用范围

有毒有害化合物的储存和使用。

（三） 规程

（1） 公司内所用的杀虫剂、消毒剂及清洁剂必须是符合国家要求且经过公司准许的。

（2） 所有的杀虫剂、消毒剂及清洁剂都要有清晰的标记，分别置于各自的仓库或专用柜中，由卫生监管员专人负责保管。

（3） 杀虫剂由承包公司灭蝇虫的单位保管。

（4） 所有润滑油、润滑剂必须采用公司允许使用的，其都要有正确标记且由机修人员负责保管，非使用时间不得将其置于生产车间内。当对设备保养后，在生产开始前必须对现场及设备进行清洗、消毒和检查，卫生监管员对其评估合格后方可投入使用。并将相关情况记录于车间卫生检查记录表中。

（5） 负责有毒有害化合物管理的人员必须经培训合格后方可上岗。

（四） 相关记录

1. 车间卫生检查记录表；

2. 员工集体培训记录表。

七、 雇员的卫生条件规程

（一） 目的

防止直接接触食品的员工对食品造成污染。

（二） 适用范围

所有生产线的员工。

（三） 规程

（1） 总务部负责生产线员工的健康体检工作，并将员工体检结果记录于员工健康情况登记表中。生产线新员工须经体检合格取得健康证后方可招收进厂。

（2） 每个生产线新员工都须进行卫生培训，使其能够掌握应知的卫生常识后方可上岗。总务部负责组织培训工作，并将培训情况记录于员工集体培训记录表、员工个人培训记录表中。

（3） 员工在进入生产线前必须按所在岗位的卫生要求，除去手表、首饰等与生产无关且可能有碍食品卫生的东西，穿戴好帽子、工作服、手套、雨靴等；检查脸上无涂脂抹粉、头发不外露、工作服上无异物，经洗手消毒、洗靴消毒后方可进车间。卫生监管员负责检查进入生产线人员的上述情况，若发现不符合要求要帮其改正，直至合格后方可放行。卫生监管员要把检查情况记录于每日员工卫生检查表中。

（4）新员工进入生产车间进行操作前，必须由所在车间的组长带其进行实地卫生操作演练，直至掌握操作技能后方可让其独立操作。

（5）生产线员工至少每年体检一次，合格者方可留岗，不合格者调离生产线。总务部负责组织该项工作，并将相关情况记录于员工健康情况登记表中。

（6）生产线员工一旦生病或受伤一定要立即告知卫生监管员或现场主管，并立即离开生产线。

（7）卫生监管员及现场主管在每日开工前或生产过程中发现生产人员存在有碍食品卫生的现象（如感冒、发烧、咳嗽、流鼻涕、呕吐、腹泻、手部创伤或流脓等）必须立即引导其离开生产线。卫生监管员要将上述情况记录于每日员工卫生检查表中。

（8）生产线员工一旦被确认患有妨碍食品卫生的疾病（如咳嗽、呕吐、腹泻、黄疸、伤寒等）必须立即调离生产线，待其完全康复体检合格后方可回岗继续工作。总务部要将上述情况记录于员工健康情况登记表中。

（四）相关记录

1. 员工健康情况登记表；

2. 员工集体培训记录表；

3. 每日员工卫生检查表；

4. 员工个人培训记录表。

八、防鼠灭蝇虫规程

（一）目的

防止鼠类、蝇虫对食品造成污染。

（二）适用范围

适用于公司内的防鼠、灭鼠、杀虫。

（三）规程

（1）厂区内不允许饲养家禽、家畜、鸟及其他害虫。委托有资质的单位处理车间外环境卫生和厂区内的灭蝇虫工作，总务部负责将灭蝇虫情况记录于灭蝇检查记录表中。卫生监管员负责检查并将相关情况记录于厂区卫生巡检记录表中。

（2）使用捕鼠笼诱捕方法进行灭鼠，捕获的老鼠用开水烫死后送厂外垃圾区深埋处理。严禁使用药物毒杀老鼠。该工作由环卫工负责，并将执行情况记录于灭鼠记录表中。

（3）卫生监管员每天在生产线开工前检查车间内的蝇虫情况，车间内若发现蝇虫要立即扑杀，直至符合要求后方可开工。卫生监管员负责检查，并将过程情况及结果记录于车间卫生检查记录表中。

（4）卫生监管员负责检查生产车间的防蝇虫状况，门窗状况是否良好，纱窗是否破裂，发现异常情况及时请求修复。并将检查的有关情况记录于车间卫生检查记录表中。

（四）相关记录

1. 灭蝇检查记录表；

2. 厂区卫生巡检记录表；

3. 灭鼠记录表；

4. 车间卫生检查记录表。

🔍 思考题

1. 什么是卫生标准操作程序（SSOP）？
2. 简述 SSOP 的内容。
3. 怎样制定 SSOP 文件。
4. 在生产过程如何进行卫生监控与记录？
5. 简述 SSOP 与 GMP 的关系。

参考文献

［1］顾绍平、孔繁明等译．美国国家水产品 HACCP 培训与教育联盟：食品加工的卫生控制程序（SCP）．济南：济南出版社，2001.

［2］H. H. 胡斯（H. H. Huss）．李晓川等译．水产品质量保证．1996.

［3］国家商检局监管认证司，孔繁明等译．美国国家水产品 HACCP 培训与教育联盟：输美水产品 HACCP 教程．1997.

［4］国家出入境检验检疫局．中国出口食品卫生注册管理指南．北京：中国对外经济贸易出版社，2000.

［5］中国国家认证认可监督管理委员会．果蔬汁 HACCP 体系的建立与实施．北京：知识产权出版社，2002.

［6］中国国家认证认可监督管理委员会．HACCP 管理体系建立实施与认证论文集，2002.

［7］陈宗道，刘金福，陈绍军．食品质量管理．北京：中国农业大学出版社，2003.

［8］刘广第．质量管理学．北京：清华大学出版社，2003.

［9］李钧．质量管理学．上海：华东师范大学出版社，2006.

［10］钱和．HACCP 原理与实施．北京：中国轻工业出版社，2010.

［11］宁喜斌．食品质量安全管理．北京：中国质检出版社，2012.

第五章

CHAPTER

5

食品良好操作规范（GMP）

本章学习目标

1. 掌握食品良好操作规范的基本理论和主要内容。
2. 了解企业制定和实施良好操作规范的程序和措施。

第一节　概述

　　良好操作规范（GMP）是一种特别注重制造过程中产品质量和安全卫生的自主性管理制度。良好操作规范在食品中的应用，即食品良好操作规范以现代科学知识和技术为基础，应用先进的技术和管理的方法，解决食品生产中的主要问题：质量问题和安全卫生问题。良好操作规范并不是仅仅针对食品企业而言的，应该贯穿于食品原料生产、运输、加工、储存、销售和使用的全过程，也就是说从食品生产至使用的每一环节都应有它的良好操作规范。因此食品良好操作规范是实现食品工业现代化、科学化的必备条件，是食品优良品质和安全卫生的保证体系。

一、　GMP 的起源与发展

　　食品良好操作规范的概念借自于药品的良好操作规范。美国食品药品管理局（FDA）认识到必须通过立法加强药品的安全生产，并在 1963 年颁布了药品的良好操作规范，1964 年在美国实施。1969 年美国以联邦法规的形式公布食品的 GMP 基本法《食品制造、加工、包装、储运的现行良好操作规范》。该规范包括 5 章，内容包括定义、人员、厂房及地面、卫生操作、卫生设施与控制、设备与用具、加工与控制、仓库与运销等。

　　国际食品法典委员会（CAC）在食品良好操作规范的基础上制定了《CAC/PCPI—1981 食品卫生通则》以及 30 多种食品卫生实施法规，供各会员国政府在制定食品法规时作为参考。这些法规已经成为国际食品生产贸易的准则，对消除非关税壁垒和促进国际贸易起了很大的作用。加拿大政府制定本国的 GMP 和采纳一些国际组织的 GMP，鼓励本国食品企业自愿遵守。一些 GMP 的内容被列入法律条文，要求强制执行。

二、 我国 GMP 现状

自 20 世纪 80 年代以来，我国已建立了 19 个食品企业卫生规范和良好生产规范。极大地提高了我国食品企业的整体生产水平和管理水平，推动了食品工业的发展。为适应我国参加 WTO 后的形势，我国将加大制定和推广 GMP 的力度，积极采用国际组织制定的 GMP 准则。

第二节　GMP 的内容

食品良好操作规范，也称食品良好生产规范，是一种具有专业特性的质量保证体系和制造业管理体系。政府以法规形式，对所有食品制定了一个通用的良好操作规范，所有企业在生产食品时都应自主地采用该操作规范。

在编制某食品 GMP 时应包括以下格式和内容：主题内容及适用范围；术语；原料采购、运输和贮藏的卫生；工厂设计与设施的卫生要求；工人卫生与健康；产品加工过程中的卫生；质量记录、成品贮藏、运输的卫生；卫生与质量检验管理等。

GMP 的重点是制定操作规范和双重检验制度，确保食品生产过程的安全性：防止异物、有毒有害物质、微生物污染食品，防止出现人为事故；完善管理制度，加强标签、生产记录、报告档案记录的管理。

因此 GMP 中最关键最基本的内容是：卫生标准操作程序（SSOP）。各类食品企业还应根据实际情况分别执行各自食品的良好操作规范，或参照执行相近食品的良好操作规划。在执行政府和行业的良好操作规范时，企业应根据企业的实际情况，进一步细化、具体化、数量化，使之更具有可操作性和可考核性。

一、 食品原材料采购、 运输和贮藏的良好操作规范

食品生产所用原材料的质量是决定食品最终产品质量的主要因素。食品生产的原材料一般分为主要原材料和辅助材料，其中主要原材料是来源于种植、畜产和水产的水果、蔬菜、粮油、畜肉、禽肉、乳品、蛋品、鱼贝类等，辅助材料有香辛料、调味料、食品添加剂等。这些原材料大多数是动、植物体生产出来的，在种植、饲养、收获、运输、贮藏等过程中都会受到很多有害因素的影响而改变食物的安全性。

1. 采购

必须从影响食品质量的重要环节，即原材料采购、运输和贮藏着手加强卫生管理。对食品原材料采购的卫生要求主要包括对采购人员的要求、对采购原料质量的要求，对采购原料包装物或容器的要求。

（1）对采购人员的要求　采购人员应熟悉本企业所用各种食品原料、食品添加剂、食品包装材料的品种、卫生标准和卫生管理办法，清楚各种原材料可能存在或容易发生的卫生问题。采购食品原材料时，应对其进行初步的感官检查，对卫生质量可疑的应随机抽样进行完整的卫生质量检查，合格后方可采购。采购的食品原辅材料，应向供货方索取同批产品的检

验合格单或化验单，采购食品添加剂时还必须同时索取定点生产证明材料。采购的原辅材料必须验收合格后才能入库，按品种分批存放。食品原辅材料的采购应根据企业食品加工和贮藏能力有计划地进行，防止一次性采购过多，造成原料积压、变质。

（2）对采购原辅材料的要求　我国的主要食品原料、食品辅料和包装材料多数都具有国家卫生标准、行业标准、地方标准或企业标准。

通常食品原辅材料的卫生标准检查由以下4个部分组成。

①感官检查：感官质量是食品重要的质量指标，而且检查简单易行。

②化学检查：食品原辅材料在质量发生劣变时都伴随有其中的某些化学成分的变化，所以常常也通过测定特定的化学成分来了解食品原辅材料的卫生质量。

③微生物学检查：食品可因某些微生物的污染而使其新鲜度下降甚至变质，主要指标有细菌总数、大肠杆菌群致病菌等，如花生常常要检测黄曲霉。

④食用原辅材料中有毒物质的检测：有些食品原辅材料在种植、养殖、采收、加工、运输、销售和贮藏等环节中，往往会受到一些工业污染物、农药、致病菌及毒素产生菌的污染。

a. 原辅材料的保护性处理：农副产品材料在采收时会携带来自产地的各种污染物，采购原料在运输过程中也可能发生一些劣变，为去除各种污染物以及防止在运输过程中不良变化的发生，对原辅材料进行适当的处理是必须的。

b. 原辅材料的包装物或容器应符合卫生要求：食品原辅材料应根据其物理形态选择合适的包装物或容器，用于制造这些包装物的材料应符合食品相关包装物材料的要求，不得随便使用包装用品，严防食品原辅材料被污染。

2. 运输

食品在运输时，特别是运输散装的食品原辅材料时，严禁与非食品物资，如农药、化肥、有毒气体等同时运输，也不得使用未经清洗的运输过上述物资的运输工具。食品原辅材料的运输工具应要求专用，如做不到专用，应在使用前彻底清洗干净，确保运输工具不会污染被运输的食品物资。运输食品原辅材料的工具最好设置篷盖，防止运输过程中由于雨淋、日晒等造成原辅材料的污染变质。

3. 贮藏

食品企业必须创造一定的条件，采取合理的方法来贮藏食品原辅材料，确保其卫生安全。

（1）贮藏设施　食品原辅材料贮藏设施的要求依食品的种类不同而不同，原辅材料的性质是决定贮藏设施卫生条件的主要因素。对于容易腐烂变质的肉、鱼等原料，应采取低温冷藏。

（2）贮藏作业　贮藏设施的卫生制度要健全，应有专人负责，职责明确，原料入库前要严格按有关的卫生标准验收合格后方能入库，并建立入库登记制度，做到同一物资先入先出，防止原料长时间积压。库房要定期检查、定期清扫、消毒。贮藏温度对许多食品原辅材料来说是至关重要的，贮藏温度的合适与否会直接影响原辅材料的卫生质量，温度过高会造成原辅材料萎蔫，有害化学反应加速，微生物增殖迅速。温度过低又可能导致原辅材料发生冻伤或冷害。控制温度相对稳定也非常重要，贮藏温度的大幅度变化，往往会带来贮藏原辅材料品质的劣化。不同原辅材料分批分空间贮藏，同一库内贮藏的原辅材料应不会相互影响其风味，不同物理形态的原辅材料也要尽量分隔放置。贮藏不宜过于拥挤，物资之间保持一定距离，便于进出库搬运操作，利于通风。

二、 食品工厂设计和设施的良好操作规范

1. 食品工厂厂址选择

（1）防止厂区因周围环境的污染而造成污染，厂区周围不得有粉尘、烟雾有害气体、放射性物质和其他扩散性污染物，不得有垃圾场、污水处理厂、废渣场等。

（2）防止企业污水和废弃物对居民区的污染，应设有废水和废弃物处理设施。

（3）要建立必要的卫生防护带，如屠宰场距居民区的最小防护带不得小于500m，酿造厂、酱菜厂、乳品厂等不得小于300m，蛋品加工批发部门不得小于100m。

（4）有利于经处理的污水和废弃物的排出。

（5）要有足够、良好的水源，能承载较高负荷的动力电源。

（6）要有足够可利用的面积和较适宜的地形，以满足工厂总体平面合理的布局和今后扩建发展的要求。

（7）厂区应通风、采光良好、空气清新。

（8）交通要方便，便于物资的运输和职工的上下班。

2. 食品工厂建筑设施

（1）食品工厂建筑设施

①建筑物和构筑物的设置与分布应符合食品生产工艺的要求，保证生产过程的连续性，使作业线最短，生产最方便。

②厂房应按照生产工艺流程及所要求的清洁级别进行合理布局，同一厂房和邻近厂房进行的各项操作不得相互干扰。做到人流、物流分开，原料、半成品、成品以及废品分开，生食品和熟食品分开，杜绝生产过程中的交叉污染。

③三区（生产区、生活区和厂前区）的布局应合理，生活区（宿舍、食堂、浴室、托儿所）应位于生产区的上风向，厂前区（传达室、化验室、医务室、运动场等）应与生产区分开，锅炉房等产尘大的设施应在工厂的下风端。

④厂区建筑物之间的距离应符合防火、采光、通风、交通运输的需要。

⑤生产车间的附属设施应齐全，如更衣间、消毒间、卫生间、流动水洗手间等。

⑥厂区应设有一定面积的绿化带，起到滞尘、净化空气和美化环境的作用。

⑦给排水系统管道的布局要合理，生活用水与生产用水应分系统独立供应。

⑧废弃物存放设施应远离生产和生活区，应加盖存放，尽快处理。

（2）食品加工设备、工具和管道

①在选材上，凡直接接触食品原料或成品的设备、工具或管道应无毒、无味、耐腐蚀、耐高温、不变形、不吸水，要求质材坚硬、耐磨、抗冲击、不易破碎，常用的质材有不锈钢、铝合金、玻璃、搪瓷、天然橡胶、塑料等。

②在结构方面，要求食品生产设备、工具和管道要表面光滑，不易积垢，便于拆洗消毒。

③在布局上，生产设备应根据工艺要求合理定位，工序之间衔接要紧凑，设备传动部分应安装有防水、防尘罩，管线的安装尽量少拐弯，少交叉。

④在卫生管理制度上，定期检查、定期消毒、定期疏通，设备应实行轮班检修制度。

（3）食品加工建筑物　食品工厂的厂房高度应能满足工艺、卫生要求以及设备安装、维护、保养的要求，车间的工作空间必须便于设备的安装与维护。食品的存放、搬运，应避免

食品与墙体、地面和工作人员的接触而造成食品的污染。生产车间的地面应不渗水、不吸水、无毒、防滑，对有特别腐蚀性的车间地板还要做特殊处理。地面应完整、无裂缝、稍高于运输通道和道路路面，便于冲洗、清洗和消毒。仓库地面要考虑防潮，加隔水材料。屋面应不积水、不渗漏、隔热，天花板应不吸水、耐温，具有适当的坡度，利于冷凝水的排除。在水蒸气、油烟和热量较集中的车间，屋顶应根据需要开天窗排风。天花板最低高度保持在2.4m以上。墙壁要用浅色、不吸水、耐清洗、无毒的材料覆盖。在离地面1.5~2.0m的墙壁应用白色瓷砖或其他防腐蚀、耐热、不透水的材料设置墙裙。墙壁表面应光滑平整、不脱落、不吸附，墙壁与地面的交界面要呈弯形，便于清洗，防止积垢。防护门要求能两面开，自动关闭。门窗的设计不能与邻近车间的排气门直接对齐或毗邻，车间的外出门应有适当的控制，必须设有备用门。车间内的通道应人流和物流分开，通道要畅通，尽量少拐弯。

（4）食品工厂卫生设施　在车间的进门处和车间内的适当地方应设置洗手设施，大约每10人1个水龙头，并在洗手设施旁边设干手设备，如热风、消毒干毛巾。对一些特别的车间工作人员应戴有手套。食品从业人员应勤剪指甲。必要时用来苏水或酒精对手进行消毒。在饮料、冷食等卫生要求较高的生产车间的入口应设有消毒池，一般设在通向车间的门口处。

三、　食品生产过程的管理要求

食品生产过程就是原料到成品的过程，根据食品加工方式不同或成品要求的不同，食品原料要经过各种不同的加工工艺，如清洗、去皮、干燥、冷冻、热处理、切割、发酵、分级等，加工好的食物经包装后就形成成品。由于食品的加工需要经过多个环节，这些环节可能会对食品造成污染，因此要求食品生产的整个过程要处于良好的卫生状态，尽量减少加工过程中食品的污染。因此必须了解不同食品生产加工工艺过程中可能造成食品污染的物质来源，指定相对应的生产过程卫生管理制度，提出必要的卫生要求，才可能较好地防止食品在加工过程中造成污染。

1. 食品加工过程中常见的污染来源

（1）热分解产物　加工过程中经高温处理的食品中往往会通过食物成分的热反应形成一些对人体不利的物质，常见的这些物质如食品蛋白质中的谷氨酸、色氨酸发生热分解生成对黏膜具有强烈刺激作用的杂环胺；高温使油脂的氧化反应加剧，裂解形成对人体有害的小分子化合物；高温导致油脂热降解或热聚合形成有害物质；食物在烧烤或煎炸过程形成的具有三致毒性（致癌、致突变、致畸形）的物质等。

（2）重金属污染物　在食品加工过程中使用的加工用水有重金属污染、错误使用工业级洗涤剂、加工设施中含有可迁移的重金属、使用不合格的含有重金属的包装物或使用工业级食品添加物等均可造成食品被重金属污染，进而引起食物中毒。

（3）生物污染物　生物污染是在食品加工过程中最常见的一种污染，主要是指食品在加工过程中被包括细菌、病毒、霉菌及其毒素、昆虫、寄生虫和虫卵等的生物污染。

细菌：食品中存在的细菌可分为致病菌、条件致病菌和非致病菌3大类。致病菌和条件致病菌在一定条件下会对人体产生直接的危害作用，我国卫生法规定食品中不得有致病菌检出。非致病菌虽然对人体不会产生直接的危害作用，但它们可以引起食物的腐败变质，使食品失去原有的营养价值，并为致病菌的生长提供有利的条件，在食品腐败过程中也可以产生一些有害的物质。

病毒：污染机会相对较少，但也应高度重视，1988 年上海发生的 30 万人甲肝大流行，就是食用了污染有甲型肝炎病毒的贝壳类食物毛蚶所致。

霉菌及其毒素：霉菌是一部分真菌的俗称，霉菌中只有一小部分在一定条件下才能产生毒素，霉菌毒素对食品的污染不具有传染性，却具有明显的季节性和地理分布特点。已发现与健康有密切关系的霉菌毒素有黄曲霉毒素、黄变米毒素、镰刀菌属的毒素及杂色曲霉毒素等，一般这些毒素都具有三致毒性。

昆虫、寄生虫及虫卵：有苍蝇、蚊子、囊虫、旋毛虫、蛔虫、姜片虫等。

（4）苯并（a）芘和亚硝胺污染　苯并（a）芘是一种具有强烈致癌活性的多环芳烃。食品在烟熏、烧烤或过度烘烤发生的焦化过程中会形成大量的苯并（a）芘，主要是食品中的脂肪在高温条件下发生热聚合形成的或燃料不完全燃烧产生的。

亚硝胺也是一类对人体有强烈毒害作用的化合物，其急性毒性主要是造成肝损伤，慢性毒性为致癌。主要发生在腌菜和腌制肉中。

2. 食品生产过程的良好操作规范

食品生产过程良好操作规范的内容有：

（1）管理内容　主要有对食品生产原料的验收和化验，确保符合有关的食品生产原料的卫生标准。

（2）对工艺流程和工艺配方的管理　生产配方中使用的各种物质的量严格控制，并对整个生产过程进行监督，防止不适当处理造成污染物质的形成或食品加工不同环节之间的交叉污染。

（3）对食品生产用具的卫生管理　及时进行清洗、消毒和维修；对产品的包装进行检验，防止二次污染的发生，并对成品的标签进行检验。

（4）对食品生产人员的卫生管理等　食品生产过程的卫生管理一般采取定期或不定期抽检及考核方式进行。

四、 食品生产用水的良好操作规范

水源的选择应考虑用水量和水质两个方面。水量必须满足生产的需要，用水包括生产用水和非生产用水。生产用水主要指需要添加到产品中的水，非生产用水包括冷却水、消防用水、清洁用水、日常生活用水等。不同食品对水质和卫生的要求不一样，一般说来，自来水是符合卫生要求的，但自来水水源多是地表水，容易受季节变化的影响，水质不稳定，如水源是地下水则不会受季节性变化的影响。对一些水质要求较高的食品，如饮料、啤酒、汽水、超纯水等需要进行特殊的水处理，使之达到各自的用水标准。

生活饮用水水质标准见《GB 5749—2006 生活饮用水卫生标准》。

五、 食品生产人员个人卫生的要求

1. 保持双手清洁

在工作之前、大小便之后、接触不干净的生产工具之后、处理了废弃物之后必须洗手，洗手时要求使用肥皂，用流水清洗，必要时用酒精或漂白粉消毒，洗完后将手烘干或用餐巾纸或消毒毛巾擦干，指甲要经常修剪，保持清洁。

2. 保持衣帽整洁

进入车间必须穿戴整洁的工作服、帽、鞋等，防止头发、头屑等污染食品。工作服要求每天清洗更换，不能穿戴工作服进入废物处理车间和厕所。

3. 培养良好的个人卫生习惯

食品从业人员应勤剪指甲、勤洗澡、勤理发，不要用手经常接触鼻部、头发和擦嘴，不随地吐痰；不戴手表、戒指、手镯、项链、耳环，进入车间不宜化浓艳妆。上班前不得酗酒，工作时不得吸烟、饮酒、吃零食。生产车间中不得带入和存放个人日常生活用品。进入车间的非生产性人员也应完全遵守上述要求。

六、 食品工厂的组织和制度

《中华人民共和国食品卫生法》规定："食品生产经营企业应当健全本单位的食品卫生管理制度，配备专职或兼职食品卫生管理人员，加强对所生产、经营食品的检验工作"。安全性是食品最为重要的质量特性，做好食品卫生管理工作，防止食品污染，确保食品的安全生产，是对社会负责，也是企业自身发展的需要。

1. 建立健全食品卫生管理机构和制度

食品工厂或生产经营企业应建立、健全卫生管理制度，成立专门的卫生科或产品质量检验科，由企业主要负责人分管卫生工作，把食品卫生的管理工作始终贯彻于整个食品的生产环境和各个环节。卫生管理机构的主要职责是：

（1）贯彻执行食品卫生法规，包括《中华人民共和国食品卫生法》及有关的卫生法规、良好操作规范、相关的食品卫生标准，切实保证食品生产的卫生安全和生产过程的卫生控制，坚决杜绝违反食品法规的生产操作和破坏食品卫生的行为。

（2）制定和完善本企业的各项卫生管理制度，建立规范的个人卫生管理制度，定期对食品从业人员进行卫生健康检查，及时调离"六病"患者，使食品从业人员保持良好的个人卫生状态，制定严格的食品生产过程操作卫生制度，包括生产用具的卫生制度、生产流程的卫生制度、产品和原料的卫生制度等。

（3）开展健康教育，对本企业人员进行食品卫生法规知识的培训和宣传。

（4）对发生食品污染或食品中毒的事件，应立即控制局面，积极进行抢救和补救措施，并向有关责任人及时汇报，并协助调查。

2. 食品生产设施的卫生管理制度

（1）在食品生产中与食品物料不直接接触的食品生产设施应有良好的卫生状态，整齐清洁、不污染食品。对于一些大型基建设施，如各种机械设备、装置、给水排水系统等应使用适当，发生污染应及时处理，主要生产设备每年至少应进行 1 次大的维修和保养。

（2）对于在食品生产过程中与食品直接接触的机械、管道、传送带、容器、用具、餐具等应用洗涤剂进行清洗，并用卫生安全的消毒剂进行灭菌消毒处理。

（3）食品生产的卫生设施应齐全，如洗手间、消毒池、更衣室、淋浴室、厕所、用具消毒室等，这些卫生设施的设立数量和位置应符合一般的原则要求。工作服也是保证食品卫生质量的一个卫生设施，工厂应为每个工作人员提供 2 ~ 3 套工作服，并派专人对工作服进行定期的清洗消毒工作。

3. 食品有害物的卫生管理制度

食品有害物包括有害生物和有害的化学物质 2 大类。老鼠、苍蝇、蟑螂等对食品生产具有极大的危害，被这些生物污染的食品上带有大量细菌、病毒和生殖寄生虫，食品带有难闻的气味，食品质量严重降低或损失，因此对此类生物应严加控制。在食品生产场所使用的杀虫剂、洗涤剂、消毒剂包装应完全、密闭不泄露，在贮藏此类物品的地方应明确标示"有毒有害物"字样，并专柜贮藏，专人管理，使用时应严格按照其使用量和使用方法操作，使用人员应了解这些物质的性质和质量情况。食品生产场所使用的杀虫剂、洗涤剂、消毒剂应经省级卫生行政部门批准。

4. 食品生产废弃物的卫生管理制度

食品生产的废弃物主要是指食品生产过程中形成的废气、废水和废渣，这些东西处理不当或处理不及时会造成食品的污染或环境的污染，对食品生产过程中形成的废水和废物的排放应严格按照国家有关"三废"排放的规定进行，积极采用三废治理技术，尽量减少废物排放量，对产生的废物要经过合理的处理后方可排放。

七、 食品检验机构的职责

为保证食品生产经营企业食品卫生和质量检验的正常实施，必须建立专门的机构负责这项工作，严格把关，有效预防、监督和保证出厂产品的质量，促进食品卫生和质量的不断提高。

食品卫生和质量检验机构的责任有：

（1）负责《食品安全法》《产品质量法》和国家、企业相关的食品卫生和质量规定的贯彻落实，严格执行有关标准和法规，保证出厂产品符合标准。

（2）对产品进行有效的检验，并根据检验结果独立而公正地实行卫生质量否决权。

（3）负责企业相关产品企业标准的制定，并研究详细可行的产品检验计划，报国家有关部门批准。

（4）负责新产品开发、研制和设计过程中的卫生和质量的审查和鉴定工作。

（5）负责不合格产品的处理、标示和保管。

（6）对食品卫生和质量检验人员进行培训和考核，提高他们的业务素质。

（7）对全体职工进行食品卫生法规和质量法规的宣传和教育，增强食品卫生和质量意识。

八、 食品检验的内容和实施

按生产的流程可将食品卫生和质量检验分为原料检验、过程检验和成品检验。

原料检验是对进入加工环节的原辅料进行检验，保证原料以绝对好的状态进入加工环节。过程检验是在加工的各个环节对中间的半成品或制品进行检验，及时剔除生产中出现的不合格产品，将损耗降低到最低限度。成品检验是食品卫生和质量检验的最后关节，包括对成品外观检查、理化检验、微生物检验、标签和包装检验等。

食品卫生和质量检验的依据是技术标准。技术标准又分为国际标准、国家标准、行业标准、地方标准等。食品卫生和质量检验的国家标准由国务院标准化行政主管部门审批、标号和公布，它是食品生产经营企业进行生产经营活动必须遵守的准则。国家在公布食品卫生生产标准的同时一般都有相关的检验标准发布，作为检验工作的依据。

食品卫生和质量检验的实施主要包括以下几步：①明确检验对象，获取检验依据，确定检验方法。②抽取能够代表样本总体的部分用于检验的样品。③按照检验依据的要求，逐项对样品进行检验。④将测定结果与检验依据进行对比。⑤根据对比结果对产品做出合格与否的结论。⑥对不合格的产品进行处理，做出相应的处理办法和方案。⑦记录检验数据，出具报告并对结果做出适当的评价和处理，及时反馈信息并进行改进。

第三节　GMP 的认证

食品良好操作规范是一种自主性的质量保证制度，为了提高消费者对食品良好操作规范的认知和信赖，一些国家和地区开展了食品良好操作规范的自愿认证工作。

一、　食品 GMP 认证工作

食品 GMP 认证工作程序包括申请、资料审查、现场评审、产品检验、签约、授证、追踪考核等步骤。

（1）食品企业应递交申请书。申请书包括产品类别、名称、成分规格、包装形式、质量、性能，并附公司注册登记影印件、工厂厂房配置图、机械设备配置图、技术人员学历证书和培训证书等。同时食品企业还应提供质量管理标准书、制造作业标准书、卫生管理标准书、顾客投诉处理办法和成品回收制度等技术文件。

（2）质量管理标准书的内容包括质量管理机构的组成和职责、原材料的规格和质量验收标准、过程质量管理标准和控制图、成品规格及出厂抽样标准、检验控制点和检验方法、异常处理办法、食品添加剂管理办法、员工教育训练计划和实施记录、食品良好操作规范考核制度和记录、仪器校验管理办法等。

（3）制造作业标准书的内容包括产品加工流程团、作业标准、机械操作及维护制度、配方材料标准、仓储标准和管理办法、运输标准和管理办法等。

（4）卫生管理标准书的内容包括环境卫生管理标准、人员卫生管理标准、厂房设施卫生管理标准、机械设备卫生管理标准、清洁和消毒用品管理标准。

二、　食品 GMP 认证标志

食品 GMP 认证编号由 9 位数组成，1~2 号代表产品的类别，3~5 号代表工厂编号，6~9 号代表产品编号。

🔍 思考题

1. 简述实施食品 GMP 的意义。
2. GMP 的概念是什么？GMP 要素有哪些？
3. 在阅读参考文献的基础上，简述 GMP、SSOP 和 HACCP 之间的关系。
4. 简述我国 GMP 的主要内容。
5. 为提高我国食品的质量和在全球的竞争力，政府应采取哪些措施在中小型食品企业中推广 GMP？
6. 在假期时协助一个食品企业建立该厂的良好操作规范。

参考文献

［1］吴广枫主译．食品质量管理技术——管理的方法．北京：中国农业大学出版社，2005.

［2］陆兆新主编．食品质量管理学．北京：中国农业大学出版社，2004.

［3］刁恩杰主编．食品质量管理学．北京：化学工业出版社，2013.

［4］赵光远主编．食品质量管理．北京：中国纺织出版社，2013.

［5］周树南．食品生产卫生规范．北京：中国标准出版社，1997.

［6］杨洁彬，王晶，王柏琴等．食品安全性．北京：中国轻工业出版社，1999.

［7］Norman G. Marriott 著，钱和，华小娟译．食品卫生原理．第四版．北京：中国轻工业出版社，2001.

第六章

HACCP 食品安全管理体系

本章学习目标

1. 掌握 HACCP 体系的基本原理和实施步骤。
2. 学会在食品中制定 HACCP 计划及应用。

第一节 概述

食品生产加工过程是预防、控制和防范食品安全危害的重要环节，HACCP（Hazard Analysis and Critical Control Point，危害分析与关键控制点）体系是一种科学、合理、针对食品生产加工过程进行过程控制的预防性体系，通过识别对食品安全有威胁的特定的危害物，并对其采取预防性的控制措施，可有效防止或者消除食品安全危害，从而保证食品的原料、加工、储运、销售各个环节免受生物、化学和物理性危害污染，或使其减少到可接受的程度。

HACCP 体系由食品危害分析（Hazard Analysis，HA）和关键控制点（Critical Control Points，CCP）两部分组成。该体系强调企业本身的作用，而不是依靠对最终产品的检测或政府部门取样分析来确定产品的质量。与一般传统的监督方法相比较，HACCP 注重食品卫生安全的预防性，以避免食品中的物理、化学和生物性危害物。实施 HACCP 的目的是对食品生产、加工进行最佳管理，确保提供给消费者更加安全的食品，以保护公众健康。食品加工企业不但可以用它来确保加工出更加安全的食品，而且还可以用它来提高消费者对食品加工企业的信心。

HACCP 体系在国际上被认可为控制由食品引起疾病的最有效的方法，获得了 FAO/WHO 联合食品法典委员会（CAC）的认同，被世界上越来越多的国家认为是预防食品污染、确保食品安全的有效措施。

第二节　HACCP 的起源与发展

一、　HACCP 的起源与发展

1. 在美国及世界各地的发展

HACCP 体系起源于美国太空食品的研制。20 世纪 60 年代，美国的皮尔斯伯（Pillsbury）公司承担太空计划中宇航食品的开发任务，这项工作是由该公司的 H. Bauman 博士领导的研究人员与美国国家航空航天局（NASA）和美国一家军方实验室共同承担的。在开发过程中，研究人员认识到，要想明确判断一种食品是否能为空间旅行所接受，必须做大量的检验。除了高昂的费用以外，每生产一批食品，其中很大部分都必须被检验，仅能遗留下小部分供宇航员食用。为了解决这一问题，他们提出应该建立一个预防性体系，在生产系统中对生产全过程实施危害控制，从管理控制上来保证食品安全。因此，Pillsbury 公司率先提出了 HACCP 的概念，并在使用这一体系之后生产出了高度安全的食品，而且只需要对少量的成品进行检验就可以了。尽管当时的 HACCP 原理只有三个，但是从那时起，Pillsbury 的预防性体系作为食品安全控制的有效方法得到了广泛的认可。

1971 年，在美国一次国家食品保护会议上，Pillsbury 公司公开提出了 HACCP 的原理，立即被美国食品药品管理局（FDA）接受，并决定在低酸性罐头食品生产中应用。1972 年，食品卫生监管人员进行了 3 周的 HACCP 研讨会，并且接受特殊培训的监管人员在罐头厂进行了周密的调查，在此基础上，FDA 于 1974 年公布了将 HACCP 原理引入低酸性罐头食品的良好操作规范（GMP）中。

1973 年，Pillsbury 公司出版了最早的 HACCP 培训手册，并被用于对 FDA 官方审查人员的培训。

1985 年，美国国家科学院（NAS）认为对最终产品的检验并不是保护消费者和保证食品中不含有影响公众健康的微生物危害的有效手段，HACCP 在控制微生物危害方面提供了比传统的检验和质量控制更具体和严格的手段。同时，正式向政府推荐 HACCP 体系，这一推荐直接导致了 1988 年美国微生物标准咨询委员会（NACMCF）的成立。NACMCF 分别于 1989 年和 1992 年进一步提出和更新了 HACCP 原理，把 HACCP 原理由原来的 3 条增加到 7 条，并把标准化的 HACCP 原理应用到食品工业和立法机构。

1986—1987 年，美国国家科学院推荐在肉、禽检查中应用 HACCP。

1989 年，美国国家微生物标准咨询委员会（NACMCF）发布了"食品生产的 HACCP 原理"。

1991 年，美国食品安全检验署（FSIS）提出了《HACCP 评价程序》。

1992 年，NACMCF 在发布这 7 个原理时，作了适当的修改，并建议用判断树确定关键控制点。

1993 年，FAO/WHO 食品法典委员会批准了《HACCP 体系应用准则》。

1994 年，美国食品安全检验署（FSIS）公布了《冷冻食品 HACCP 一般规则》。

1995 年 FDA 颁布实施了《水产品管理条例》（21 CFR 123），并且对进口美国的水产品企业强制要求实施 HACCP 体系，否则其产品不能进入美国市场。

1995 年前后，德国开始了 HACCP 信息化工作，他们通过建立一系列的模型来辅助设定关键控制点的参数和作一些监管决策。

1996 年，美国政府建立了相对成熟的 HACCP 资源数据库，由 USDA/FDA 开发了 HACCP Training Programs and Resources Database，该数据库提供最新的 HACCP 培训计划信息、相关技术资源，并提供咨询服务。美国食品安全检验署（FSIS）也为食品加工企业提供了大量的技术支持，并针对常用的加工过程建立了 13 个基础 HACCP 计划模型，以帮助食品加工企业根据模型制定符合自身情况的 HACCP 计划。

1997 年，FAO/WHO 食品法典委员会颁发了新版法典指南《HACCP 体系应用准则》，该指南已被广泛地接受并得到了国际上普遍的采纳，HACCP 概念已被认可为世界范围内生产安全食品的准则。

1998 年，美国农业部建立了肉和家禽生产企业的 HACCP 体系（21 CFR 304，417），并要求从 1999 年 1 月起应用 HACCP，小的企业放宽至 2000 年。

2000 年，英国坎普顿和乔理伍德食品研究协会（简称 CCFRA）开发了 CCFRAs Safefood Process Design System，将食品安全问题与生产过程中的具体操作、原配料的分配联系起来，该系统还集成了一个包含了有关危害、控制措施和其他相关问题的知识库。之后，该协会陆续推出了若干版本的 HACCP 软件，以帮助食品加工企业有效、灵活地更新他们的 HACCP 文档。

2001 年美国 FDA 建立了 HACCP（果汁）的指南，该指南已于 2002 年 1 月 22 日在大、中型企业生效，并于 2003 年 1 月 21 日对小企业生效，对特别小的企业将延迟至 2004 年 1 月 20 日。2001 年，德国出现了集成有 HACCP 模型的 ERP 系统，美国餐饮业在生产过程中并行运行多个操作监控系统，系统终端集成若干层次的传感器，实时采集关键控制点的数据，监控系统每 15min 更新一次操作日志和 HACCP 文档记录，以保证监控记录的连续性和有效性。

2003 年，CAC 修改了《食品卫生通则》及《HACCP 体系应用准则》。

2003 年，芬兰学者推出了风险分析模型 HYGRAM1.1 以及 2007 年推出的 Hygram® 2.0 软件都能帮助中小型企业加深对 HACCP 原理的理解，并且辅助企业对工艺流程的各个阶段进行危害分析。

2005 年 9 月 1 日食品法典委员会（CAC）颁布了 ISO 22000：2005《食品安全管理体系——适用于食品链中各类组织的要求》（HACCP 体系）标准。该标准是全球协调一致的自愿性管理标准，适用于食品链内的各类组织，从饲料生产者、初级生产者到食品制造者、运输和仓储经营者，直至零售商和餐饮经营者，以及与其相关联的组织，如设备、包装材料、清洁剂、添加剂和辅料的生产者，是目前被公认为最有效、最经济的食品安全控制体系。

2. 在中国的发展

原中国进出口商品检验局从控制出口食品安全的角度，在 20 世纪 90 年代开始引入了 HACCP。现在，以 HACCP 为基础的体系已经成为政府对出口食品安全控制的手段之一。

2002 年 3 月 20 日，中国国家认证监管委员会发布了第 3 号公告《食品生产企业危害分析与关键控制点 HACCP 管理体系认证管理规定》，自 2002 年 5 月 1 日起执行。这一规定的实施进一步规范了食品生产企业实施 HACCP 体系的认证监督管理工作。

2002 年 4 月 19 日，国家质检总局发布第 20 号令《出口食品生产企业卫生注册登记管理规定》，自 2002 年 5 月 20 日起施行。规章要求列入《卫生注册需评审 HACCP 体系的产品目录》的出口食品生产企业需依据《出口食品生产企业卫生要求》和国际食品法典委员会《HACCP 体系应用准则》建立 HACCP 体系。按照上述管理规定，必须建立 HACCP 体系的有六类生产出口食品企业，分别是生产水产品、肉及肉制品、速冻蔬菜、果蔬汁、含肉及水产品的速冻方便食品、罐头产品的企业。这是我国首次强制性要求食品生产企业实施 HACCP 体系，标志着我国应用 HACCP 进入新的发展阶段。

2003 年 8 月 14 日，中国卫生部颁布的《食品安全行动计划》中规定积极推行危害分析与关键控制点（HACCP）体系，并为此制定了行动目标，其中规定 2006 年所有乳制品、果蔬汁饮料、碳酸饮料、含乳饮料、罐头食品、低温肉制品、水产品加工企业、学生集中供餐企业实施 HACCP 管理，2007 年酱油、食醋、植物油、熟肉制品等食品加工企业、餐饮业、快餐供应企业和亿元营养配餐企业实施 HACCP 管理。

2004 年，我国等同采用食品法典委员会（CAC）发布的 Annex to CAC/RCP1—1969，Rev. 3（1997），Amd, 1999《危害分析与关键控制点（HACCP）体系及其应用指南》，并制定了《危害分析与关键控制点（HACCP）体系及其应用指南》（GB/T 19538—2004）。

2006 年，我国以等同采用的方式制定了国家标准《食品安全管理体系　食品链中各类组织的要求》（GB/T 22000—2006），并于 2006 年 3 月发布，2006 年 7 月开始实施。

2009 年，我国制定了国家标准《危害分析与关键控制点（HACCP）体系　食品生产企业通用要求》（GB/T 27341—2009）。

目前，我国在出口食品企业中已强制执行 HACCP，其他企业也已自愿执行。

二、 建立 HACCP 的意义和重要性

采用 HACCP 体系的主要目的就是由企业自身通过对生产体系进行系统的分析和控制来预防食品安全问题的发生；也就是说将这些可能发生的食品安全危害消除在生产过程中，而不是靠事后检验来保证产品的可靠性。因此，这种理性化、系统性强、约束性强、适用性强的管理体系对政府监督机构、消费者和生产商都有利。

从食品生产、储存和销售的角度考虑，HACCP 体系能够及时识别出所有可能发生的危害，包括生物、化学和物理的危害，并在科学的基础上建立预防性措施。

从经济效益考虑，HACCP 体系是保证生产安全食品最有效、最经济的方法，因为其目标直接指向生产过程中的有关食品卫生和安全问题的关键部分，因此能降低质量管理成本，减少终产品的不合格率，提高产品质量，延长产品货架寿命，大大减少了由于食品腐败而造成的经济损失，不但降低了生产成本，而且极大地减少了生产和销售不安全食品的风险。同时还减少了企业和监督机构在人力、物力和财力方面的支出，最终形成经济效益、生产与质量管理等方面的良性循环。

从监管者角度考虑，HACCP 体系为食品生产企业和政府监督机构提供了一种最理想的食品安全监测和控制方法，使食品质量管理与监督体系更完善，管理过程更科学。HACCP 概念的基本思想是：高质量的产品是生产出来的，而不是检测出来的，所以，应该将"安

全"二字设计到产品加工过程中，在食源性疾病发生前就预先行动——监控食品链中 CCP，做到防患于未然，这种预防型的食品安全控制体系自然为食品生产企业和政府监督机构提供了最经济、最有效的手段。

从食品贸易角度考虑，HACCP 审核可减少对成品实施烦琐的检验程序，促进国际贸易，清除非关税壁垒；同时，制定和实施 HACCP 计划可随时与国际有关食品法规接轨，推动我国食品安全与卫生法律、法规的贯彻落实；从而进一步推进食品工业发展和商业的稳定性。

第三节　HACCP 的原理与特点

一、　HACCP 基本术语

食品法典委员会（CAC）在《HACCP 体系及其应用准则》中规定的 HACCP 基本术语有：

（1）原辅料（Raw Material）　构成食品组分或者成分的一切产品、物品或物质。

（2）控制（动词，Control）　采取一切必要措施，以确保和保持符合 HACCP 计划所制定的指标。

（3）控制（名词，Control）　遵循正确的方法和达到规定指标时的状态。

（4）控制措施（Control Measure）　用以防止、消除食品安全危害或将其降低到可接受的水平，所采取的任何行动和活动。

（5）控制点（Control Point，CP）　能控制生物性、化学性或物理性危害的任何点、步骤或过程。在工艺流程图中不能被确定 CCP 的许多点可以认为是控制点，这些点可以记录质量因素的控制。

（6）关键控制点（Critical Control Point，CCP）　能够进行控制，并且该控制对防止、消除某一食品安全危害或将其降低到可接受水平是必需的某一步骤。

（7）纠偏行动（Corrective Action）　为消除已发现的不合格或其他不期望情况的原因所采取的措施，包括当关键控制点的监视结果显示有失控情况时所采取的任何措施。

（8）关键限值（Critical Limit）　区分可接收或不可接收的判定标准。

（9）操作限值（Operating Limit）　为了避免监控指数偏离关键限制而制定的操作指标。

（10）偏离（Deviation）　不符合关键限值。

（11）流程图（Flow Diagram）　生产或制造某特定食品所用的步骤或操作顺序的系统表述。

（12）危害分析与关键控制点（Hazard Analysis and Critical Contorl Point System，HACCP）　对食品安全有显著意义的危害加以识别、评估和控制的体系。

（13）危害分析与关键控制点计划（HACCP 计划）　根据 HACCP 原理所制定的，以确保食品链各环节中对食品安全有显著影响的危害得以控制的文件。

（14）危害（Hazard）　食品中所含有的对健康有潜在不良影响的生物、化学或物理因素或食品存在的状态。

（15）危害分析（Hazard Analysis）　对危害以及导致危害存在条件的信息进行收集和评估的过程，以确定出食品安全的显著危害，因而宜将其列入 HACCP 计划中。

（16）显著危害（Significant Hazard）　如不加以控制，将极可能发生并引起疾病或者伤害的潜在危害。

（17）潜在危害（Potential Hazard）　如不加以预防，将有可能发生的食品安全危害。

（18）监控（Monitor）　为了评估关键控制点（CCP）是否处于控制之中，对被控制参数按计划进行观察和测量的活动。

（19）步骤（Step）　从初级生产到最终消费的食品链中（包括原料）的某个点、程序、操作或阶段。

（20）确认（Validation）　获得证据，证明 HACCP 的各要素是有效的过程。

（21）验证（Verification）　通过提供客观证据对规定要求已得到满足的认定。包括方法、程序、试验和其他评估的应用，以及为确定其符合 HACCP 计划的监控。

（22）CCP 判断树（CCP Decision Tree）　用一系列问题来判断一个控制点是否是生产流程中的关键控制点的问答图。

（23）预防措施（Prevent Measure）　用来防止或消灭食品危害或使其降低至可接受水平的行为或活动。

（24）HACCP 小组（HACCP Team）　由进行 HACCP 研究的人员组成的多学科小组。

（25）食品防护计划（Food Defense Plan）　为了保护食品供应，免于遭受生物的、化学的、物理的蓄意污染或人为破坏而制定并实施的措施。

二、　HACCP 的基本原理

HACCP 是一种对某一特定食品生产工序或操作的有关风险（发生的可能性及严重性）进行鉴定、评估，以及对其中的生物、化学、物理危害进行控制的预防体系性方法，其基本原理如下。

原理 1：进行危害分析（Hazard Analysis，HA）

危害分析与预防控制措施是 HACCP 原理的基础，也是建立 HACCP 计划的第一步。企业应根据所掌握的食品中存在的危害和潜在危害，包括可能存在于原料、收购、加工制造、贮存、销售与消费等有关的某些或全部环节上有损于消费者身体健康的生物、化学、物理等方面的风险，应该结合工艺特点采取相应的预防和控制措施。

在进行危害分析时，只要有可能，应包括下列因素：

危害产生的可能性及其影响健康的严重性；

危害存在的定量和（或）定性评价；

相关微生物的存活或繁殖；

食品中产生的毒素、化学或物理因素的产生及其持久性；

导致上述因素的条件。

HACCP 小组必须对每个危害提出可应用的控制措施。

控制某一特定危害可以采用一个以上的控制措施，而某一个特定的控制措施也可能用来控制一个以上的危害。

原理2：确定关键控制点（Critical Control Point，CCP）

关键控制点（CCP）是能进行有效控制危害的加工点、步骤或程序，通过有效地控制，防止发生和消除危害，使之降低到可接受水平。原料生产收获与选择、加工、产品配方、设备清洗、贮运、雇员与环境卫生等都可能为 CCP 点。

（1）CCP 点确定

①当危害能被预防时，这些点可以被认为是关键控制点。

②能通过控制原辅料等收购，来预防病原体或药物残留（如对供应商的验证、原料验收等）。

③能通过在配方或添加配料工序中的控制来预防化学危害，或病原体在成品中的生长（如 pH 调节或防腐剂的添加）。

④能通过冷冻储藏或冷却的控制来预防病原体的生长。

⑤能将危害消除的点可以确定为关键控制点。

⑥能将病原体杀死的蒸煮工序。

⑦能通过金属探测器检出金属碎片的工序。

⑧能通过在加工线上剔除污染产品而消除危害的工序。

⑨能通过冷冻杀死寄生虫的工序。

⑩能将危害降低到可接受水平的点可以确定为关键控制点。

⑪外来物质的发生，可通过人工挑选和自动收集来减少到最低限度。

⑫可以通过从已认可海区获得的贝类使某些微生物和化学危害减少到最低限度。

应该注意的是，虽然对每个显著危害都必须加以控制，但每个引入或产生显著危害的点、步骤或工序未必都是 CCP。

一种危害有时可由几个 CCP 来控制。例如，鲭鱼罐头生产中，组胺生成这一危害因素，需要原料收购、缓化、切分三个关键控制点共同控制才能防范。

若干个危害也可以只由一个 CCP 控制。例如，实际生产中的加热杀菌工序，可以钝化生物酶、杀死有害的微生物、消灭致病菌和寄生虫，起到控制多重危害的作用；冷冻、冷藏可以防止致病性微生物生长，也可以防止鱼、肉组织中组胺的形成和化学危害被减少或降到最低程度。

由此可见，关键控制点具有变化的特点；而且，值得注意的是食品中危害的引入点不一定就是危害的控制点。

（2）CCP 判断树方法　确定 CCP 的方法很多，常用的是"CCP 判断树"，也可以用危害发生的可能性及严重性来确定。用"CCP 判断树"来确定 CCP 是通过回答四个问题来判断该点（步骤或过程）是否为 CCP（图 6-1）。

按顺序回答下列问题。

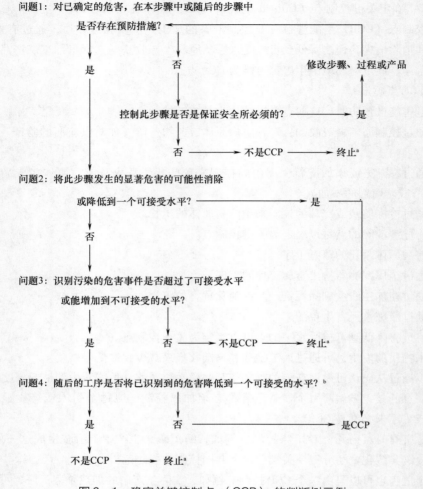

图6-1 确定关键控制点（CCP）的判断树示例

a—按描述的过程进行至下一个危害

b—在识别HACCP计划中的关键控制点时，需要在总体目标范围内对可接受水平和不可接受的水平作出规定

CCP判断树是判断关键控制点的有用工具，判断树中四个互相关联的问题，构成判断的逻辑方法：

①问题1：对已确定的显著危害，在本步骤/工序，或后步骤/工序上是否有预防措施？

如果回答"是（yes）"，继续问题2；

如果回答"否（no）"，则回答在本步骤/工序上是否有必要实施安全控制？如果回答"否（no）"，则不是CCP。如果回答"是（yes）"，则说明现有该步骤/工序不足以控制必须控制的显著危害，即产品是不安全的，工厂必须重新调整加工方法或产品，使之包含对该显著危害的预防措施。

②问题2：该步骤/工序可否把显著危害消除或降低到可接受水平？

回答时，需考虑该步骤/工序是否最佳、最有效的危害控制点，如回答"是（yes）"，则该步骤/工序为CCP；如回答"否（no）"，继续问题3。

③问题3：危害在本步骤/工序上是否超过可接受水平或增加到不可接受水平？

如果回答"否（no）"，则不是 CCP；如果回答"是（yes）"，继续问题4。

④问题4：后续步骤/工序可否把显著危害降低到可接受水平？

如果回答"是（yes）"，则不是 CCP；如果回答"否（no）"，则该步骤/工序为 CCP。

（3）判断树使用过程中的注意事项　判断树的逻辑关系表明：如有显著危害，必须在整个加工过程中用适当 CCP 加以预防和控制；CCP 须设置在最佳、最有效的控制点上；如 CCP 设在后步骤/工序上，则前步骤/工序就不作为 CCP；但后步骤/工序如没有 CCP，那么该前步骤/工序就必须确定为 CCP。

虽然 CCP 判断树是判断关键控制点非常有用的工具，但它并不是唯一的工具。因判断树有其局限性，它不能代替专业知识，更不能忽略相关法律法规的要求。当 CCP 判断树的结果与相关法律法规或相关标准相抵触时，判断树就不起作用了。因此判断树的应用只能被认为是判定 CCP 的工具而不作为 HACCP 法规中的强制要素。CCP 确定必须结合专业知识以及相关的法律法规要求，否则，就可能导致错误的结论。

CCP 或 HACCP 是产品/加工过程的特异性决定的。如果出现工厂位置、配合、加工过程、仪器设备、配料供方、卫生控制和其他支持性计划以及用户的改变，CCP 都可能改变。

如果一种危害在某一步骤中已被确认需要通过控制以保证食品安全，但在该步骤或任何其他的步骤中都没有相应的控制措施存在，那么在该步骤或其前后的步骤中，应对产品或操作过程予以修改，以使其包括相应的控制措施。

原理3：确定与各 CCP 相关的关键限值（CL）

对每个关键控制点，必须规定关键限值，如有可能，还须予以确认。在某些情况下，对某一特定步骤需要建立一个以上的关键限值。通常采用的指标包括对温度、时间、湿度、物理尺寸、pH、A_w、细菌总数、有效氯的测量以及感官参数等，如外观和组织形态。

关键限值是确保食品安全的界限，应该合理、适宜、可操作性强、符合实际和实用。当关键限值过严，没有发生影响到食品安全的危害，就要求去采取纠偏措施；关键限值过松，又会造成不安全的产品到了消费者手中。

原理4：建立监控程序

通过一系列有计划的观察和测定（例如温度、时间、pH、水分等）活动来评估 CCP 是否在控制范围内，同时准确记录监控结果，以备用于将来核实或鉴定之用。使监控人员明确其职责是控制所有 CCP 的重要环节。负责监控的人员必须报告并记录没有满足 CCP 要求的过程或产品，并且立即采取纠正措施。凡是与 CCP 有关的记录和文件都应该有监控员的签名。

监控程序尽可能采用连续的理化方法；如不能连续，则要求能有足够的频率次数来观察测定每个 CCP 的变化规律。

原理5：确立纠偏行为（Corrective Actions）

当监控表明偏离关键限值或不符合关键限值时应采取的程序或行动为纠正措施。如有可能，纠正措施一般应是在 HACCP 计划中提前决定的。

纠正措施必须保证关键控制点（CCP）重新处于受控状态，采取的措施还必须包括受影响的产品的合理处理。偏离和产品处置过程必须记载在 HACCP 体系记录保存档案中。

纠正措施一般包括两步：第一步，纠正或消除发生偏离关键限值（CL）的原因，重新加工控制；第二步，确定在偏离期间生产的产品，并决定如何处理。采取纠正措施包括产品的处理情况时应加以记录。

原理6：建立验证程序（Verification Procedures）

验证程序用来确定 HACCP 体系是否按照 HACCP 计划正常运转，或者计划是否需要修改，以及再被确认生效使用的方法、程序、检测及审核手段。

可以采用包括随机抽样和分析在内的验证和审核方法、程序和检测来确定 HACCP 体系是否正确地运行。验证的频率应足以证实 HACCP 体系运行的有效性。验证活动如下：

HACCP 体系和记录的复查；

偏离和产品处理的复查；

证实关键控制点（CCP）处于受控状态。

如有可能，确认活动应包括对 HACCP 计划所有要素功效的证实。

原理7：记录保持程序（Record – keeping Procedures）

企业在实行 HACCP 体系的全过程中，须有大量的技术文件和日常的监测记录，这些记录应是全面的，记录应包括：

（1）HACCP 计划的目的和范围；

（2）产品描述和识别；

（3）加工流程图；

（4）危害分析；

（5）HACCP 审核表；

（6）确定关键控制限的依据；

（7）对关键控制限的验证；

（8）监控记录，包括关键控制限的偏离；

（9）纠正措施；

（10）验证活动的记录；

（11）校验记录；

（12）清洁记录；

（13）产品的标识与可追溯性；

（14）害虫控制；

（15）培训记录；

（16）对经认可的供应商的记录；

（17）产品回收记录；

（18）审核记录；

（19）对 HACCP 体系的修改、复审材料和记录。

在实际应用中，记录为加工过程的调整、防止 CCP 失控提供了一种有效的监控手段，因此，记录是 HACCP 计划成功实施的重要组成部分。

在整个 HACCP 执行程序中，分析潜在危害、识别加工中的 CCP 和建立 CCP 关键控制限，这三个步骤构成了食品危险性评价操作，它属于技术范围，由技术专家主持，而其他步骤则属于质量管理范畴。

三、 HACCP 特点

与传统的食品质量安全与卫生管理体系相比较，HACCP 体系有如下特点：

（1）HACCP 体系是一种控制食品安全的预防性体系。HACCP 体系注重对产品实现过程各环节可能存在的生物、化学或物理危害进行识别和评估，从而有针对性地对原料提供、加工过程、终产品贮存直至消费进行全过程安全控制，它改变了传统的以终产品检验控制食品安全的管理模式，由被动控制变为主动控制，最大限度地避免因批量生产不合格产品而造成的巨大损失。

（2）HACCP 体系具有高度的专业性。HACCP 小组成员须熟悉产品工艺流程和工艺技术，对企业设备、人员和卫生要求等方面全面掌握，专业娴熟；HACCP 的专业性还体现在对一种或一类食品的危害控制，没有统一的模式可以借鉴，由于食品生产企业的产品、管理状况、生产设备、卫生环境和员工素质等方面的不同，不同的行业、不同的企业、不同的产品和不同的工艺，都可以根据其自身实际，研发针对性强、操作性强的 HACCP 体系模式。

（3）制定和实施 HACCP 体系可随相关食品法律法规的更新、食品科技与食品机械技术的进步、食品企业管理水平的提高等而进行及时的调整。

（4）HACCP 不是一个孤立的体系，建立在一系列前提条件的基础上，例如良好操作规范（GMP）、卫生标准操作程序（SSOP）等。

第四节　HACCP 的建立

一、建立 HACCP 的基本要求

HACCP 体系是建立在一系列前提条件的基础之上，因此，为了使消费者得到更安全的食品，食品加工企业首先应找到组织适用的有关法律法规或强制性国家标准规定的良好操作规范（GMP）的要求，并形成自己的文件；应形成具有可操作性的卫生标准操作程序（SSOP）；还有一些与危害控制有关的其他前提条件，如产品回收（召回或撤回）应急准备和响应、产品防护等方面也应该有文件要求；应按照食品法典委员会（CAC）发布的《食品卫生通则》的"准则"建立 HACCP。食品生产加工企业建立和实施 HACCP 的前提条件至少包括以下方面。

1. 基础条件

要实施 HACCP 体系，良好操作规范（GMP）是整个食品安全控制体系的基础；卫生标准操作程序（SSOP）是根据 GMP 的要求制定的卫生控制程序，是执行 HACCP 计划的前提计划之一，CAC 的《食品卫生通则》是建立 HACCP 的准则。

GMP 从人员、原料、设备和方法这四方面规定了食品生产加工的规范性要求，是政府的一种法规性文件，是国家规定食品企业必须执行的国家标准，也是卫生行政部门、食品卫生监督部门监督检查的依据，具有强制性，为企业 HACCP 体系的建立提供了理论基础。SSOP 涵盖了加工过程用水卫生、接触面卫生、防止交叉污染等 8 个方面的要求，具体列出了卫生控制的各项指标，可以减少 HACCP 计划中的关键控制点（CCP）数量。

事实上，在进行风险分析时，大量的危害是通过 SSOP 进行控制的。如果企业没有达到 GMP 的要求，或者没有制定有效的 SSOP 并有效实施，那么 HACCP 体系就是一句空话。

2. 管理层的支持

在明确实施 HACCP 体系之前，公司各级管理层必须明确 HACCP 体系是公司质量方针和目标的一部分，并在人力、物力、财力等方面提供全力支持。

3. 教育与培训

有经过专业培训、具备操作资格的人员是 HACCP 计划有效实施的重要条件。不少食品安全事故均是由人为的因素直接或间接造成的，主要是由于操作人员对食品安全控制体系认识不深，没有意识到自己在食品安全控制体系中的作用，因而相关人员的教育和培训是很有必要的；所以企业的管理层、普通员工、HACCP 小组成员、实验室作业人员等都应该接受相关培训；通过培训让所有员工都了解食品安全知识，都能够按照 SSOP、HACCP 的要求参与生产活动；当 SSOP、HACCP 有修改的时候，要组织企业员工进行重新培训，以使员工及时了解并执行。

同时，过程控制方法、关键控制点监测、关键限值的违背、纠偏行为的妥当性和产品（过程）记录，都需要不断的监督，以确保员工能遵守各种指令，HACCP 能全面运行。

4. 产品的标识、追溯和回收

虽然 HACCP 是保证食品安全的最佳方案，但 HACCP 体系绝对不是零风险体系。企业建立了 HACCP 体系，但不安全因素有时在生产中仍然不可避免，且会超出生产者的控制范围，所以，仍然会生产出不安全的食品。为保证公众健康，产品标识管理、产品追溯程序等都是必不可少的。

产品的标识和可追溯性能帮助企业确定产生问题的根本原因，进而明确需要采取的纠偏措施，实现良好的批次管理。回收计划的目的是保证有企业标志的产品在任何时候从市场回收时都能尽可能有效、快速和完全进入调查程序。

产品标识的内容至少应包括：产品描述、级别、规格、配料、生产日期、包装、最佳食用期或保质期、标准代号、批号、生产商和生产地址等。在实际组织生产过程中，应做好标识的保管和使用过程中的检查及记录工作。

二、 HACCP 计划的制定和实施

HACCP 计划的制定和实施可分以下三个阶段。

第一阶段：准备阶段

1. 成立 HACCP 专业组

HACCP 小组成员来自本企业与质量管理有关的代表，小组成员具备的知识和经验最好包括：能够进行危害分析，识别潜在危害，识别必须控制的危害，推荐控制方法、关键限值、监控、验证程序、纠偏，如缺乏重要信息，可能寻求外部信息，确认 HACCP 计划。所以 HACCP 小组至少由以下人员组成：

（1）质量保证与控制专家　可以是质量管理者、微生物学和化学的专家、食品生产卫生控制专家。

（2）食品工艺专家　对食品生产工艺、工序有较全面的知识及理论基础，能了解生产过程中常发生哪些危害及具体解决办法。

（3）食品设备及操作工程师　对食品生产设备及性能很熟悉，懂得操作和解决设备发生的故障，有丰富的实践经验。

（4）其他人员　原料生产及植保专业人员、贮运和销售人员、公共卫生管理者等。必要时，企业也可以在这方面寻求外部专家的帮助。

2. 产品描述

对产品及其特性、规格与安全性等进行全面的描述，内容应包括产品具体成分、物理或化学特性、包装、安全信息、加工方法、贮存方法和食用方法等。

（1）原辅料（商品名称、学名、特点）；

（2）具体成分（如蛋白质、可溶性固形物、氨基酸等）含量；

（3）理化性质（水分活度、pH、硬度、流变性等）；

（4）加工方式（加热、冷冻、干燥、盐糖渍等到何种程度）；

（5）包装方式（密封、真空、气调等）；

（6）贮藏、销售条件（温度、湿度等）；

（7）贮存期限（保质期、保存期、货架期等）及方法。

描述产品可以用食品中主要成分的商品名称，也可以用最终产品名称或包装形式等。如用商品名称描述产品者：金枪鱼、对虾等；用最终产品描述产品者：速冻鱼肉为原料的模拟蟹肉、去壳生牡蛎肉等。

描述销售和贮存的方法是为了确定产品是如何销售、如何贮存（如冷冻、冷藏或干燥等），以防止错误的处理造成危害，而这种危害不属于 HACCP 计划控制范围内。

3. 确定预期用途和消费群

实施 HACCP 计划的食品应确定其最终消费者，特别是要关注特殊消费人群，如儿童、老人、妇女、体弱者或免疫系统有缺陷的人等；例如，有的消费者对鸡蛋、猪（牛、羊）肉、SO_2 有过敏反应，即使食品中含有少量的过敏物质，也会表现出过敏，所以使用说明书应说明适合的消费人群、食用目的、食用方法（如加热后食用；生食或轻度煮熟后食用；食用前充分加热；要进一步加工后才能食用）等内容。

4. 绘制工艺流程图

产品流程图的步骤是对加工过程清楚的、简明的和全面的说明，在制订 HACCP 计划时，按流程图的步骤进行危害分析。流程图应包括从原料及辅料的接收、加工到成品储运的所有步骤，并清晰地列出使用材料的数据，厂房相关数据，工艺步骤次序，所有原辅料、中间产品和最终产品的时间、温度变化数据等。在制作流程图和进行系统规划的时候，应有现场工作人员参加，为潜在污染的确定提出控制措施提供便利条件。

5. 确认流程图

流程图中的每一步操作需要与实际操作过程进行确认比较（验证）。

当验证有误时，HACCP 通过改变控制条件、调整配方、改进设备等措施在原流程图偏离的地方加以纠正，以确保流程图的准确性、适用性和完整性。工艺流程图是危害分析的基础，不经过现场验证，难以确定其准确性和科学性。

第二阶段：HACCP 危害分析与控制办法

6. 危害分析及确定控制措施

危害分析是 HACCP 最重要的一环。按食品生产的流程图，HACCP 小组要列出各工艺步骤可能会发生的所有的生物性的（病原微生物、病毒、寄生虫等）、化学性的（自然毒素、清洗剂、消毒剂、杀虫剂、药物残留、重金属、转基因、过敏源等）和物理性的（金属、玻璃等）危害。

并不是所有识别的潜在危害必须放在 HACCP 中控制，HACCP 控制显著危害。一个危害如果同时满足：发生的可能性较大；一旦发生，对消费者造成的损害较大，后果较严重时才是显著危害。

在生产过程中，危害可能是来自原辅料、加工工艺、设备、包装贮运、人为因素等方面，危害分析必须考虑所有的显著危害，并对危害的出现可能、分类、程度进行定性和定量评估。在危害中尤其不能允许致病菌的存在与增殖及不可接受的毒素和化学物质的产生。

控制措施是用以防止、消除或将其降低到可接受的水平必须采取的任何行动和活动。有时一种显著危害需要同时用几种方法来控制，有时一种控制方法可同时控制几种不同的危害。对食品生产过程中每一个危害都要有对应的、有效的预防措施。这些措施和办法可以排除或减少危害出现，使其达到可接受水平。

HACCP 危害分析工作表如表 6－1 所示。

表 6－1　　　　　　　　　　HACCP 危害分析工作表　（示例）

工厂名称：＿＿＿＿＿＿＿＿＿　　　　工厂地址：＿＿＿＿＿＿＿＿＿

产品描述：＿＿＿＿＿＿＿＿＿　　　　销售和贮存方法：＿＿＿＿＿＿＿＿＿

预期用途和消费者：＿＿＿＿＿＿＿＿＿

（1） 配料/ 加工步骤	（2） 确定在这步 中引入的、 控制的或增加的 潜在危害	（3） 潜在的食品安全 危害是显著 的吗？ （是/否）	（4） 对第3列的 判断提出依据	（5） 应用什么 预防措施来 防止显著危害	（6） 这步是关键 控制点吗？ （是/否）
	生物的				
	化学的				
	物理的				
	生物的				
	化学的				
	物理的				

7. 确定关键控制点

尽量减少危害是实施 HACCP 的最终目标。可用一个关键控制点去控制多个危害，同样，一种危害也可能需几个关键点去控制，决定关键点是否可以控制主要看是否能防止、排除或减少到消费者能否接受的水平。

关键控制点判定的一般原则：

（1）在某点中存在 SSOP 无法消除的明显危害。

（2）在某点中存在能够将明显危害防止、消除或降低到允许水平以下的控制措施。如通过原料接收来预防病原体或药物残留；通过对配方或添加过程的控制来预防化学危害或抑制病原体在成品中的生长；通过蒸煮将病原体杀死；通过金属探测器来检测金属碎片等操作程序是关键控制点。

（3）在某点中存在的明显危害，通过本步骤中采取的控制措施的实施，将不会再现于后续的步骤中；或者在以后的步骤中没有有效的控制措施。

（4）在某点中存在的明显危害，必须通过本步骤中与后序步骤中控制措施的联动才能被有效遏制。

危害分析过程整理成文是十分重要的。CCP 的数量取决于产品工艺的复杂性和性质、范围。HACCP 执行人员常采用判断树来认定 CCP，即对工艺流程图中确定的各控制点使用判断树按先后回答每一个问题，按次序进行审定。

8. 确定各 CCP 的关键限值和容差

关键控制限是一个区别能否接受的标准，即保证食品安全的允许限值。关键控制限决定了产品的安全与不安全、质量好与坏的区别。关键限值的确定，一般可参考有关法规、标准、文献、实验结果，如果一时找不到适合的限值，实际中应选用一个保守的参数值。

一个好的关键限值应该具有：直观；容易检测；仅基于食品安全；纠正措施只需销毁或处理少量产品；不能打破常规方式；不是 GMP 或 SSOP 措施；不能违背法规。在生产实践中，一般不用微生物指标作为关键限值，可考虑用温度、时间、流速、pH、水分含量、盐度、密度等参数。

当显著危害或控制措施发生变化时，HACCP 小组应重新进行危害分析并确定关键控制点。

所有用于限值的数据、资料应存档，以作为 HACCP 计划的支持性文件。

9. 建立各 CCP 的监控制度

监控是按照原定的方案对关键控制点控制参数或条件进行测量或观察，识别可能出现的偏差，提出加工控制的书面文件，以便应用监控结果进行加工调整和保持控制，从而确保所有 CCP 都在规定的条件下运行。

每个监控程序应包括 3W 和 1H，即监控什么（What）、怎样监控（How）、何时监控（When）和谁来监控（Who）。

（1）监控什么（What）　通常通过测量一个或几个参数、检测产品或检查证明性文件，来评估某个 CCP 是否在关键限值内操作。监控可以是检测产品或测量加工过程的特性，以确定其是否符合关键限值。例如，当温度是控制危害的关键时，测量加热或冷冻的温度；当食品酸化是关键时，测量酸性成分的 pH。检查一个 CCP 的控制措施是否实施，如检查供应商的原料证明，检查原料肉表面或包装上的屠宰场注册证号。

（2）怎样监控关键限值和控制措施（How）　监控方法必须能提供快速（实时）的结果，生产中没有时间等待长时间的分析结果，关键限值的偏离要快速判断，物理和化学测量是很好的监控方法，如温度、时间、pH、感官检验等。要根据监控对象和监控方法的不同选择监控设备，如自动温度记录仪、温度计、计时器、pH 计、水分活度计、化学分析设备等。不可能连续监控时，可采用非连续监控（间断性监控）。

（3）监控频率（When）　监控可以是连续的或间断的。在可能的条件下，应采用连续监控。如灌肠类肉制品杀菌，温度和时间可连续监控；牛肉干中金属物质的检测，连续通过金属探测器。只能间断性监控时应尽量缩短监控的时间间隔，以便及时发现可能的偏离。

（4）谁来监控（Who）　可以承担监控任务的人员有流水线上的加工人员、设备操作者、监督员、维修人员、质量保证人员等。负责监控 CCP 的人员应该接受有关 CCP 监控技术的培训；完全理解 CCP 监控的重要性；能及时进行监控活动；准确报告每次监控工作，如实记录监控结果；发现偏离关键界限应立即报告，以便能及时采取纠正措施。

所有有关 CCP 监控的记录和文件必须由实施监控的人员签名，并由评估人员进行确认。

第三阶段：HACCP 计划的维护

10. 建立纠偏措施

纠偏措施是针对关键控制点控制限值所出现的偏差而采取的行动。纠偏行动要解决两类问题：一类是制定使工艺重新处于控制之中的措施；另一类是拟定好 CCP 失控时期生产出的食品的处理办法。

所采用的纠偏措施是经过有关权威部门的认可的，纠偏措施实施后，CCP 一旦恢复控制，有必要对这一系统进行审核，防止再次出现偏差。纠偏措施要授权给操作者，当出现偏差时，停止生产，保留所有不合格品，并通知工厂质量控制人员；在特定的 CCP 失去控制时，使用经批准的可代替原工艺的备用工艺。

对每次所施行的这两类纠偏行为都要记入 HACCP 记录档案，并应明确产生的原因及责任所在。

11. 建立验证（审核）措施

验证的目的是确认制定的 HACCP 方案的准确性，通过验证得到的信息可以用来改进 HACCP 体系。通过验证可以了解所规定并实施的 HACCP 系统是否处于准确的工作状态中，能否做到确保食品安全。

（1）验证内容

①检验原辅料、半成品产品合格证明；

②检验仪器标准，审查仪器校正记录；

③复查 HACCP 计划制定及记录有关文件；

④审查 HACCP 内容体系及工作日记与记录；

⑤复查偏差情况和产品处理情况；

⑥检查 CCP 记录及其控制是否正常；

⑦对中间产品和最终产品的微生物检验；

⑧评价所制定的目标限值和容差，不合格产品淘汰记录；

⑨调查市场供应中与产品有关的意想不到的卫生和腐败问题；

⑩复查已知的、假想的消费者对产品的使用情况及反应记录。

（2）验证报告内容

①HACCP 计划表；

②CCP 的直接监测资料；

③检测仪器校正及正常运作；

④偏离与矫正措施；

⑤CCP 在控制下的样品分析资料；

⑥HACCP 计划修正后的再确认；

⑦控制点监测操作人员的培训等。

12. 建立记录保存和文件归档制度

记录是采取措施的书面证据，没有记录等于什么都没有做。因此，认真、及时和精确的记录及资料保存是不可缺少的。HACCP 程序应文件化，文件和记录的保存应合乎操作种类和规范。

（1）记录保存文件内容

①说明 HACCP 系统的各种措施；

②用于危害分析的数据；

③与产品安全有关的所做出的决定；

④监控方法及记录；

⑤由操作者签名和审核者签名的监控记录；

⑥偏差与纠偏记录；

⑦审定报告及 HACCP 计划表；

⑧危害分析工作表；

⑨HACCP 执行小组会上报告及总结等。

（2）归档制度

①严格审核记录内容等归档文件：CCP 监控记录、限值偏差与纠正记录、验证记录、卫生管理记录等所有记录内容都要严格审核。

②在规定时间内进行：各项记录在归档前要经严格审核，并在规定的时间（一般在下班、交班前）内及时由工厂管理代表审核，如通过审核，审核员要在记录上签字并写上当时时间。

③归档后妥善保存一定时间：所有的 HACCP 记录归档后妥善保管，美国对海产品的规定是生产之日起至少要保存 1 年，冷冻与耐保藏产品要保存 2 年。

13. 回顾 HACCP 计划

如有下列情况发生，应该进行 HACCP 计划回顾：

（1）原料、产品配方发生变化；

（2）加工体系发生变化；

（3）工厂布局和环境发生变化；

（4）加工设备改进；

（5）清洁和消毒方案发生变化；

（6）重复出现偏差，或出现新的危害，或有新的控制方法；

（7）包装、储存和发售体系发生变化；

（8）人员等级和（或）职责发生变化；

（9）假设消费者使用发生变化；

（10）从市场供应上获得的信息表明产品可能具有卫生或腐败风险。

在完成整个 HACCP 计划后，要尽快以草案形式成文，并在 HACCP 小组成员中传阅修改，或寄给有关专家征求意见，吸纳对草案有益的修改意见并编入草案中，经 HACCP 小组成员一次审核修改后成为最终版本，上报有关部门审批或在企业质量管理中应用。

第五节　HACCP 体系与 GMP、 SSOP、 ISO 的关系

自 20 世纪 90 年代以来，质量管理体系在食品加工业中得到了越来越广泛的应用。国际标准化组织颁布了 ISO 9000 质量管理标准，我国许多食品加工企业以此为基础建立了质量管理体系，并通过认证。同期美国 FDA 和农业部自 1995 年陆续发布了水产品、禽肉和果蔬汁的 HACCP 法规，强制要求加工上述食品的企业，建立和实施 HACCP 食品安全管理体系，CAC 也于 1997 年发布了建立 HACCP 体系的指南，从而大大促进了该体系在我国，特别是出口加工企业中的应用。

一、 HACCP 与 GMP、 SSOP 的关系

GMP，即良好操作规范，是食品生产全过程中保证食品具有高度安全卫生性的良好生产管理系统。它运用物理、化学、生物、微生物、毒理等学科的基础知识来解决食品生产加工全过程中有关安全卫生和营养的问题，从而保证食品的安全卫生质量。GMP 基本内容就是食品从原料到成品全部过程中各环节的卫生条件和操作规程。GMP 不仅规定了一般的卫生措施，而且也规定了防止食品在不卫生条件下变质的措施。GMP 把保证食品质量的工作重点放在从原料的采购到成品及其贮存运输的整个生产过程的各个环节上，而不是仅仅着眼于最终产品上。这一点与 HACCP 是一致的。

SSOP，即卫生标准操作规范，在食品生产中实现 GMP 全面目标的操作规范，它描述了一套特殊的与食品卫生处理和加工厂环境清洁程度有关的目标，及所从事的满足这些目标的活动。SSOP 既能控制一般危害又能控制显著危害，而 HACCP 仅用于控制显著危害。一些由 SSOP 控制的显著危害在 HACCP 中可以不作为 CCP，而只由 SSOP 控制，从而使 HACCP 中的关键控制点更简化，使 HACCP 更具针对性，避免了 HACCP 因关键控制点过多而难于操作的矛盾。

应用 HACCP 体系基本原理，建立实施 HACCP 计划，必须以 SSOP 和 GMP 为基础和前提，也就是说，只有把 HACCP 与 GMP、SSOP 有机地结合起来，HACCP 才能更完整、更有效、更具有针对性，才能形成一个完整的质量保证体系。

二、 HACCP 与 ISO 9000 的关系

ISO 9000，即质量管理与质量保证系列标准，是一个族的通称。它是近来较为流行的一种质量管理体系。ISO 9000 质量管理体系是国际标准化组织颁布的在全世界范围内通用的关于质量管理和质量保证方面的系列标准，起源于英国 BS 5750 标准，于 1987 年正式颁布（第一版），迄今已被近两百个国家或地区等同或等效采用。按照颁布时间的不同，ISO 9000 族标准分 1994 和 2000 两个版本。

ISO 9001 对组织的设计开发到生产、安装及服务等全过程提出了要求；对于不进行设计和开发工作的组织来说，ISO 9002 是最适宜的认证标准，因为该标准中并不包括 ISO 9001 中所提及的设计控制要求；对于生产过程中不包括设计控制、过程控制及采购或服务，而只包

括保证最终产品和服务符合规定要求的检验和测试的组织应采用 ISO 9003 标准进行认证；ISO 9004 提供考虑质量管理体系的有效性和效率的指南，该标准的目的是使组织达到业绩改进和顾客及其他相关方满意。ISO 19011 提供审核质量和环境管理体系指南。

ISO 9000 族标准明确规定了为保证产品质量而必须建立的管理机构及职责权限；组织的产品生产必须制定规章制度、技术标准、质量手册、质量体系操作程序，并使之文件化；质量控制是对生产的全过程加以控制，是面的控制而非点的控制。

国际食品法典委员会（CAC）认为，HACCP 可以是 ISO 9000 系列标准的一个部分。ISO 9001 共有 20 个要素，其中"过程控制"这个要素是保证最终产品质量一个重要程序。过程控制所涉及的活动主要包括过程策划、过程实施、过程监控、过程评审、过程改进、作业程序和实施环境控制、设备控制、技能控制等。而 HACCP 体系中关于危害分析、关键控制点的确定及其监控、验证程序等，与这些活动都是相似和对应的。如果推行 ISO 9000 的食品加工企业把"过程控制"这个要素突出出来，就相当于抓住了 HACCP 的根本，可以收到事半功倍的效果。

是否推行 ISO 9000 质量保证体系是食品企业的自愿行为，而 HACCP 则不同。国际贸易对食品的实施 HACCP 已进入法规化的阶段，欧洲不少国家实行 HACCP 是法规规定的，美国的 HACCP 系统已被所有的执法机构采用并强制食品加工者执行。

三、　HACCP 与 ISO 22000 的关系

ISO 22000 是由 ISO/TC 34 农产食品技术委员会制定的一套专用于食品链内的食品安全管理体系，该体系于 2005 年 9 月 1 日正式发布。ISO 22000 采用了 ISO 9000 标准体系结构，在食品危害风险识别、确认以及系统管理方面，参照了食品法典委员会颁布的《食品卫生通则》中有关 HACCP 体系和应用指南部分。

ISO 22000 引用了食品法典委员会提出的 5 个初始步骤和 7 个原理，将 HACCP 原理作为方法应用于整个体系：明确了危害分析作为实现安全食品策划的核心，并将 CAC 所制定的预备步骤中的产品特性、预期用途、流程图、加工步骤、控制措施和沟通作为危害分析及其更新的输入；同时将 HACCP 计划及其前提条件或前提方案进行动态、均衡的结合；可贯穿于食品生产整个供应链——从农作物种植到食品加工、运输、储存、零售和包装。

🔍 思考题

1. HACCP 系统是怎么产生和发展的？
2. 简述我国 HACCP 的应用情况。
3. 简述 HACCP 的 7 个原理。
4. 草拟一份你所熟知的食品加工的 HACCP 计划表。
5. 制定一份某食品的 HACCP 计划。

参考文献

[1] 曹斌主编．食品质量管理．北京：中国环境科学出版社，2006.

［2］张献娣，王开义．HACCP 信息化的发展现状与分析．中国农学通报，2010，26（5）：309－313.

［3］佘晓，雷钱和，刘杰．现代食品安全控制体系（HACCP）．食品科技，2003，8：9－17.

［4］李欣．食品企业如何建立 HACCP 控制体系．酿酒，2009，36（5）：15－16.

［5］牛智有，齐德生．食品安全性与 HACCP 体系．粮油加工，2009，07：28－32.

［6］孙春明．加强 HACCP 体系建设提高食品安全保障．现代商业，2009（18）：128－129.

［7］宫霞．HACCP 管理体系在我国食品企业应用进展．乳业科学与技术，2007，3：137－140.

［8］袁俊．食品安全与 HACCP 管理体系．上海标准化，2005，6：33－36.

［9］霍静，布冠好，罗永康．HACCP 计划未能有效实施的原因分析．食品科技，2007，8：22－25.

［10］潘涔轩，谢兵，魏颖．HACCP 与 ISO 9000 质量管理体系的比较．饮料工业，2004，7（4）：11－15.

［11］马微，付丽，刘世福等．食品安全与质量控制体系．食品工业科技，2008，29（12）：198－202.

［12］许喜林．实施 HACCP 体系的关键问题．冷饮与速冻食品工业，2005，11（1）：35－41.

［13］汪凤祖．HACCP 体系及其在出口食品企业中的发展现状．肉类研究，1999，8（2）：20－23.

第七章　　CHAPTER

食品质量标准与法规

7

本章学习目标

1. 了解国内外有关食品标准和标准化的基本情况和发展动态。
2. 能够在实际工作中编制标准和贯彻实施标准。
3. 熟悉国内外常用的食品质量标准与法规。

第一节　概述

本章介绍国内外标准的发展历程，以及食品标准的相关概念；国内外食品法规的发展历程，以及食品法规的定义及特性。

一、　食品标准的演变与由来

1. 标准的发展史

（1）古代标准化　标准是人类由自然人进入社会共同生活实践的必然产物，它随着生产的发展、科技的进步和生活质量的提高而发生、发展，受生产力发展的制约，同时又为生产力的进一步发展创造条件。

人类从原始的自然人开始，在与自然的生存搏斗中为了交流感情和传达信息的需要，逐步出现了原始的语言、符号、记号、象形文字和数字。元谋、蓝田、北京出土的石制工具说明原始人类开始制造工具，样式和形状从多样走向统一，建筑洞穴和房舍对方圆高矮提出了要求。从第一次人类社会的农业、畜牧业分工中，由于物资交换的需要，要求公平交换、等价交换的原则，决定度、量、衡单位和器具标准统一，逐步从用人体的特定部位或自然物到标准化的器物。

当人类社会第二次产业大分工，即农业、手工业分化时，为了提高生产率，对工具和技术的规范化就成了迫切要求，从出土的青铜器、铁器上可以看出那时科学技术和标准化水平的发展，如春秋战国时代的《考工记》就有青铜冶炼配方和30项生产设计规范和制造工艺要求，如用规校准轮子圆周，用平整的圆盘基面检验轮子的平直性，用垂线校验幅条的直线性，用水的浮力观察轮子的平衡，同时对用材、轴的坚固灵活、结构的坚固和适用等都做出了规定，不失为严密而科学的车辆质量标准。秦始皇统一中国后，以法令的形式统一了全国的度量衡器具、货币、文字、兵器以及车道宽度等。秦军使用的弩机，由于制作得十分标准，它的部件是可以互换的。在战场上，秦军士兵可以把损坏的弩机中仍旧完好的部件重新拼装使用。

古代标准化最著名的应首推毕昇在 1041—1048 年提出的活字印刷术，被称为"标准化发展历史上的里程碑"，他成功地运用了标准件、互换性、分解组合、重复利用等标准化原则和方法。

明朝李时珍所著的《本草纲目》，不仅记载了药物的种类、特性，还记述了药物的制备工艺和方剂，可视为标准化的"药典"。

（2）近代标准化　到了工业化时代，进入以机器生产、社会化大生产为基础的近代标准化阶段。近代标准化是机器大工业生产的产物，是伴随着 18 世纪中叶产业革命产生和发展的。

蒸汽机、机床的应用，使工业生产面貌发生了根本的变化，人们从家庭手工作坊式的生产，转变为依靠机械装备的工厂生产，生产日益专业化，工序日益复杂化，分工日益精细化，协作日益广泛化，作为生产和管理重要手段的标准和标准化，得到了迅速的发展。

英国的布拉马（Joseph Bramarch，1748—1814 年）和莫兹得（Henry Maudslay，1771—1831 年）发明了机床溜板式刀架，配合齿轮机构和丝杠，就可以生产具有互换性的螺纹。

美国的惠特尼（Eli. Whitney，1765—1825 年）根据轧棉机与铣床的发明和研制经验，运用了互换性原理生产出标准化的零部件，使组装的一万支步枪都能安全发火射击，取得了巨大的成功，为大批量生产开辟了途径。

被称为科学管理之父的泰勒（Frederick. W. Taylor，1856—1915 年），通过对工人生产过程中所采用的动作和时间的研究，建立并实行了操作方法和工作方法、工时定额和计件工资以及培训方法方面的标准化。他在 1911 年出版的名著《科学管理原理》一书中，把"使所有工具和工作条件实现标准化和完美化"列为科学管理原理的首要原理，为管理标准化和以标准化为基础的科学管理奠定了基础。另外，泰勒主张计划、执行和检验应严格区分，屏弃了三者包揽于一身的手工业生产方式。三者区分的结果，使标准理所当然地成为计划、执行和检验过程中的媒介和依据。

美国的福特（Henry Ford，1863—1947 年）根据泰勒的理论，运用标准化的原则和方法，依靠产品标准、工艺标准和管理标准，组织了前所未有的工业化大生产。他对汽车品种进行简化，把相应工序也作了简化，进行了零部件的规格化、标准的单一化和生产的专业化，创造了制造汽车的连续生产流水线，大幅度地提高了生产效率并降低了成本，使汽车进入寻常百姓家成为可能，因而福特公司在当时世界汽车市场上获得了垄断地位。应该说，福特的成就首先得益于标准化。

这其中，最具典型意义的是 1895 年 1 月英国钢铁商 H・J・斯开尔顿在《泰晤士报》上发表的公开信。信中反映英国的一些桥梁设计师设计的钢梁和型材尺寸规格过于繁多，使钢铁厂无法采用先进技术，不得不频繁更换轧制设备，从而提高了成本。他呼吁工程师们改变这种不科学的做法。1900 年他又把一份主张实行标准化的报告交给英国铁业联合会，第二年便创立了世界第一个国家标准化组织——英国工业标准委员会。在资本主义发展的过程中，所有的工业发达国家都把标准化提到了日程，建立相应的组织，大量制定标准。标准化在建立资本主义工厂制度，实行大量流水生产和组织商品市场流通等活动中，对于建立高效率的生产秩序、技术秩序和市场经济秩序所起的历史性作用是人所共知的事实。1946 年国际标准化组织 ISO 正式成立，现在，世界上已有 100 多个国家成立了自己国家的标准化组织。

（3）现代标准化　工业现代化进程中，由于生产和管理高度现代化、专业化、综合化，这就使现代产品或工程、服务具有明确的系统性和社会性，一项产品或工程、过程和服务，往往涉及几十个行业和几万个组织及许多门类的科学技术，如美国的"阿波罗计划""曼哈顿计划"，从而使标准化活动更具有现代化特征。随着信息技术高速发展和市场全球化的需要，要求标准化摆脱传统的方式和观念，不仅要以系统的理念处理问题，而且要尽快建立与经济全球化相适应的标准化体系；综合标准化、超前标准化的概念和活动应运而生；标准化的特点从个体水平评价发展到整体、系统评价；标准化的对象从静态演变为动态、从局部联系发展到综合复杂的系统。

2. 我国食品标准发展历程

（1）我国标准化体制发展进程　新中国成立之初，政府设立了中央技术管理局标准规划处，1957 年成立了国家科学技术委员会标准局，开始对全国的标准化工作实行统一领导。当时的标准化工作仅仅是中央各部门在各自的业务领域范围内制定产品标准和技术操作规程，主要是企业标准和部颁标准。1962 年国务院颁布了《工农业产品和工程建设技术标准管理办法》，1963 年当时国家科学技术委员会正式颁布国家标准、部颁标准和企业标准统一代号、编号等规定，由此我国已构建起三级标准体制。随着经济体制从计划经济体制转向社会主义市场经济体制，三级标准体制在经历了 20 多年的发展后发生了重大改变，1988 年 7 月，七届人大常委会第五次会议通过了《中华人民共和国标准化法》，确立了我国的国家标准、行业标准、地方标准和企业标准的四级标准体制，该体制一直持续至今。自 1949 年新中国成立，特别是改革开放以来，我国的标准化建设有很大发展，主要体现在：已经建立了一个比较完善的标准化管理体制；形成了一个良好的标准化技术工作体系，标准化队伍建设得到了加强；标准的制定、修订速度逐步加快，标准水平有所提高；重点领域，如农业、环保、工程建设、服务业、产品安全与卫生，以及高新技术、信息技术等标准化工作得到重视和加强；加快了与国际标准和国外先进标准接轨的步伐；积极参与国际标准化和区域性标准化的活动；标准化法制建设和管理逐步加强；形成了具有一定规模和多方位的从事标准信息采集、加工、研究和服务的网络；实行了标准的公告制度，包括备案的行业标准、地方标准；社会的标准和质量意识正在形成。

（2）我国食品标准发展历程　我国食品安全标准体系始建于 20 世纪 60 年代，历经了初级阶段（20 世纪六七十年代）、发展阶段（20 世纪 80 年代）、调整阶段（20 世纪 90 年代）和巩固发展阶段（20 世纪 90 年代以后至今）四个阶段。目前我国已初步建立起一个以国家标准为主体，行业标准、地方标准、企业标准相互补充，门类比较齐全，相互比较配套，与我国食品产业发展、人民健康水平提高基本相适应的标准体系。

20 世纪 80 年代以前，我国食品的工业化程度低，产品种类少，食品标准的数量少，水平较低。改革开放以来，国内消费者生活水平提高，对食品质量要求也随之提高；特别是 2001 年 12 月我国加入 WTO 之后，国际贸易竞争激烈，进出口食品数量激增。总体上，我国食品质量标准的数量呈现快速增长的趋势，由于增加了与国际组织和其他国家的交流，标准的水平不断提高。在我国食品标准体系中，强制性标准与推荐性标准相结合，国家标准、行业标准、地方标准和企业标准相配套，形成了适应社会发展的独特的标准体系。现已制定和发布了各类食品产品标准、食品污染物和农药残留限量标准、食品卫生操作规范、食品添加剂标准等。但由于标准制定工作中缺乏有效的统一协调机制，在实施中暴露出不少问题，主要是食品安全标准有交叉、重复，又有空白。

根据《中华人民共和国食品安全法》第二十二条和第二十四条，"国务院卫生行政部门应当对现行的食用农产品质量安全标准、食品卫生标准、食品质量标准和有关食品的行业标准中强制执行的标准予以整合，统一公布为食品安全国家标准。"2013 年 1 月，我国全面启动食品标准清理工作，对现行食用农产品质量安全标准、食品卫生标准、食品质量标准和行业标准强制执行内容进行对比分析，找出存在的矛盾、交叉、重复等问题，明确现行食品标准中属于食品安全的指标，分析提出处理意见，为整合食品标准奠定基础。截至 2013 年年底，已经基本完成食品标准清理工作。在梳理出的 4934 项现行食品标准中，五成标准将不被纳入整合标准体系。此外，在新拟订的食品安全标准体系框架中，提出包括约 1000 项标准的各类食品安全国家标准目录。2013 年，我国新制定食品安全国家标准 109 项，累计公布食品安全标准及相关标准 411 项，并承担了国际食品添加剂法典委员会和农药残留法典委员会主持国工作，得到国际社会的支持和认可。

3. 国外食品标准发展历程

（1）国际食品标准　国际标准在协调国际贸易、消除贸易技术壁垒中发挥了重要作用。协调一致的国际标准可以降低或消除卫生、植物卫生和其他技术性标准成为贸易壁垒的风险。国际标准是国际技术法规、标准和合格评定以及人类、动植物健康和安全保护措施的协调基础，是解决国际贸易争端的参考依据。

从事食品标准化的国际化组织及著名组织主要有：国际标准化组织（ISO）、联合国粮农组织（FAO）、世界卫生组织（WHO）、食品法典委员会（CAC）、国际乳制品联合会（IDF）等。

①食品法典委员会（CAC）：目前公认的国际食品标准是指食品法典委员会（Codex Alimentarius Commission，CAC）的标准。随着全球经济一体化发展以及食品安全问题日益受到重视，全世界食品生产者、监管部门和消费者越来越认识到建立全球统一的食品标准是国际及国内食品贸易公平性的体现，也是各国制定和执行有关法规等的基础，同时有利于维护和增加消费者对食品的信任。正是在这样的一个背景下，1962 年，FAO 和 WHO 共同创建了 FAO/WHO 食品法典委员会，并使其成为一个促进消费者健康和维护消费者经济利益，以及鼓励公平的国际食品贸易的国际性组织。国际食品法典委员会（CAC）是制定国际食品标准的唯一的政府间组织。

截至 2012 年年底，CAC 已制定各类食品标准 332 个，具体包括 66 个通用准则或指南文件（CAC/GL）、5 个分类标准（CAC/MISC）、3 个最大残留限量标准（CAC/MRL）、46 个推荐规范（CAC/RCP）、212 个一般标准（STAN）等。在 1962—1999 年期间，CAC 已制作出了 185 项农药评价、2374 项农药残留限量评价、1005 项食品添加剂评价、54 项兽药评价。已出版的 13 卷食品法典内容涉及食品中农药残留，食品中兽药，水果蔬菜，果汁，谷、豆及其制品，鱼、肉及其制品，油、脂及其制品，乳及其制品，糖、可可制品、巧克力，分析和采样方法等诸多方面。CAC 在制定食品法典的过程中，积极发掘、借鉴、传播及推广应用发达国家特别是美国的先进规范和标准，将质量控制作为所有工作的核心内容。在制定 CAC 标准、准则或规范时采用危险性分析的方法，包括危险性评估、危险性管理和危险性信息。CAC 强调和推荐的 HACCP 与 GMP 的联合使用，为国际食品安全保证提供了认识论与方法论策略的正确引导，而且促进了国际社会和各国政府对食品安全的认同。目前，CAC 制定的法典已成为全球消费者、食品生产和加工者、各国食品管理机构和国际食品贸易重要的基本参照标准。在关贸总协定乌拉圭回合协议中，将法典标准作为法律框架内衡量一个国家食品措施和法规是否一致的基准。

我国于 1986 年正式成为 CAC 成员国，1999 年后我国成立了以卫生部、国家质检总局等 9 个单位组成的中国食品法典委员会（National Codex Committee of China），负责与 CAC 联络，并组织国内各相关部门参与 CAC 工作。

②国际标准化组织（ISO）：国际标准化组织（ISO）是世界上最大的非政府性标准化专门机构，是国际标准化领域中一个十分重要的组织。国际标准化组织的任务是促进全球范围内的标准化及其有关活动，以利于国际间产品与服务的交流，以及在知识、科学、技术和经济活动中发展国际间的相互合作。

2005 年 9 月 1 日，ISO 发布了《ISO 22000—2005 食品安全管理体系——食品链中各类组织的要求》标准。ISO 22000 完全采用了 ISO 9000 标准体系的结构，参照了国际食品法典委员会（CAC）颁布的《食品卫生通则》中有关 HACCP 体系和应用指南部分，ISO 22000 是首个针对整个食物链进行全程监管的国际统一食品卫生安全管理体系，同时也是可供食品生产、操作和供应的组织认证和注册的依据。ISO 22000 适用于整个食品供应链中所有的组织，包括饲料加工、初级产品加工、到食品的制造、运输和储存，以及零售商和饮食业，为食品卫生安全管理提供了新的依据和方式。目前，食品卫生安全管理体系认证已经成为各国实施食品卫生安全公共管理通行的有效手段。

（2）欧盟食品安全标准　欧盟食品安全体系涉及食品安全法律法规和食品标准两个方面的内容。欧盟委员会负责起草与制定与食品质量安全相应的法律法规。欧共体理事会负责制定食品卫生规范要求，在欧盟的官方公报上以欧盟指令或决议的形式发布。而食品标准则是由欧盟标准化委员会（CEN）制定。1985 年前，欧共体的政策是通过发布欧共体的统一规定（即指令）来协调各国食品安全监管的不同规定，而欧共体指令涉及所有的细节问题，又要得到各成员国的一致同意，所以协调工作进展缓慢。为简化并加快欧洲各国的协调过程，欧共体于 1985 年发布了《关于技术协调和标准化的新方法》（简称《新方法》），规定只有涉及产品安全、工作安全、人体健康、消费者权益保护的内容时才制定相关的指令。指令中只写出基本要求，具体要求由技术标准规定，这样，就形成了上层为欧共体指令，下层为包含具体要求内容、厂商可自愿选择的技术标准组成的 2 层结构的欧共体指令和技术标准体系。欧共体指令是欧共体技术法规的一种主要表现形式，属于指令范围内的产品必须满足指令的要求才能在欧共体市场销售，达不到要求的产品不许流通。而技术标准则是自愿执行的。

截至 2002 年年底，欧盟共制定了 264 项食品安全方面的协调标准，其中，术语标准 4 项，检测方法标准 247 项，厂房及设备卫生要求方面的标准 16 项。欧盟制定的食品安全标准目前主要以食品中各种有毒有害物质的测定方法为主。

（3）美国食品安全标准　美国的食品安全技术协调体系由技术法规和标准两部分组成。从内容上看，技术法规是强制遵守的，规定与食品安全相关的产品特性、相关的加工和生产方法、管理技术、工厂条件、包装、销售以及微生物限量、农药残留限量等与人体健康有关的食品安全要求和规定。这些技术法规的内容非常详细，涉及食品安全的各个环节、各种危害因素等。而食品安全标准是为通用或者反复使用的目的，由公认机构批准的、非强制性遵守的，规定以推荐性检验检测方法标准和肉类、水果、乳制品等产品的质量分等分级标准为主。

美国推行的是民间标准优先的标准化政策，鼓励政府部门参与民间团体的标准化活动。自愿性和分散性是美国标准体系两大特点，也是美国食品安全标准的特点。目前，美国全国约有700家机构在制定各自的标准。截至2005年5月，美国的食品安全标准有660余项，这些标准的制定机构主要是经过美国国家标准学会（ANSI）认可的与食品安全有关的行业协会、标准化技术委员会和政府部门3类。其中，行业协会主要有美国官方分析化学师协会（AOAC）、美国谷物化学师协会（AACCH）、美国饲料官方管理协会（AAFCO）、美国乳制品学会（ADPI）、美国饲料工业协会（AFIA）、美国油料化学师协会（AOCS）、美国公共卫生协会（APHA）等；标准化技术委员会主要有三协会卫生标准委员会（DFISA）（主要针对乳制品和蛋制品）和烘烤业卫生标准委员（BISSC）；美国食品药品监督管理局（FDA）和美国农业部是不同类别食品标准制定的主要政府部门。

美国食品标准的建立有着悠久的历史，最早可追溯到殖民地时期。它是一个由少到多、由简到繁，不断修改、不断完善，逐渐构成标准体系的一个漫长过程。下面的历史事件，对食品标准发展，起到了里程碑的作用。

表7 –1　　　　　　　　　　　　　美国食品标准建立历程

日期	事件	意义
1785 年	马萨诸塞州通过了《反对销售不健康产品法》	标志着美国政府开始以法律的形式规定和监管食品和药品标准
1930 年	在农业拨款法中将食品、药品和杀虫剂管理局名称——Food，Drug，and Insecticide Administration 简写为 Food and Drug Administration（FDA）。同年，《McNary – Mapes 修正案》授权 FDA 制定不包括肉类和乳制品在内的罐装食品的质量和容器的装填的标准	联邦食品药品管理局的由来
1940 年	FDA 从农业部划归联邦安全署	联邦食品药品管理局的由来
1958 年	德莱尼条款禁止批准任何可能导致人或动物癌症的食品添加剂。FDA 在《联邦公报》中刊登了首批《一般认为是安全的物质》清单，包括近200 种物质	

续表

日期	事件	意义
1969 年	FDA 实施牛奶、贝壳类动物、饮食行业和州间交通设施卫生计划及防止中毒和事故卫生计划。同年，根据 FDA 禁止人工甜味剂环磺酸盐的规定和白宫食品、营养品和健康会议提出的建议，尼克松总统下令 FDA 对《一般认为安全的物质》清单重新进行审核。当年 4 月，良好操作规范作为联邦法规的第 128 节出台。1977 年在此编纂法规时，被列为第 110 节	良好操作规范出台背景
1980 年	《婴儿配方法案》要求 FDA 予以特殊控制，以保证婴儿配方产品必要的营养成分和安全。FDA 推出《用于食品的直接的食品添加剂和色素安全性评估的毒理学原则》	法律法规相佐，切实保障食品标准体系的实施
1985 年	美国科学院（NAS）对美国食品法规的有效性进行了评估，推荐政府管理部门采纳 HACCP 方法，对生产企业实施强制性管理。该提议导致了美国 HACCP 原理标准化机构——美国食品微生物标准顾问委员会（NACMCF）的成立	HACCP 诞生
1995 年	12 月 18 日，FDA 将 HACCP 原理应用于水产品，颁布了水产品及其制品的 HACCP 法规。该法规叙述了良好操作规范和 HACCP 在水产品加工和进口中的要求、熏制水产品的加工控制和生软体贝类的来源控制	HACCP 应用
2000 年	出版了《膳食补充剂规则》，确定了标签上膳食补充剂说明的格式。2001 年 1 月 19 日，FDA 颁布了果蔬汁 HACCP，并纳入联邦法规。2003 年为帮助消费者选择有益于心脏的食品，卫生部宣布 FDA 将要求食品标签包括反式脂肪含量。这是自 1993 年以来对食品营养标签的一种实质性的变化。国家科学院发表了由 FDA 和农业部委托撰写的"保障食品安全的科学标准"，这一报告证实了 HACCP 促进了食品安全的评估	法律法规相佐，切实保障食品标准体系的实施

从以上的主要发展过程来看，自 1785 年到现在，经过了 200 多年的发展历史，美国食品标准从低起点开始，经历的是一个由少到多、由简到繁的自然发展过程，使整个食品标准体系不断得到深化和完善。从中我们可以总结出美国食品标准发展的几大特点。第一，发展历史悠久，不断促进食品标准体系的完善；第二，法律法规相佐，切实保障食品标准体系的实

施；第三，科学技术发展，深刻影响食品标准体系的演变；第四，重大安全事件，强力推进食品标准体系的跨越。反观我国，从食品标准体系与生产技术发展水平相匹配来讲，食品标准起点低。但是，从世界贸易的要求来看，我们必须做到高起点，甚至是跨越式的发展，才能满足世界农产品贸易的需求。这之间存在着巨大的差距和众多要克服的困难。

（4）日本食品安全标准　日本拥有比较完善的食品安全和质量法规体系，按照食品从生产、加工到销售流通等环节来明确有关政府部门的职责。尽管日本国产食品比进口食品的价格高出几倍，但是日本消费者在购买食品时，仍然将本国产品作为首选，反映出日本民众对国产食品具有很强的信心。

根据相关法律规定，分别由厚生劳动省和农林水产省承担食品卫生安全方面的行政管理职能。2002 年日本内阁府新设食品安全委员会，该委员会不受政治和业界的影响，独立于各政府部门之外，从公正、客观的立场对食品健康影响进行风险评估。

日本食品安全体系分为法律法规和标准，食品安全法律主要包括食品安全基本法、食品卫生法等，以及伴随而生的有关法律的实施令和实施规则，对该法律加以补充说明和规范。日本又是一个法制比较完善的国家，其法律条款的修订非常普遍，一旦发现某些条款与现实相左或不相适应，即以省令和告示的形式对该条款加以修订。日本食品标准体系分为国家标准、行业标准和企业标准三层。国家标准即 JAS 标准，以农产品、林产品、畜产品、水产品及其加工制品和油脂为主要对象；行业标准多由行业团体、专业协会和社团组织制定，主要是作为国家标准的补充或技术储备；企业标准是各株式会社制定的操作规程或技术标准。

日本食品标准制定的开始，就注重与国际接轨，注重按照国际标准和国外先进标准制定，如食品法典委员会的食品标准等，一开始就融入到国际标准行列和适应国际市场要求。同时又结合日本的具体情况加以细化，既符合本地实际情况，又具有可操作性。标准具有很强的可操作性和可检验性，标准种类繁多、要求较为具体。涉及食品的生产、加工、销售、包装、运输、储存、标签、品质等级、食品添加剂和污染物，以及最大农兽药残留允许含量要求，还包括食品进出口检验和认证制度、食品取样和分析方法等方面的标准规定，具有很强的可操作性和可检验性。

二、　食品标准相关概念

1. 食品标准相关概念

（1）标准的概念　WTO/TBT（技术性贸易壁垒协定）定义："标准是被公认机构批准的、非强制性的、为了通用或反复使用的目的、为产品或其加工或生产方法提供规则、指南和特性的文件"。我国 2002 年颁布的国家标准（GB/T 20000·1）中给"标准"作了如下定义："为了在一定的范围内获得最佳的秩序，经协商一致制定并由公认的机构批准，共同使用的和重复使用的一种规范性文件。"标准宜以科学、技术和经验的综合成果为基础，以促进最佳的共同效益为目的。

"标准"这一概念有如下几方面的含义：

①标准的本质是"统一"：这种统一就是有关各方"经协商一致制定共同使用的和重复使用的一种规范性文件。"当然，标准所作的统一规定，有的具有强制性，有关各方必须严格遵守；有的并不具有强制性，须经协商共同遵守。此外，这种统一也是相对的，不同级别的标准是在不同范围内的统一，不同类型的标准是从不同角度、不同侧面进行统一。

②制定标准对象必须具有重复性：重复性是指同一事物反复多次出现。对重复出现的事物，才有必要制定标准。标准是将以往的经验，选择最佳的方案，作为今后实践的目标和依据。这样，既可最大限度地减少不必要的重复劳动，又能扩大"最佳方案"的重复利用范围。

③标准产生的基础是科学、技术和经验的综合成果：标准是实践经验的总结，并且应与当时的科学、技术相适应。因此，制定标准应当将科学研究的成就、技术进步的新成果同实践中积累的先进经验相结合，经过分析、比较、选择，然后加以综合，体现其科学性。与有关各方面认真讨论，充分协商，使标准具有更好的可行性。

④标准文本必须符合规定的格式和批准发布的程序。标准是一种规范性的文件，它在一定范围内要贯彻实施。所以，标准的编号、格式、印刷和编写方法有一定的规定，应符合GB/T 1系列标准。标准在一定的范围内具有约束性，所以标准应经有关机构批准、发布，并且从标准的起草到批准、发布有一整套的工作程序和审批制度。

⑤标准的目的是获得最佳秩序和最佳效益。

（2）标准的特点

①非强制性：标准是一种特殊规范，它本身并不具有强制力，即使所谓的强制标准，其强制性也是法律授予的，如果没有法律支持，它是无法强制执行的。多数国家的标准是经国家授权的民间机构制定的，即使由政府机构颁发的标准，它也不是像法律、法规那样由象征国家权力机构审议批准，而是由各方利益的代表审议，政府行政主管部门批准。因此，标准是通过利益相关方之间的平等协商达到的，是协调的产物，不存在一方强加于另一方的问题，更不具有代表国家意志的属性，它更多的是以科学合理的规定，为人们提供适当的选择。

②应用的广泛性和通用性：标准的应用非常广泛，影响面大，涉及各种行业和领域。食品标准中除了大量的产品标准以外还有生产方法标准、试验方法标准、术语标准、包装标准、标志或标签标准、卫生安全标准以及合格评定标准、制定标准的标准、质量管理标准等，广泛涉及人类生产、生活的方方面面。

③标准对贸易的双向作用：对市场贸易而言标准是把双刃剑，设计良好的标准可以提高生产效率、确保产品质量、促进国际贸易、规范市场秩序，但同时人们也可以利用标准技术水平的差异设置国际贸易壁垒，保护本国市场和利益。标准对产品及其生产过程的技术要求是明确的、具体的，一般都是量化的。因此，其对进入国际贸易的货物的影响也是显而易见的，即显形的贸易壁垒。与之比较，技术法规的技术要求虽然明确，但通常是非量化的，有很大的演绎和延伸的余地。因此，其对进入国际贸易的货物壁垒作用是隐性的。

④标准的制定出于合理目标：除去恶意的，针对特定国家、特定产品而制定的歧视性标准外，一般而言，标准的制定是出于保证产品质量、保护人类的生命或健康、保护环境、防止欺诈行为等合理目标。

⑤标准对贸易的壁垒作用可以跨越。标准对国际贸易作用多是由于各国经济技术发展水平的差异造成的，甚至可以认为是一种"客观"的壁垒。这种壁垒由于其制定初衷的合理性不能打破，而只通过提高产品生产的技术水平、增加产品的技术含量、改善产品的质量以达到标准的要求等方式予以跨越。

（3）食品安全标准的概念　食品安全标准是指为了对食品生产、加工、流通和消费（"从农田到餐桌"）食品链全过程中影响食品安全和质量的各种要素以及各关键环节进行控制和管理，经协商一致制定并由公认机构批准，共同使用的和重复使用的一种规范性文件。

食品安全标准是保护公众身体健康、保障食品安全的重要措施，是实现食品安全科学管理、强化各环节监管的重要基础，也是规范食品生产经营、促进食品行业健康发展的技术保障。建立食品安全标准有如下三个方面作用。

①食品安全标准是衡量食品卫生安全是否合格的依据。

【案例1】

立顿速溶茶氟化物含量超标

2005年3月，立顿速溶茶被指氟化物含量过高，可能引发氟中毒。

氟是人体所必需的微量元素，它能促进骨骼发育、预防蛀牙。许多城市的自来水中都添加了一定量的氟化物，来促进市民的牙齿健康。但是物极必反，过量的氟化物会使人体骨骼密度过高、骨质变脆，从而导致疼痛、韧带钙化、骨质增生、脊椎黏合、关节行动不便等症状。

据报道，美国华盛顿大学医学院教授迈克·维特对美国市场上不同品牌的速溶茶做了测试分析，结果发现，很多品牌的速溶茶中，氟化物的含量教人大吃一惊。

美国环保局规定，饮水中每升所含有的氟化物最多不得超过4mg，美国FDA所规定的瓶装水及饮料中每升所含氟化物则是不得超过2.4mg。而市场上销售的立顿普通型速溶茶的氟化物为每升含6.5mg，大大超过了以上标准。中国的砖茶中，氟化物的含量也很高。处于发育期的青少年应尽量少喝像速溶茶这样的含氟化物较高的饮料。虽然目前还不能确定氟化物对成年人的骨骼会造成伤害，但是仍切忌大量饮用速溶茶。

②食品安全标准是国家有关部门对食品行业的某些产品进行定期的质量抽查、质量追踪和质量打假的依据。其检查都是以相关的食品标准为依据，通过数据分析，确定产品合格率等指标，再结合各种食品卫生管理办法，加强行业管理。

【案例2】

2008年中国乳制品污染事件

事件起因是很多食用三鹿集团生产的奶粉的婴儿被发现患有肾结石，随后在其奶粉中被发现化工原料三聚氰胺。事件引起各国的高度关注和对乳制品安全的担忧。中国国家质检总局公布对国内的乳制品厂家生产的婴幼儿奶粉的三聚氰胺检验报告后，事件迅速恶化，包括伊利、蒙牛、光明、圣元及雅士利在内的多个厂家的奶粉都检出三聚氰胺。该事件也重创中国制造商品信誉，多个国家禁止了中国乳制品进口。9月24日，中国国家质检总局表示，牛奶事件已得到控制，9月14日以后新生产的酸乳、巴氏杀菌乳、灭菌乳等主要品种的液态奶样本的三聚氰胺抽样检测中均未检出三聚氰胺。

为督促乳制品生产企业落实质量安全主体责任，规范乳制品生产企业质量安全监督检查工作，保障乳制品质量安全，三聚氰胺事件后，国家质检总局制定了《乳制品生产企业落实质量安全主体责任监督检查规定》（国质检食监〔2009〕437号），进一步加强乳制品和含乳食品生产企业监管和抽检频次。2010年，质检总局修订了《企业生产婴幼儿配方乳粉许可条件审查细则》，并按照新细则对婴幼儿配方奶粉生产企业进行了重新审定。2011 年 3 月底，全国乳制品及婴幼儿配方奶粉企业生产许可重新审核工作全部结束。全国 145 家婴幼儿配方奶粉企业中，有 114 家通过审核。未通过审核的 31 家生产企业被注销了生产许可证，不得再生产婴幼儿配方奶粉。新的生产许可审查条件在企业自主检验能力方面，增加了三聚氰胺等必备检测设备，要求企业要按照食品安全国家标准对全项目进行检验。婴幼儿配方奶粉的企业自检项目超过 60 项，对购入的生乳和原料奶粉，企业也要批批进行三聚氰胺检验。

三聚氰胺事件后，我国重新整合、修改、制定了《食品安全国家标准婴儿配方食品》（GB 10765—2010）、《食品安全国家标准 较大婴儿和幼儿配方食品》（GB 10767—2010）等一系列强制性国家标准，这些标准规定了婴幼儿配方奶粉的原料、感官、理化指标、卫生指标等方面的要求，其中理化指标包括热量、蛋白质、脂肪、水分以及维生素和矿物质等营养素的指标，卫生指标包括铅、砷、黄曲霉毒素、细菌总数、致病菌等要求。婴幼儿配方奶粉生产企业严格按照法律法规和标准组织生产，确保产品质量和安全。

③食品安全标准是企业科学管理的基础。

食品安全标准是国家对食品企业的基本要求，企业要严格按照标准组织生产。在食品企业生产的各个环节，都要以标准为依据。

（4）食品安全标准的制定　食品安全国家标准由国家卫计委负责制定。制定食品安全国家标准，应当依据食品安全风险评估结果并充分考虑食用农产品质量安全风险评估结果，参照相关的国际标准和国际食品安全风险评估结果，广泛听取食品生产经营者和消费者的意见，并经食品安全国家标准审评委员会审查通过。

国务院卫生行政部门应当对现行的食用农产品质量安全标准、食品卫生标准、食品质量标准和有关食品的行业标准中强制执行的标准予以整合，统一公布为食品安全国家标准。有关产品国家标准涉及食品安全国家标准规定内容的，应当与食品安全国家标准相一致。没有食品安全国家标准的，可以制定食品安全地方标准。省、自治区、直辖市人民政府卫生行政部门组织制定食品安全地方标准，应当参照执行该法有关食品安全国家标准制定的规定，并报国务院卫生行政部门备案。企业生产的食品没有食品安全国家标准或者地方标准的，应当制定企业标准，作为组织生产的依据。企业标准应当报省级卫生行政部门备案，在本企业内部适用。食品中农药残留、兽药残留的限量规定及其检验方法与规程由国务院卫生行政部门、国务院农业行政部门制定。屠宰畜、禽的检验规程由国务院有关主管部门会同国务院卫生行政部门制定。

2. 食品安全标准的范围及主要内容

《食品安全法》对食品安全标准的制定原则、食品安全标准的强制性、食品安全标准的内容、食品安全国家标准的制定和公布主体、整合现行食品强制性标准为食品安全国家标准、审查和制定食品安全国家标准、食品安全地方标准、食品安全企业标准、免费查阅食品安全标准等内容作了具体规定。

《食品安全法》第二十条规定，食品安全标准包括八个方面的内容：①食品、食品相关产品中的致病性微生物、农药残留、兽药残留、重金属、污染物质以及其他危害人体健康物质的限量规定；②食品添加剂的品种、使用范围、用量；③专供婴幼儿和其他特定人群的主辅食品的营养成分要求；④对与食品安全、营养有关的标签、标识、说明书的要求；⑤食品生产经营过程的卫生要求；⑥与食品安全有关的质量要求；⑦食品检验方法与规程；⑧其他需要制定为食品安全标准的内容。

三、 食品法规的演变与由来

1. 中国食品法规的发展

（1）中国食品法规的演变　我国有关食品安全的法律规定，周朝开始已经存在，周代的食品交易是以初级农产品的直接采摘、捕捞为主，所以对农产品的成熟度十分关注。据《礼记》记载，周代对食品交易的规定为："五谷不时，果实未熟，不粥于市。"（《礼记·王制第五》）这里所讲的"不时"是指未成熟。为了保证食品安全，在周代，五谷果实未成熟时，是严禁进入流通市场的，这主要是为了防止未成熟的果实引起食物中毒。这一规定被认为是我国历史上最早的关于食品安全管理的记录。此外，为杜绝商贩牟利而滥杀禽兽鱼鳖，周代规定："禽兽鱼鳖不中杀，不粥于市。"（《礼记·王制第五》）即不在狩猎季节和狩猎范围的禽兽鱼鳖，不得在市场上出售。

汉唐时期，商品经济高度发展，食品交易活动非常频繁，交易品种空前丰富。为杜绝有毒有害食品流入市场，国家在法律上作出了相应的规定。汉朝是对有毒食品处理方式规定最为明确的朝代。汉朝《二年律令》规定："诸食脯肉，脯肉毒杀、伤、病人者，亟尽孰（熟）燔其余。其县官脯肉也，亦燔之。当燔弗燔，及吏主者，皆坐脯肉臧（赃），与盗同法。"意思是，如果有肉类因腐坏等因素可能导致中毒的，应尽快将变质的食品焚毁，否则将处罚肇事者及相关官员。

而在唐朝，相关的法律也极其严格。《唐律疏议》规定："脯肉有毒，曾经病人，有余者速焚之，违者杖九十；若故与人食并出卖，令人病者，徒一年，以故致死者绞；即人自食致死者，从过失杀人法。盗而食者，不坐。"从《唐律疏议》的规定可以看到，在唐代，知脯肉有毒，却不马上焚烧销毁的，构成刑事犯罪分为两种情况，处罚各不相同：一是明知脯肉有毒时，食品的所有者应当立刻焚毁所剩变质食品，以去后患，否则杖打九十。二是明知脯肉有毒而不立刻焚毁，致人中毒，须视情节及后果加以科罚。具体说，凡故意以有毒脯肉馈送或出售，导致使用者中毒的，食品所有者要被判处徒刑一年；使人中毒身亡者，要被判处绞刑。而他人在不知情的情况下食用了未被焚毁的有害食品而造成死亡的，食品所有者以过失杀人论罪，要支付一定的金钱来对受害人进行赔偿；他人窃盗而食致中毒身亡的，食品所有者不负责任，但须杖九十。当然，如果将有毒的食品拿给尊长卑幼食用，欲加杀害他们的，就不援引此项法律，刑罚将更重，对馈食尊长者准谋杀尊长罪，馈食卑幼者依故杀卑幼科。《唐律疏议》云："其有害心，故与尊长食，欲令死者，亦准谋杀条论；施于卑贱致死，依故杀法。"

宋代，饮食市场空前繁荣，孟元老在其所著《东京梦华录》中，追述了北宋都城开封府的城市风貌，并以大量笔墨写到饮食业的繁荣。书中共提到一百多家店铺和行会，其中专门的酒楼、食店、肉行、饼店、鱼行、馒头店、面店、煎饼店、果子行等就占半数以上。此外，还有许多流动商贩，在大街小巷和各大饭店内贩卖点心、干果、下酒菜、新鲜水果、肉脯等小吃零食。周密在其所著《武林旧事》里，追忆了南宋都城临安的城市状况，提到了临安的各种食品市场和行会，如米市、肉市、菜市、鲜鱼行、鱼行、南猪行、北猪行、蟹行、青果团、柑子团、鲞团等。商品市场的繁荣，不可避免地带来一些问题，一些不法分子"以物市于人，敝恶之物，饰为新奇；假伪之物，饰为真实。如米麦之增湿润，肉食之灌以水。巧其言词，止于求售，误人食用，有不恤也。"（《袁氏世范·处己》）有的商贩甚至通过使用"鸡塞沙，鹅羊吹气，卖盐杂以灰"之类的伎俩牟取利润。

为了加强对食品掺假、以次充好等食品质量问题的监督和管理，宋代规定从业者必须加入行会，而行会必须对商品质量负责。"市肆谓之行者，因官府科索而得此名，不以其物小大，但合充用者，皆置为行，虽医亦有职。医克择之差，占则与市肆当行同也。内亦有不当行而借名之者，如酒行、食饭行是也。"（《都城纪胜·诸行》）让商人们依经营类型组成"行会"，商铺、手工业和其他服务性行业的相关人员必须加入行会组织，并按行业登记在册，否则就不能从事该行业的经营。各个行会对生产经营的商品质量进行把关，行会的首领（亦称"行首""行头""行老"）作为担保人，负责评定物价和监察不法。

除了由行会把关外，宋代法律也继承了唐律的规定，对有毒有害食品的销售者给予严惩。《宋刑统》规定："脯肉有毒曾经病人，有余者速焚之，违者杖九十，若故与人食，并出卖令人病，徒一年；以故致死者，绞；即人自食致死者，从过失杀人法（盗而食者不坐）。"

从周、汉、唐、宋等朝代对食品流通的安全管理及其有关法律举措，不应忽视其三个启示：首先，古代对危害食品安全的行为都施以"重典"，规定以有毒食品致人死命者，要被判处绞刑。即使他人盗食有毒食品致死，食品所有者也要被科以笞杖之刑。其次，为防止引起食物中毒，周代禁止未成熟的果实进入流通市场。宋代不仅对变质食品的安全施以重典，而且对食品掺假等质量问题也很关注。可见，古代政府对于食品安全的监管强调的不仅仅是食品卫生、食品安全，而且对掺假等食品质量问题的监管也毫不含糊。第三，古代政府对食品质量安全进行监管的同时，还引入了行会管理，通过行业自律，对食品质量进行把关并监察其不法行为。这也为现今我国食品质量和安全监管模式的合理重构提供了新的思路和路径选择。

（2）中国当代食品法规的发展　中国当代法分为宪法、法律、行政法规、地方性法规、规章和国际条约等。宪法是国家的根本大法，具有综合性、全面性和根本性。法律（狭义的）是指全国人民代表大会及其常务委员会制定的规范性文件，地位和效力仅次于宪法。行政法是国务院制定的关于国家行政管理的规范性文件，地位和效力仅次于宪法和法律。地方性行政法规是地方国家权力机关根据行政区域的具体情况和实际需要依法制定的本行政区域内具有法律效力的规范性文件。民族自治法规是民族自治地方的自治机关根据宪法和法律的规定，依照当地的政治、经济和文化特点制定的自治条例和单行条例。规章是国务院的组成部门及其直属机构在他们的职权范围内制定的规范性文件。省、自治区、直辖市人民政府也有权依照法定程序制定规章。国际条约是我国作为国际法主体同外国缔结的双边、多边协议和其他条约、协定性质的文件。法规是法律、法令、条例、规则、章程等的总称。

新中国食品法制化管理的探索始于 20 世纪 50 年代，大致经历了五个历史阶段。

第一阶段为 20 世纪五六十年代。这个阶段主要针对食物中毒问题，由卫生部和有关部门发布一些对食品卫生进行监督管理的单项规章和标准，是食品法规工作的起步阶段。新中国成立后，我国第一个食品卫生法规是《清凉饮食物管理暂行办法》，1953 年颁布后扭转了因冷饮卫生问题引起的食物中毒和肠道疾病暴发的状况。针对滥用有毒色素现象，1960 年发布了《食用合成染料管理办法》，并先后颁发了有关粮、油、肉、蛋、酒和乳的卫生标准和管理办法。1964 年国务院转发了卫生部、商业部等五部委发布的《食品卫生管理试行条例》，使得食品卫生管理由单项管理向全面管理过渡。

第二阶段为 20 世纪七八十年代。这个时期卫生部会同有关部门制定、修订了调味品、食品添加剂、黄曲霉素等 50 多种食品卫生标准、微生物及理化检验等方法标准、食品容器及包装材料标准等。1979 年国务院正式颁布《中华人民共和国食品卫生管理条例》，将食品卫生管理重点从预防肠道传染病发展到防止一切食源性疾患的新阶段，并对食品卫生标准、食品卫生要求、食品卫生管理等作出了详细的规定。1982 年全国人民代表大会常务委员会（以下简称全国人大常委会）制定了我国第一部专门针对食品卫生的法律，即《中华人民共和国食品卫生法（试行）》，结束了我国食品领域缺乏专门基本法的立法空白。该法律第一次全面、系统地对食品、食品添加剂、食品容器、包装材料、食品用具和设备等方面的卫生要求，食品卫生标准和管理办法的制定、食品卫生管理与监督、法律责任等进行了具体规定，为《中华人民共和国食品卫生法》（以下简称《食品卫生法》）的制定、正式颁布和实施奠定了坚实的基础。

第三阶段为 20 世纪 90 年代到 21 世纪初。《中华人民共和国食品卫生法（试行）》实施后，我国民众的食品卫生意识有所提高，食品卫生知识逐步普及，食品卫生水平总体提高幅度较大。随着食品工业的快速发展，食品生产经营方式发生了较大的变化，人民对食品卫生的要求日益增高，食品贸易不断扩大，在总结《中华人民共和国食品卫生法（试行）》实施 12 年的经验基础上，1995 年第八届全国人大常委会第十六次会议通过了《中华人民共和国食品卫生法》（以下简称《食品卫生法》）。这部法规是我国批准实施的第一部涉及卫生、标准、管理、监督范畴的正式法规文本。它的颁布实施对保证食品卫生、杜绝食品污染、防止食品中的有害因素对人体造成危害发挥了重要作用，标志着我国食品卫生管理工作正式被纳入法制轨道，是我国食品卫生法制建设的重要里程碑。

第四阶段为 21 世纪初至 2013 年。《食品卫生法》的制定和实施，为食品市场的有序运行提供了必要的条件，规范了市场经营，提高了我国在国际市场上的竞争力。这个领域有 100 多个规章和 500 多个卫生标准。大体上说法律、法规是健全的，但《食品卫生法》对色素的使用以及标签的内容、样式等没有作出相关规定，导致我国食品出口严重受制于技术壁垒限制，同时也缺乏该法规体系内涉及各环节的、一系列具有指导性规范法律法规文件，致使食品工业相关法规得不到有效执行。在这样的情况下我国出台了《中华人民共和国食品安全法》（以下简称《食品安全法》），并于 2009 年 6 月 1 日起正式实施。《食品安全法》超越了原来停留在对食品生产、经营阶段发生食品安全问题的规定，扩大了范围，涵盖了"从农田到餐桌"食品安全监管的全过程，对涉及食品安全的相关问题作出了全面规定，通过全方位构筑食品安全法律屏障，防范了食品安全事故的发生，切实保障了食品安全。从《食品卫生法》到《食品安全法》，不只是两个字的改变，更是监管观念上的转变，即从注重食品干净、卫生，对食品安全监管的外在为主，转变为深入到食品生产经营的内部进行监管，这个转变的目的就是要消除食品生产经营等环节存在的安全隐患。此外，为了配合《食品安全法》的实施，自 2009 年 1 月起，我国法制办公室会同卫生部等部门起草《中华人民共和国食品安全法实施条例（草案）》。在广泛征求意见基础上，经 2009 年 7 月 8 日国务院第 73 次常务会议通过，于 7 月 20 日公布并施行。《中华人民共和国食品安全法实施条例》（以下简称《食品安全法实施条例》）旨在进一步落实企业作为食品安全第一责任人的责任、强化各部门在食品安全监管方面的职责以及将食品安全一些较为原则性的规定具体化。

第五阶段为 2013 年至今。2013 年 4 月，国务院出台了《国务院关于地方改革完善食品药品监督管理体制的指导意见》（国发〔2013〕18 号），决定组建国家食品药品监督管理总局，对食品药品实行统一监督管理。新组建的国家食品药品监督管理总局将食品安全办的职责、食品药品监督管理局的职责、质检总局的生产环节食品安全监督管理职责、工商总局的流通环节食品安全监督管理职责进行整合，对生产、流通、消费环节的食品安全和药品的安全性、有效性实施统一监督管理。这样改革，执法模式由多头变为集中，强化和落实了监管责任，有利于实现全程无缝监管，提高食品药品监管整体效能。相信在新体制下，我国食品安全质量水平将得到更有力的保障。

2013 年 10 月 10 日，国家食品药品监管总局向国务院报送了《中华人民共和国食品安全法（修订草案送审稿）》（以下简称送审稿）。送审稿从落实监管体制改革和政府职能转变成果、强化企业主体责任落实、强化地方政府责任落实、创新监管机制方式、完善食品安全社会共治、严惩重处违法违规行为六个方面对现行法律作了修改、补充，增加了食品网络交易监管制度、食品安全责任强制保险制度、禁止婴幼儿配方食品委托贴牌生产等规定和责任约谈、突击性检查等监管方式。在行政许可设置方面，国家食品药品监管总局经过专项论证，在送审稿中增加了食品安全管理人员职业资格和保健食品产品注册两项许可制度。

2. 国际食品法规发展

国际上对食品质量安全法律法规的建设非常重视，各国纷纷制定了相关食品法规并不断修订和完善。

（1）美国食品法规的发展　美国的宪法规定了由政府的立法、执法和司法三个部门共同负责国家的食品安全工作。为保证供给食品的安全性，国会和各州议会制定和颁布食品安全法令，建立国家级保障体系，并授权和强制行政执法机构执行法令，国会给予立法机构制定食品安全法规的广泛权利，但同时对制定的法规也做了一定的限制：美国农业部（USDA）、美国食品药品管理局（FDA）、美国环保署（EPA）、各州农业部等执法部门有权发布一些食品安全方面的法律法规并负责执行和根据实施情况修订这些法律法规。

美国的食品安全监管及相关法规的发展，经历了一个由乱到治的过程。大体可以分为以下四个阶段：

第一阶段是自由竞争阶段（美国建国到 19 世纪早期）。由于资本主义经济尚未大规模发展，与食品有关的商业贸易多限于各州境内。因此，当时主要由州政府负责对食品的生产和销售活动进行监督，而联邦政府主要负责管理食品的出口。

第二阶段是由乱到小治阶段（19 世纪 50 年代到 20 世纪初期）。到了 19 世纪 50 年代中晚期，由于资本主义大工业的迅猛发展，食品贸易由各州扩展至全国。在巨额利润的驱使下，食品市场出现了制伪、掺假、掺毒、欺诈现象。不法奸商在牛奶中加甲醛、肉类用硫酸、黄油用硼砂做防腐处理。当时，肉类食品加工厂里的环境肮脏不堪，生产商在食品中添加大量有毒的防腐剂和色素。1905 年，一位名叫厄普顿·辛克莱的人出版了一本名为《丛林》的小说，描述了芝加哥的屠宰场的工人如何进行野蛮操作，以及操作间令人作呕的污秽场面。这本小说引起了美国社会的震惊与愤怒。在公众的重压之下，1906 年，国会通过了《食品、药品法》（the Food and Drug Act）和《肉类制品监督法》（the Meat Inspection Act）。这标志着美国食品安全监管走上了法制化的道路，极大地遏制了食品生产经营领域的违法行为。

第三阶段是由小治到大治阶段（20 世纪早期）。由于食品行业的强烈反对，《食品、药品法》和《肉类制品监督法》没有对食品标准问题作出规定。《食品、药品法》中还有一个所谓的"特殊名称附带条款"。根据这一条款，食品商在制造传统食品的时候，可以随意加入别的原料，然后再起一个特别的名称就可以了。例如，生产果酱的企业，在果酱中只用少量的水果，却加入大量的人造果胶、草籽，然后附以漂亮的包装，使用巧妙的广告。这样的低劣食品在 20 世纪 20 年代开始充斥美国市场。消费者对这些产品的低劣质量一无所知。人们无法通过食品的标签或者外观来判断其成分或者质量。由于这些食品是符合《纯净食品和药品法》的，FDA（食品药品监督管理局）无法对其采取措施。在各方的努力下，1938 年，国会制定了《食品、药品和化妆品法》。该法案对食品安全监管体制作了较大的调整，扩大了 FDA 在食品安全监管方面的权力，奠定了美国现代食品安全监管体制的基础。FDA 根据法律的授权制定了大量的部门规章，进一步加强了食品安全监管工作。

第四阶段是完善与加强阶段（1950 年至今）。《食品、药品和化妆品法》颁布以后出台的与食品安全有关的法律都以该法所确立的基本框架为前提，或者对该法的部分条款进行修改，或者对某种食品的管理专门作出规定，以应对食品安全领域不断出现的新问题。除了《食品、药品和化妆品法》《食品质量保护法》等综合性法律，还有配套的规定非常具体的《食品添加剂修正案》《色素添加剂修正案》《婴儿食品配方法》。2001 年美国公布了世界上最权威并得到普遍认可的食品安全质量保护体系 HACCP 管理法案，另外，《食品生产企业良好操作规范》和《食品安全风险管理》也是美国以法规形式明令要求执行的。这些法律法规覆盖了所有食品，为食品安全制定了非常具体的标准及监管程序，使食品质量的各环节监管、疾病预防和事故应急反应都有法可依。在进口食品的管理方面，联邦法规定，所有进口食品必须符合与美国国内产品相同的标准，并推出了《食品生产监管项目标准》、《食品保护计划》、《进口安全行动计划》等多个食品安全监管计划，用以加强进口食品安全监控。

2011 年 1 月 4 日美国总统奥巴马签署了《食品药品管理局食品安全现代化法案》（FDA Food Safety Modernization Act），该法案主要从加强对食品企业的监管、建立预防为主的监管体系、增强部门间与国际间合作、强化进口食品安全监管 4 个方面对《食品、药物和化妆品法案》进行了重大修订。在进口食品的安全监管方面，新增加了 14 项制度措施，包括：第三方机构审核、输美食品企业强制检查、检测实验室认可、国外供应商核查计划、自愿合格进口商计划、进口食品需实施口岸查验、高风险输美食品随附进口证明、防范蓄意掺杂、强制召回、收费授权、食品安全官员培训、检举人保护等。

经过几代人的努力，美国已成为食品最安全的国家之一，极大地提高了美国人民的健康水平。美国食品行业在美国经济中占据了极其重要的地位。它雇用了 1400 万名员工，并且在相关行业提供了 400 万个附加的工作机会，所创造的产值占到了美国国民生产总值的 20%。

美国食品安全监管发展的历史表明，食品安全的问题发展到今天，已远远超出传统的食品卫生或食品污染的范围，而成为人类赖以生存和健康发展的整个食物链的管理与保护问题。食品安全问题对发达国家与发展中国家都是一个至关重要的问题，有时甚至发展成为一个全球性的问题：因劣质食品引发的食源性疾病有时可能涉及许多国家；食品贸易的全球化带来无限商机的同时，也增加了食源性致病菌传播的机会。如何遵循自然界和人类社会发展的客观规律，把食品的生产、经营、消费建立在可持续的科学技术基础上，组织和管理好一个安全、健康的人类食物链，不仅需要科学研究、政策支持、法律法规建设，而且必须有消费者的主动参与和顺应市场规律的经营策略。食品安全问题，需要科学家、企业家、管理者和消费者的共同努力，也需要从行政、法制、教育、传媒等不同角度，提高消费者和生产者的素质，排除自然、社会、技术因素中的有害负面影响，并着眼于未来世界食品贸易前景，整治整个食物链上的各个环节，保证提供给社会的食品越来越安全。

（2）欧盟食品安全法律体系的演进　自共同农业政策时起，欧共体就开始致力于加强食品安全的管理工作，着手制定食品方面的法规。后来疯牛病、二噁英等疫情频繁发生，给欧盟的食品安全以沉重打击。为了恢复消费者对食品安全的信心，欧盟进行改革，不仅加强对食品安全的管理，还制定了一系列法律，建立完善的食品安全法律体系，确保食品"从农田到餐桌"全过程安全。

欧盟在 2000 年正式发表《食品安全白皮书》。目的就是要实现欧盟享有高水平的食品安全保护标准。白皮书提出了一项根本改革计划，它要求食品安全立法需要纵贯整个食物链、横跨所有食品部门、包括各个决策层面、涵盖政策制定的所有阶段。白皮书确立了欧盟食品安全法律体系的基本原则，为欧盟食品、饲料生产和食品安全控制提供了全新的法律基础。但白皮书没有以官方通报的形式发布，不是规范性立法文件，不具有约束力。

根据白皮书的决议，欧盟于 2002 年颁布了欧洲议会和理事会第 178/2002 号法规，该法规就是著名的《通用食品法》。该法是纲领性法规，强调原则要求和框架建设，其又被称为欧盟食品安全的基本法。2004 年 4 月，欧盟为了进一步完善立法，为《通用食品法》制定相应细则，公布了 4 个补充法规：①欧盟第 852/2004 号法规"食品卫生条例"；②欧盟第 853/2004 号法规"供人类消费的动物源性食品特殊卫生条例"；③欧盟第 854/2004 号法规"动物源性食品的官方控制组织条例"；④欧盟第 882/2004 号法规"欧盟食品安全与动植物健康监管条例"。这 4 个法规涵盖了 HACCP 体系、可追溯性、饲料和食品控制以及从第三国进口食品的官方控制等方面的内容，被统称为"食品卫生系列措施"。

2005 年 3 月欧委会提出新的《欧盟食品及饲料安全管理法规》。从某种角度说，《欧盟食品及饲料安全管理法规》是《通用食品法》的贯彻和细化。与欧盟以往的食品安全法规相比，新出台的法规不仅强化了食品安全的检查手段，提高了食品的市场准入标准，实行食品经营者问责制，还要求进入欧盟市场的食品从初级阶段就必须符合食品安全的标准。

除了这些基础性法律规定，欧盟还在食品卫生、食品标签、转基因食品等多方面制订了具体要求。短短几年时间，欧盟已经形成了以《食品安全白皮书》为核心，《通用食品法》为基本法的完善的食品安全法律体系。欧盟食品安全法律体系分为两个层次：第一层是以食品安全基本法为代表的食品安全领域的原则性规定；第二层是在以上法规确立的原则指导下形成的一些具体措施和要求。对具体措施和要求的立法，欧盟又采取两种方式："普遍性立法"（也称横向立法）和"专项性立法"（也称纵向立法）。横向立法是欧盟对食品某领域提出框架指令，欧盟理事会和欧委会再根据此框架指令制定具体法规，如针对食品添加剂、标签等的法律。纵向立法是针对特定食品制定具体的法规，如针对可可粉和巧克力、食糖等的法律。欧盟食品安全立法是一个典型的"伞状"结构，基本法的完善起到了坚实的支撑作用，使其他法律在此基础上以横向、纵向的方式不断完善食品安全的监管，以实现"从农田到餐桌"的全程式、从传统产品到新产品的全覆盖。这种"伞状"的法律体系，为保证欧盟食品安全提供了坚实的法律基础和法律保障。

（3）日本食品法规的发展　日本的食品安全管理的主要依据是《食品卫生法》，该法制定于 1947 年，是以 HACCP 为基础的一个全面的卫生控制系统。2006 年 5 月 29 日，日本将

《食品卫生法》做了进一步修改，添加了"肯定列表制度"的内容，"肯定列表制度"设定了进口食品、农产品中可能出现的 799 种农药、兽药和饲料添加剂的 5 万多个暂定限量标准，对涉及 264 种产品种类同时规定了 15 种不准使用的农业化学品。对于列表外的所有其他农业化学品或其他农产品，则制定了一个统一限量标准，即 0.01mg/kg（即 100t 农产品化学品残留量不得超过 1g）。

疯牛病事件之后，为了重新获得消费者的信心，日本政府修订了其基本的食品安全法律。日本参议院于 2003 年 5 月 16 日通过了《食品安全基本法》草案，该法为日本的食品安全行政制度提供了基本的原则和要素，又是以保护消费者为根本、确保食品安全为目的的一部法律，既是食品安全基本法，又对与食品安全相关的法律进行必要的修订。

《食品安全基本法》为日本的食品安全行政制度提供了基本的原则和要素。要点如下：一是确保食品安全，二是地方政府和消费者共同参与，三是协调政策原则，四是建立食品安全委员会，负责进行风险评估，并向风险管理部门也就是农林水产省和厚生劳动省，提供科学建议。《食品安全法基本法》确立了通过风险分析判断食品是否安全的理念，强调对食品安全的风险预测能力，然后根据科学分析和风险预测结果采取必要的管理措施，对食品风险管理机构提出政策建议。同时确立了风险交流机制（风险评估机构、风险管理机构、从业者、消费者），并评价风险管理机构及其管理政策的效果，提出应对食品安全突发事件和重大事件的应对措施。废止了以往依靠最终产品确认食品安全的方法。

除《食品卫生法》《食品安全基本法》外，关于食品安全监管的立法主要有：《食品卫生法实施规则》《食品卫生法实施令》《产品责任法（PL 法）》《植物检疫法》《计量法》等，与进出口食品有关的还有《输出入贸易法》《关税法》等。迄今为止，日本共颁布了食品安全相关法律法规共 300 多项。

（4）其他国家食品法规的发展　加拿大实行联邦、省和市三级食品安全行政管理体制，并设立了食品监督署，统一对食品生产整个过程进行监督和管理。涉及食品安全的主要法律法规有《食品与药品法》《农业产品法》和《消费品包装和标识法》等。英国是世界上最早制定食品法规的国家之一。早在 1202 年英格兰国王就颁布了英国的第一部食品法《面包法》，旨在禁止面包中掺假。1984 年开始又分别制定了《食品法》《食品安全法》《食品标准法》和《食品卫生法》等，同时还出台了一些规定，如《食品标签规定》《食品添加剂规定》等。1990 年起又将防御保护机制引入食品安全法案，保证"从农田到餐桌"整个食物链各环节的安全。

澳大利亚和新西兰在维护食品安全方面合作非常密切。1981 年，澳大利亚发布了《食品法》，1984 年发布了《食品标准管理办法》，1989 年发布了《食品卫生管理办法》，同时发布了与之配套的《国家食品安全标准》，构成了一套完善的食品安全法规体系。两国食品管理的法律基础是 1991 年颁布的《澳大利亚新西兰食品标准法令 1991》，制定的《澳大利亚新西兰食品标准法规 1994》作为这一法令的实施细则。2002 年制定了《澳大利亚新西兰食品标准法典》来保证食品的安全供应。

四、 食品法规的定义及特性

1. 食品法规相关概念

（1）法规（Regulation）　由权力机构通过的有约束力的法律文件。

（2）技术法规（Technical Regulation）　规定技术要求的法规，它或者直接规定技术要求，或者通过引用标准、技术规范或规程来规定技术要求，或者将标准、技术规范或规程的内容纳入法规中。技术法规可附带技术指导，列出为了符合法规要求可采取的某些途径，即权宜性条款。

（3）食品法规的定义及特性　食品法规是指由国家制定或认可，以加强食品监督管理、确保食品卫生与安全、防止食品污染和有害因素对人体的危害、保障人民身体健康、增强人民体质为目的，通过国家强制力保证实施的法律法规的总和。食品法律法规虽然是法律法规中的一种类型，但因其固有的特性，与其他法律法规有着重要的区别。

2. 食品法律法规的分类

（1）食品法律　食品法律是指由全国人大及其常委会经过特定的立法程序制定的规范性法律文件。地位和效力仅次于宪法。包括两类：一是全国人大制定的食品法律，称为基本法；二是除基本法以外的食品法律。

（2）食品行政法规　食品行政法规是由国务院根据宪法和法律，在其职权范围内指定的有关食品的国家行政管理活动的规范性法律文件。其地位和效力仅次于宪法和法律。

（3）地方性食品法规　地方性食品法规是指省、自治区、直辖市以及省级人民政府所在地的市和经国务院批准的较大的市的人民代表大会及其常委会制定的适用于本地方的规范性文件。

（4）食品自治条例和单行条例　食品自治条例和单行条例是由民族自治地方的人民代表大会依照当地民族的政治、经济和文化的特点制定的食品规范性文件。

（5）食品规章　食品规章有两种类型：一是由国务院行政部门依法在其职权范围内制定的食品行政管理规章，在全国范围内具有法律效力；二是由各省、自治区、直辖市以及省级人民政府所在地的市和经国务院批准较大的市的人民政府，根据食品法律在其职权范围内制定和发布的有关地区食品管理方面的规范性文件。

3. 食品法律法规的制定与实施

（1）概念　食品法律法规的制定，是指有关国家机关依照法定的权限和程序，制定、认可、修改、补充或废止规范性食品相关法律文件的活动，又称食品立法活动。食品立法活动，狭义上指全国人大及其常委会制定食品法律的活动。广义上包括国务院制定食品行政法规、国务院有关部门制定食品部门规章、地方人大及其常委会制定地方性食品法规、地方人民政府制定食品规章、民族自治地方的自治机关制定食品自治条例和单行条例、特别行政区的立法机关制定食品法律文件等活动。

食品法律法规的制定具有四大特点：一是权威性。食品立法是国家的一项专门活动，只能由具有食品立法权的国家权力机关进行，其他任何国家机关、社会组织和公民个人均不得进行食品立法。二是职权性。享有食品立法权的国家权力机关只能在其特定的权限范围内进行与其职权相适应的食品立法活动。三是程序性。食品立法活动必须依照法定程序进行。四是综合性。食品立法活动不仅包括制定新的规范性食品法律文件的活动，还包括认可、修改、补充或废止等一系列食品立法活动。因此，食品法律法规的制定是国家权力机关依照法定的权限和程序，制定、认可、修改、补充或废止规范性食品相关法律文件的活动。

食品立法活动主要遵循以下原则：遵循宪法的基本原则；依照法定的权限和程序的原则；从国家整体利益出发，维护社会主义法制的统一和尊严的原则；坚持民主立法的原则；从实际出发的原则；对人民健康高度负责的原则；预防为主的原则以及发挥中央和地方两方面积极性的原则。

（2）食品法律法规制定的程序 有立法权的国家机关制定食品法律法规，必须遵循一定的方式、步骤、顺序等程序，有利于减少法律的任意性，保证法律的严肃性，提高法律的质量，增强法律的功能。表7-2简要地说明了各类食品法律法规的制定程序。

表7-2 食品法律法规制定的程序

	食品法律法规			
	食品法律	食品行政法规	地方性食品法规、食品自治和单行条例	食品规章
制定程序	1. 食品立法的准备 2. 食品法律草案的提出和审议 3. 食品法律草案的表决、通过与公布	1. 立项 2. 起草 3. 审查 4. 通过 5. 公布 6. 备案	1. 地方性食品立法规划和计划编制 2. 地方性食品法规草案的起草 3. 地方性食品法规草案的提出 4. 地方性食品法规草案的审议 5. 地方性食品法规草案的表决、通过、批准、公布与备案	1. 食品部门规章 ①立项 ②起草 ③审查 ④决定 ⑤公布 ⑥备案 2. 地方政府食品规章 ①起草 ②审查 ③决定 ④公布

（3）食品法律法规的实施 食品法律法规在实施过程中要考虑到其效力范围和适用规则。食品法律法规效力范围是指食品法律法规的生效范围或适用范围，即食品法律法规在什么时间、什么地方和对什么人适用，具体包括时间效力、空间效力、对人的效力三个方面。

食品法律法规的时间效力是指食品法律法规何时生效、何时失效、对食品法律发挥生效前所发生的行为和事件是否具有溯及力的问题。食品法律法规的生效时间通常表现为：在食品法律法规文件中明确规定从法律法规文件颁布之日起施行；由其颁布后的某一具体时间生效；公布后先予以试行或暂行，然后由立法机关加以补充修改，再通过为正式法律法规公布试行，在试行期间也具有法律效力；在食品法律法规中没有规定其生效日期，在实践中均以公布的时间为生效时间。食品法律法规的失效时间通常表现为从新法颁布实施之日起，相应的旧法即自行废止；新法代替了内容基本相同的旧法，在新法中明确宣布旧法废止。食品法律法规的溯及力是指新法颁布实施后对它生效前所发生的事件和行为是否适用的问题。我国食品法律法规一般不溯及既往，但为了更好地保护公民、法人和其他组织的权利和利益而作的特别规定除外。

食品法律法规的空间效力是指食品法律法规生效的地域范围。由全国人大及其常委会制定的食品法律法规，国务院及其各部委发布的食品行政法规和规章等规范性文件在全国范围内有效；由地方人大及其常委会、民族自治机关颁布的地方性食品法规、自治条例、单行条例、地方人民政府制定的政府食品规章，只在规章等规范性文件管辖区域范围内有效；中央国家机关制定的食品法律法规，若明确规定特定适用范围的则在规定的范围内有效；某些法律法规还具有域外效力。

食品法律法规对人的效力是指食品法律法规对哪些人具有约束力。我国公民、外国人、无国籍人在我国境内，适用于我国食品法律法规；我国公民在我国境外，原则上适用于我国食品法律法规，若有特别规定的按规定办；外国人、无国籍人在我国境外侵害了我国国家或公民、法人的权益，或者与我国公民、法人发生食品法律关系，也适用于我国食品法律法规。

食品法律法规适用规则是指食品法律法规间发生冲突时如何选择适用的食品法律法规。食品法律法规的适用原则包括：上位法优于下位法；同位阶的食品法律法规具有同等法律效力，在各自权限范围内适用；特别法优于一般法；新法优于旧法；不溯及既往原则。

4. 标准与法规的关系

（1）食品标准与法规的相同点　人类活动的目的性和社会性决定了社会对人们的行为须进行必要的社会调整，这种调整最初就是通过规范来实现的。在法学意义上，规范是指某一行为的准则、规则。规范通常分为两大类：一是社会规范，即调整人们在社会生活中相互关系的规范，如法律、法规、规章、制度、政策、纪律、道德、教规等；二是技术规范，即调整人与自然规律相互关系的规范。在科学技术和社会生产力高度发展的现代社会，越来越多的立法把遵守技术法规确定为法律义务，从而把社会规范和技术规范紧密结合在一起。

食品标准与法规的相同点主要表现在：①二者都是现代社会和经济活动不可缺少的统一规定，是社会和社会群体共同意识，具有一般性，对任何人都适宜，同样情况下同样对待。②二者在制定和实施过程中都要公开透明，具有公开性。③二者都必须经过公认的权威机构批准，按照法定的职权和程序制定、修订或废止，文字表述严谨，具有明确性和严肃性。④二者都是进行社会调整、建立和维护社会正常秩序的机器工具，得到广泛的认同和普遍的遵守，具有权威性。⑤二者要求社会组织和个人要以此作为行为的准则，具有约束性和强制性。⑥二者都不允许擅自改变和轻易修改，具有稳定性和连续性。

（2）食品标准与法规的差异　食品标准与法规的差异主要表现在：

①法规和标准的制定主体不同、法律效力不同。法规是由国家立法机关、政府部门或其授权的其他机构制定并强制执行的文件，既可以是国家法律、政府法令，也可以是部门规章或者其他强制性文件。食品法规是强制性的，从本质上说，食品法规是政府运用技术手段对食品市场进行干预和管理，是国家机器工具之一。而食品标准是自愿的，标准的强制力是法规赋予的。

需要注意的是：根据《TBT协定》，标准是自愿性的，没有给出强制性标准的定义。但实际上，包括我国在内的一些WTO成员曾经或仍在使用强制性标准的概念。目前学术界对此有两种看法，一种认为强制性标准符合《TBT协定》中关于技术法规的定义，因此它是技术法规的一种形式，我国的标准化管理部门就是基于这种认识来履行《TBT协定》项下的透明度义务，将新拟定的强制性标准作为技术法规向WTO秘书处通报。另一种看法认为，强制性标准本身还是标准，只不过在特定情况下，由于法律法规的引用而赋予其强制性属性。

②制定目的不同。食品法规的制定主要出于国家食品安全的要求，保护人类健康、保障社会稳定、防止欺诈行为等，体现对公共利益的维护。食品标准则偏重于指导生产，保证食品的质量与安全。

③内容不同。食品法规除了规定食品原料及其产品的基本要求外，还包括整个过程的管理与监督，一般较为宏观和具有原则性。食品标准涉及的是食品的规范生产，大多规定了食品生产全过程的具体技术细节。标准一般只针对某种产品、某种工艺；而食品法规不仅可针对某种产品，还可针对某一类产品甚至覆盖某一行业或领域。

④对国际贸易的影响力不同。与食品标准相比，食品法规的强制性和法律约束力使其对国际贸易的影响更大、更直接。对不符合食品法规要求的产品，禁止进口及销售。

⑤食品标准强调多方参与、协商一致，具有相对统一性、民主性和可协调性。食品法规缺乏这种特性，因国家或地区的不同而有一定的差异。此外，食品法规相对较稳定，而食品标准常随着科学技术和生产力的发展而不断被修订和补充。

技术法规和标准的比较如表7-3所示。

表7-3 技术法规和标准的比较

项目	技术法规	标准	我国的强制性食品标准
法律属性	强制性	自愿性	强制性
执行保障	政府行为	市场行为	政府行为
制定主体	政府部门或立法机构	所涉领域的技术专家	国家卫生与计划生育委员会
发布主体	政府部门或立法机构	标准化机构	国家卫生与计划生育委员会
体例	法律法规体系的组成部分	技术性文件	法律法规体系的组成部分
罚则	不符合不准进入市场，执法部门负责	不符合某项标准可进入市场，消费者决定取舍	不符合不准进入市场，执法部门负责
时效性	随时制定，随时取消	有效期内持续有效	随时制定，随时取消
针对性	可针对单一产品、单一品种制定	所涉领域具有普适性	可针对单一产品、单一品种制定
对贸易影响	大于标准和合格评定程序	不及技术法规的作用	与技术法规相同

在我国市场经济还不完善、企业行为不够规范的情况下，要保持市场经济良好秩序，运用国家政权的力量，制定规范市场经济运行的法规，对不合理的经济行为进行必要的干预是非常重要的；同时必须要有完善的标准体系来支撑法规的实施。就食品行业而言，建立食品法规，实行多层次的监管，配合食品标准的使用，充分发挥各自特有的功能，才能有效地保证食品的质量与安全，才能保证市场经济的正常运行和健康可持续发展。

🔍 思考题

1. 简述标准与法规的定义。
2. 简述美国、欧盟及日本等食品安全法律法规体系的组成及特点。
3. 简述《食品安全法》的主要内容及特征。
4. 什么是食品安全标准？食品安全标准的范围及主要内容有哪些？
5. 简述食品标准与法规的异同。

第二节 我国食品标准与法规

一、 我国食品标准体系

1. 我国食品标准的现状

目前，我国的食品标准体系正在从原有《标准化法》规定的国家标准、行业标准、地方标准和企业标准四级体系向《食品安全法》规定的食品安全国家标准、食品安全地方标准和食品安全企业标准三级体系过渡。国家卫生与计划生育委员会按照《食品安全法》的要求建构唯一的一套强制性食品安全国家标准。食品安全标准的内容分类，见表7-4。

表7-4 我国食品安全国家标准分类

类别	主要内容
食品产品	《食品安全国家标准 速冻面米制品》《食品安全国家标准 蜂蜜》《食品安全国家标准 乳粉》等12项
特殊膳食类食品	《食品安全国家标准 婴儿配方食品》《食品安全国家标准 较大婴儿和幼儿配方食品》《食品安全国家标准 婴幼儿谷类辅助食品》等5项
食品添加剂	《食品安全国家标准 食品添加剂使用标准》《食品安全国家标准 复配食品添加剂通则》《食品安全国家标准 食品添加剂 维生素A》等270项
食品相关产品	《食品安全国家标准 内壁环氧聚酰胺树脂涂料》《食品安全国家标准 不锈钢制品》2项
理化检验方法	《食品安全国家标准 食品中黄曲霉毒素M_1和B_1的测定》《食品安全国家标准 婴幼儿食品和乳品中脂肪的测定》《食品安全国家标准 水产品中阿维菌素和伊维菌素多残留的测定 高效液相色谱法》等19项
微生物检验方法	《食品安全国家标准 食品微生物学检验 总则》《食品安全国家标准 食品微生物学检验 商业无菌检验》《食品安全国家标准 食品微生物学检验 志贺氏菌检验》等19项
食品毒理学评价程序及方法	准备制修订《食品安全性毒理学评价程序》《食品毒理学实验室操作规范》《细菌回复突变试验》等
生产经营规范	《食品安全国家标准 食品生产通用卫生规范》《食品安全国家标准 乳制品良好生产规范》《食品安全国家标准 特殊医学用途配方食品企业良好生产规范》等4项
食品标签	《食品安全国家标准 预包装食品标签通则》《食品安全国家标准 预包装食品营养标签通则》《食品安全国家标准 预包装特殊膳食用食品标签》等3项

由于我国地域广阔，自然条件、风貌物产差异较大，饮食风俗各有特色，食品安全国家标准难以覆盖所有的食品品种，需要各地方通过制定食品安全地方标准或食品安全企业标准来规范地方特色食品的生产经营。如上海市制定的《食品安全地方标准　预包装冷藏膳食》、广西壮族自治区制定的《广西食品安全地方标准　油茶》、陕西省制定的《陕西省食品安全地方标准　陕西蓼花糖》等。同时，我国食品企业生产规模参差不齐，企业间为提升市场竞争能力，开发新产品，提升产品质量，也需要通过制定食品安全企业标准来规范生产工艺和保证产品质量水平。根据福建省卫生监督所的统计数据，2010 年以来全省每年备案食品安全企业标准均在 1000 项以上。

但受到食品产业发展水平、风险评估能力等因素制约，现行食品安全标准还存在一些突出问题：其一是，标准间存在矛盾、交叉、重复。以白酒为例，既有《食品安全国家标准　蒸馏酒及其配制酒》（GB 2757—2012），还有按工艺划分的国家标准《液态法白酒》（GB/T 20821—2007）、《固液法白酒》（GB/T 20822—2007）、《小曲固态法白酒》（GB/T 26761—2011）和按香型划分的《酱香型白酒》（GB/T 26760—2011）《特香型白酒》（GB/T 20823—2007）、《浓香型白酒》（GB/T 10781.1—2006）、《清香型白酒》（GB/T 10781.2—2006）等 10 项标准，以及农业标准《绿色食品　白酒》（NY/T 432—2014）和《地理标志产品　国窖 1573 白酒》等 3 项地理标志产品标准。其二是，个别重要标准或重要指标又存在缺失。如蜂蜜的掺假识别指标、地沟油的鉴别指标等。其三是，部分标准科学性和合理性有待提高，如茶叶中的稀土指标。其四是，标准宣传贯彻执行有待加强。我国的《食品安全国家标准　预包装食品标签通则》已于 2011 年 4 月 20 日公布，于 2012 年 4 月 20 日起实施，但直至今日，仍有相当数量的企业生产的食品因标签标识不符合标准而被人投诉，甚至产生了食品的"职业打假人"群体。

此外，食品安全标准工作还存在着基础研究滞后，特别是食品安全暴露评估等数据储备不足，监测评估技术水平有待提高；缺乏专门的食品安全国家标准技术管理机构，标准专业人员力量薄弱分散，标准工作经费不足等深层次问题需要进一步深化改革，逐步予以解决。

2. 在企业中常见的食品标准简介

（1）《食品安全国家标准　食品生产通用卫生规范》（GB 14881—2013）

《食品安全国家标准　食品生产通用卫生规范》（GB 14881—2013）（以下简称规范）于 2013 年 5 月 24 日发布，替代原《食品企业通用卫生规范》（GB 14881—1994），新标准于 2014 年 6 月 1 日起正式施行。规范将《食品安全法》及其实施条例对食品生产过程管理的要求具体化，是实施食品安全全过程监管的技术依据。规范规定了食品生产选址和厂区环境、厂房和车间、设施与设备、卫生管理、食品原料、食品添加剂和食品相关产品、生产过程的食品安全控制、检验、食品的贮存和运输、产品召回管理、培训、管理制度和人员、记录和文件管理等方面的食品安全要求。适用于各类食品的生产，是食品生产的最基本条件和卫生要求。

规范对控制污染，保障安全提出了原则性的要求，未设置具体参数。具体参数由各类食品专项规范进行规定，如《食品安全国家标准　粉状婴幼儿配方食品良好生产规范》（GB 23790—2010）、《饮料企业良好生产规范》（GB 12695—2003）、《糕点生产及销售要求》（GB/T 23812—2009）等。

《食品生产通用卫生规范》（GB 14881—2013）的主要内容如下。

①术语和定义

污染：在食品生产过程中发生的生物、化学、物理污染因素传入的过程。

虫害：由昆虫、鸟类、啮齿类动物等生物（包括苍蝇、蟑螂、麻雀、老鼠等）造成的不良影响。

食品加工人员：直接接触包装或未包装的食品、食品设备和器具、食品接触面的操作人员。

接触表面：设备、工器具、人体等可被接触到的表面。

分离：通过在物品、设施、区域之间留有一定空间，而非通过设置物理阻断的方式进行隔离。

分隔：通过设置物理阻断如墙壁、卫生屏障、遮罩或独立房间等进行隔离。

食品加工场所：用于食品加工处理的建筑物和场地，以及按照相同方式管理的其他建筑物、场地和周围环境等。

监控：按照预设的方式和参数进行观察或测定，以评估控制环节是否处于受控状态。

工作服：根据不同生产区域的要求，为降低食品加工人员对食品的污染风险而配备的专用服装。

②选址及厂区环境：选址不应选择对食品有显著污染的区域和有害废弃物以及扩散性污染源不能有效清除的地址；不宜选择在易发生洪涝灾害的地区；有虫害大量孳生的潜在场所。

厂区环境：合理布局，各功能区域划分明显，防止交叉污染；路面应采取硬化措施；绿化要防止虫害的孳生；应有排水系统；生活区应与生产区保持适当距离或分隔。

③厂房和车间：厂房和车间的设计应根据生产工艺合理布局，预防和降低产品受污染的风险。通常可划分为清洁作业区、准清洁作业区和一般作业区；或清洁作业区和一般作业区等。一般作业区应与其他作业区域分隔；检验室应与生产区域分隔。

建筑内部结构与材料要求易于维护、清洁或消毒。

④设施与设备：必须有供水设施、排水设施、清洁消毒设施、废弃物存放设施、个人卫生设施、通风设施、照明设施、仓储设施、温控设施等。应配备与生产能力相适应的生产设备（包括监控设备），并按工艺流程有序排列，避免引起交叉污染。

⑤卫生管理：应建立卫生管理制度、厂房及设施卫生管理、食品加工人员健康管理与卫生要求、虫害控制、废弃物处理、工作服管理。

⑥食品原料、食品添加剂和食品相关产品：应建立食品原料、食品添加剂和食品相关产品的采购、验收、运输和贮存管理制度，确保所使用的食品原料、食品添加剂和食品相关产品符合国家有关要求。不得将任何危害人体健康和生命安全的物质添加到食品中。

⑦生产过程的食品安全控制：产品污染风险控制应通过危害分析方法明确生产过程中的食品安全关键环节，设立食品安全关键环节的控制措施，鼓励采用危害分析与关键控制点体系（HACCP）对生产过程进行食品安全控制。

生物污染的控制应根据原料、产品和工艺的特点，制定有效的清洁消毒制度，确定关键控制环节进行微生物监控。

化学污染的控制应建立防止化学污染的管理制度，按照 GB 2760 的要求使用食品添加剂，不得在食品加工中添加食品添加剂以外的非食用化学物质和其他可能危害人体健康的物质。

物理污染的控制应建立防止异物污染的管理制度，最大程度地降低食品受到玻璃、金属、塑胶等异物污染的风险。

包装应能在正常的贮存、运输、销售条件下最大限度地保护食品的安全性和食品品质。

⑧检验：应通过自行检验或委托检验对原料和产品进行检验；自行检验应具备相应的检验能力，委托检验应委托有相应资质的食品检验机构进行；应考虑产品特性、工艺特点、原料控制情况，确定检验项目和检验频次。

⑨食品的贮存和运输：根据食品的特点和卫生需要选择适宜的贮存和运输条件，不得将食品与有毒、有害或有异味的物品一同贮存运输。应建立和执行适当的仓储制度，发现异常应及时处理。贮存、运输和装卸食品的容器、工器具和设备应当安全、无害，保持清洁。

⑩产品召回管理：当发现生产的食品不符合食品安全标准或存在其他不适于食用的情况时，应当立即停止生产，召回已经上市销售的食品，通知相关生产经营者和消费者，并记录召回和通知情况。对被召回的食品，应当进行无害化处理或者予以销毁。对因标签、标识或者说明书不符合食品安全标准而被召回的食品，应采取补救措施。

⑪培训：应建立食品生产相关岗位的培训制度，制定和实施食品安全年度培训计划并进行考核，做好培训记录。应定期审核和修订培训计划，评估培训效果，并进行常规检查，以确保培训计划的有效实施。

⑫管理制度和人员：应配备食品安全专业技术人员、管理人员，并建立保障食品安全的管理制度。管理人员应了解食品安全的基本原则和操作规范，能够判断潜在的危险，采取适当的预防和纠正措施，确保有效管理。

⑬记录和文件管理：应建立记录制度，对食品生产中采购、加工、贮存、检验、销售等环节详细记录。记录内容应完整、真实，确保对产品从原料采购到产品销售的所有环节都可进行有效追溯。应建立文件的管理制度，对文件进行有效管理，确保各相关场所使用的文件均为有效版本。

（2）《预包装食品标签通则》（GB 7718—2011）

食品标签是向消费者传递产品信息的载体。做好预包装食品标签管理，既是维护消费者权益，保障行业健康发展的有效手段，也是实现食品安全科学管理的需求。《预包装食品标签通则》（GB7718—2011）替代了 2004 版的《预包装食品标签通则》，于 2012 年 4 月 20 日起正式实施。通则规定了预包装食品标签的通用性要求，如果其他食品安全国家标准有特殊规定的，应同时执行预包装食品标签的通用性要求和特殊规定。

小贴士：在通则发布前的食品标准、规定和规范性文件对标签的要求与通则不一致的，应按通则执行。其他食品标准对标签有附加规定的，应同时符合两个标准。

《预包装食品标签通则》（GB 7718—2011）的主要内容如下。

①范围：通则适用于直接提供给消费者的预包装食品标签和非直接提供给消费者的预包装食品标签。不适用于为预包装食品在储藏运输过程中提供保护的食品储运包装标签、散装食品和现制现售食品的标识。

②术语和定义：

预包装食品：预先定量包装或者制作在包装材料和容器中的食品，包括预先定量包装以及预先定量制作在包装材料和容器中并且在一定量限范围内具有统一的质量或体积标识的食品。

食品标签：食品包装上的文字、图形、符号及一切说明物。

配料：在制造或加工食品时使用的，并存在（包括以改性的形式存在）于产品中的任何物质，包括食品添加剂。

生产日期（制造日期）：食品成为最终产品的日期，也包括包装或灌装日期，即将食品装入（灌入）包装物或容器中，形成最终销售单元的日期。

保质期：预包装食品在标签指明的贮存条件下，保持品质的期限。在此期限内，产品完全适于销售，并保持标签中不必说明或已经说明的特有品质。

规格：同一预包装内含有多件预包装食品时，对净含量和内含件数关系的表述。

小贴士：单件预包装食品的规格等同于净含量，可以不另外标示规格。

主要展示版面：预包装食品包装物或包装容器上容易被观察到的版面。

③基本要求：应符合法律、法规的规定，并符合相应食品安全标准的规定。

应清晰、醒目、持久，应使消费者购买时易于辨认和识读。

应通俗易懂、有科学依据，不得标示封建迷信、色情、贬低其他食品或违背营养科学常识的内容。

应真实、准确，不得以虚假、夸大、使消费者误解或欺骗性的文字、图形等方式介绍食品，也不得利用字号大小或色差误导消费者。

小贴士：如橙汁饮料产品，将"橙汁"字样标注得特别醒目或字号更大；"饮料"字样标注得与底色相近或字号更小。

不应直接或以暗示性的语言、图形、符号，误导消费者将购买的食品或食品的某一性质与另一产品混淆。

不应标注或者暗示具有预防、治疗疾病作用的内容，非保健食品不得明示或者暗示具有保健作用。

不应与食品或者其包装物（容器）分离。

应使用规范的汉字（商标除外）。具有装饰作用的各种艺术字，应书写正确，易于辨认。

小贴士：规范的汉字是指《通用规范汉字表》中的汉字，不包括繁体字。

预包装食品包装物或包装容器最大表面面积大于 $35cm^2$ 时，强制标示内容的文字、符号、数字的高度不得小于 1.8mm。

一个销售单元的包装中含有不同品种、多个独立包装可单独销售的食品，每件独立包装的食品标识应当分别标注。

若外包装易于开启识别或透过外包装物能清晰地识别内包装物（容器）上的所有强制标示内容或部分强制标示内容，可不在外包装物上重复标示相应的内容；否则应在外包装物上按要求标示所有强制标示内容。

④标示内容：直接提供给消费者的预包装食品标签应包括食品名称、配料表、净含量和规格、生产者和（或）经销者的名称、地址和联系方式、生产日期和保质期、贮存条件、食品生产许可证编号、产品标准代号及辐照食品、转基因食品、营养标签、质量（品质）等级等其他需要标示的内容。

小贴士：单一配料的预包装食品也应当标示配料表。

非直接提供给消费者的预包装食品标签应包括食品名称、规格、净含量、生产日期、保质期和贮存条件，其他内容如未在标签上标注，则应在说明书或合同中注明。

标示内容的豁免包括：酒精度大于等于10%的饮料酒；食醋；食用盐；固态食糖类；味精可以免除标示保质期。当预包装食品包装物或包装容器的最大表面面积小于10cm²时，可以只标示产品名称、净含量、生产者（或经销商）的名称和地址。

小贴士：豁免标识保质期的固体食糖为白砂糖、绵白糖、红糖和冰糖等，不包括糖果。

推荐标示内容有批号、食用方法、致敏物质等。

⑤其他：按国家相关规定需要特殊审批的食品，其标签标识按照相关规定执行。如特殊膳食食品的标签应按照《预包装特殊膳食用食品标签通则》（GB 13432—2013）。

⑥附录：包括包装物或包装容器最大表面面积计算方法、食品添加剂在配料表中的标示形式、部分标签项目的推荐标示形式。

（3）《预包装食品营养标签通则》（GB 28050—2011）

《预包装食品营养标签通则》（GB 28050—2011）（以下简称本标准）于2013年1月1日正式施行，这项重要食品安全基础标准的公布实施，标志着我国全面推行食品营养标签管理制度，保护消费者知情权、选择权和监督权，对指导公众合理选择食品，促进膳食营养平衡，降低慢性非传染性疾病风险具有重要意义。

本标准规定，预包装食品应当在标签上强制标示四种核心营养成分和能量（"4＋1"）含量值及其占营养素参考值（NRV）的百分比。四种核心营养素，是指蛋白质、脂肪、碳水化合物、钠。营养标签上标示的能量主要由计算法获得，即蛋白质、脂肪、碳水化合物等产能营养素的含量乘以各自相应的能量系数并进行加和得之，能量值以千焦（kJ）为单位标示。

《预包装食品营养标签通则》（GB 28050—2011）的主要内容如下。

①范围：直接提供给消费者的预包装食品，应按照营养标签通则规定标示营养标签（豁免标示的食品除外）；非直接提供给消费者的预包装食品，可以参照执行；不适用于保健食品及预包装特殊膳食用食品的营养标签标示。

②术语和定义：

营养标签：指预包装食品标签上向消费者提供食品营养信息和特性的说明，包括营养成分表、营养声称和营养成分功能声称。

营养声称：指对食品营养特性的描述和声明，如能量水平、蛋白质含量水平。营养声称包括含量声称和比较声称。

③基本要求：预包装食品营养标签标示的任何营养信息，应真实、客观，不得标示虚假信息，不得夸大产品的营养作用或其他作用。

预包装食品营养标签应使用中文。如同时使用外文标示的，其内容应当与中文相对应，外文字号不得大于中文字号。

营养成分表应以一个"方框表"的形式表示（特殊情况除外），方框可为任意尺寸，并与包装的基线垂直，表头为"营养成分表"。

食品营养成分含量应以具体数值标示，数值可通过原料计算或产品检测获得。

营养标签应标在向消费者提供的最小销售单元的包装上。

④强制标示内容：所有预包装食品营养标签强制标示的内容包括能量、核心营养素的含量值及其占营养素参考值（NRV）的百分比。当标示其他成分时，应采取适当形式使能量和

核心营养素的标示更加醒目。

小贴士：使能量与核心营养素标示更加醒目的方法有：增大字号、改变字体（如斜体、加粗、加黑）、改变颜色（字体或背景颜色）、改变对齐方式或其他方式。

对除能量和核心营养素外的其他营养成分进行营养声称或营养成分功能声称时，在营养成分表中还应标示出该营养成分的含量及其占营养素参考值（NRV）的百分比。

使用了营养强化剂的预包装食品，在营养成分表中还应标示强化后食品中该营养成分的含量值及其占营养素参考值（NRV）的百分比。

食品配料含有或生产过程中使用了氢化和（或）部分氢化油脂时，在营养成分表中还应标示出反式脂肪（酸）的含量。

小贴士：当配料中氢化油和（或）部分氢化油所占比例很小，或者植物油氢化比较完全，产生的反式脂肪酸含量很低时，终产品中反式脂肪酸含量低于"0"界限值，此时反式脂肪酸标示为"0"，但不等于完全没有反式脂肪酸。

未规定营养素参考值（NRV）的营养成分仅需标示含量。

⑤可选择标示内容：除了能量与四种核心营养素外，还可以标示其他营养成分，如糖、膳食纤维、维生素、矿物质等。

当某营养成分含量标示值符合含量要求和限制性条件时，可对该成分进行含量声称。当某营养成分含量满足本标准的要求和条件时，可对该成分进行比较声称。当某营养成分同时符合含量声称和比较声称的要求时，可以同时使用两种声称方式，或仅使用含量声称。

当某营养成分的含量标示值符合含量声称或比较声称的要求和条件时，可使用营养成分功能声称标准用语。但不应对功能声称用语进行任何形式的删改、添加和合并。

⑥营养成分的表达方式：预包装食品中能量和营养成分的含量应以每100克（g）和（或）每100毫升（mL）和（或）每份食品可食部中的具体数值来标示。当以份标示时，应标明每份食品的量。份的大小可根据食品的特点或推荐量规定。

营养成分表中强制标示和可选择性标示的营养成分的名称和顺序、标示单位、修约间隔、"0"界限值应符合本标准的规定。当不标示某一营养成分时，依序上移。

当标示 GB 14880 和卫生部公告中允许强化的本标准列出以外的其他营养成分时，其排列顺序应位于本标准所列营养素之后。

在产品保质期内，能量和营养成分含量的允许误差范围应符合本标准的规定。

⑦豁免强制标示营养标签的预包装食品：生鲜食品，如包装的生肉、生鱼、生蔬菜和水果、禽蛋等；乙醇含量≥0.5%的饮料酒类；包装总表面积≤100cm² 或最大表面面积≤20cm² 的食品；现制现售的食品；包装的饮用水；每日食用量≤10g 或 10mL 的预包装食品；其他法律法规标准规定可以不标示营养标签的预包装食品。

豁免强制标示营养标签的预包装食品，如果在其包装上出现任何营养信息时，应按照本标准执行。

小贴士：每日食用量≤10g 或 10mL 的预包装食品指食用量少、对机体营养素的摄入贡献较小，或者单一成分调味品的食品，具体包括：a. 调味品：味精、食醋等；b. 甜味料：食糖、淀粉糖、花粉、餐桌甜味料、调味糖浆等；c. 香辛料：花椒、大料、辣椒等单一原料香辛料和五香粉、咖喱粉等多种香辛料混合物；d. 可食用比例较小的食品：茶叶（包括袋泡茶）、胶基糖果、咖啡豆、研磨咖啡粉等；e. 其他：酵母、食用淀粉等。但是，对于单项营养素含量较高、对营养素日摄入量影响较大的食品，如腐乳类、酱腌菜（咸菜）、酱油、酱类（黄酱、肉酱、辣酱、豆瓣酱等）以及复合调味料等，应当标示营养标签。

⑧附表、附录：

附表1：能量和营养成分名称、顺序、表达单位、修约间隔和"0"界限值

附表2：能量和营养成分含量的允许误差范围

附录A：食品标签营养素参考值（NRV）及其使用方法

附录B：营养标签格式

附录C：能量和营养成分含量声称和比较声称的要求、条件和同义语

附录D：能量和营养成分功能声称标准用语

（4）《食品添加剂使用标准》（GB 2760—2011）

《食品添加剂使用标准》（GB 2760—2011）（以下简称标准）替代了2007版的《食品添加剂使用标准》，于2011年6月20日起正式实施。标准规定了食品添加剂的使用原则、允许使用的食品添加剂品种、使用范围及最大使用量或残留量。该标准是食品安全基础标准，所有食品产品标准中有关食品添加剂的使用要求应直接引用本标准或与本标准的规定协调一致，不需另行规定；食品、餐饮和复合食品添加剂的生产经营者都必须遵照标准的规定使用食品添加剂。

①该标准的框架：

前言

范围

术语和定义

食品添加剂的使用原则

食品分类系统

食品添加剂的使用规定

食品用香料

食品用加工助剂

胶基糖果基物质及其配料

附录A 食品添加剂的使用规定

表A.1 食品添加剂的允许使用品种、使用范围以及最大使用量或残留量

表A.2 可在各类食品中按生产需要适量使用的食品添加剂名单

表A.3 按生产需要适量使用的食品添加剂所例外的食品类别名单

附录B 食品用香料使用规定

表B.1 不得添加食用香料、香精的食品名单

表B.2 允许使用的食品用天然香料名单

表B.3 允许使用的食品用合成香料名单

附录C 食品工业用加工助剂（以下简称"加工助剂"）使用规定

表C.1 可在各类食品加工过程中使用，残留量不需限定的加工助剂名单（不含酶制剂）

表C.2 需要规定功能和使用范围的加工助剂名单（不含酶制剂）

表C.3 食品用酶制剂及其来源名单

附录 D　食品添加剂功能类别

附录 E　食品分类系统

附录 E.1　食品分类系统

附录 F　附录 A 中食品添加剂使用规定索引

②术语和定义：

食品添加剂：为改善食品品质和色、香、味，以及为防腐、保鲜和加工工艺的需要而加入食品中的人工合成或者天然物质。食品用香料、胶基糖果中基础剂物质、食品工业用加工助剂也包括在内。

小贴士：在预包装食品标签上，食品添加剂（附录 A 中的）应标注在 GB 2760 中的食品添加剂通用名称；食品用香料（附录 B 中的）可以标注"食用香精""食用香料""食用香精香料"；食品工业用加工助剂（附录 C 中的）不用标注；胶基糖果中基础剂物质（附录 D 中的）可以标注"胶姆糖基础剂""胶基"。

最大使用量：食品添加剂使用时所允许的最大添加量。

最大残留量：食品添加剂或其分解产物在最终食品中的允许残留水平。

食品工业用加工助剂：保证食品加工能顺利进行的各种物质，与食品本身无关。如助滤、澄清、吸附、脱模、脱色、脱皮、提取溶剂、发酵用营养物质等。

国际编码系统（INS）：食品添加剂的国际编码，用于代替复杂的化学结构名称表述。

小贴士：在预包装食品标签上，食品添加剂也可以标注同时标示食品添加剂的功能类别名称和国际编码。

中国编码系统（CNS）：食品添加剂的中国编码，由食品添加剂的主要功能类别（见附录 E）代码和在本功能类别中的顺序号组成。

③食品添加剂的使用原则：食品添加剂使用时应符合以下基本要求：不应对人体产生任何健康危害；不应掩盖食品腐败变质；不应掩盖食品本身或加工过程中的质量缺陷或以掺杂、掺假、伪造为目的而使用食品添加剂；不应降低食品本身的营养价值；在达到预期目的前提下尽可能降低在食品中的使用量。

在下列情况下可使用食品添加剂：保持或提高食品本身的营养价值；作为某些特殊膳食用食品的必要配料或成分；提高食品的质量和稳定性，改进其感官特性；便于食品的生产、加工、包装、运输或者贮藏。

食品添加剂质量标准：使用的食品添加剂应当符合相应的质量规格要求。

带入原则即在下列情况下食品添加剂可以通过食品配料（含食品添加剂）带入食品中：根据标准，食品配料中允许使用该食品添加剂；食品配料中该添加剂的用量不应超过允许的最大使用量；应在正常生产工艺条件下使用这些配料，并且食品中该添加剂的含量不应超过由配料带入的水平；由配料带入食品中的该添加剂的含量应明显低于直接将其添加到该食品中通常所需要的水平。当某食品配料作为特定终产品的原料时，批准用于上述特定终产品的添加剂允许添加到这些食品配料中，同时该添加剂在终产品中的量应符合本标准的要求。在所述特定食品配料的标签上应明确标示该食品配料用于上述特定食品的生产。

④食品分类系统：食品分类系统用于界定食品添加剂的使用范围，只适用于本标准，见附录 F。如允许某一食品添加剂应用于某一食品类别时，则允许其应用于该类别下的所有类别食品，另有规定的除外。

小贴士：《食品添加剂使用标准》中的分类系统作为食品添加剂在使用中的定位方法，只适用于该标准，不适用于食品生产许可证的单元划分，也不得用于食品的标签上的食品类别。

⑤食品添加剂的使用规定：表 A.1 规定了食品添加剂的允许使用品种、使用范围以及最大使用量或残留量。但同一功能的食品添加剂（相同色泽着色剂、防腐剂、抗氧化剂）在混合使用时，各自用量占其最大使用量的比例之和不应超过 1。

在添加剂使用时，其使用量不一定达到最大使用量，而应按照加剂使用原则，在达到使用目的的条件下尽可能减少在食品中的用量。在具体食品类别中的使用量不得超过最大使用量。最大使用量并不能作为确定最终产品中最终残留量的依据，而要根据实际使用情况和带入原则等进行综合判定。

表A.1　每个添加剂品种规定的主要内容

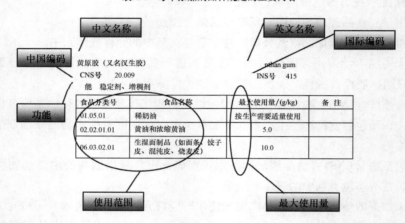

在使用表 A.1 时，应注意下列标注的含义：

除外：即该类别中特定的食品亚类或食品品种不使用本条规定，如柠檬黄 03.0 冷冻饮品（03.04 食用冰除外）；

仅限：仅该类别中的特定食品亚类或食品品种适用本规定，如柠檬黄 07.04 焙烤食品馅料（仅限饼干夹心和蛋糕夹心）；

包括：在该类别基础上将特定的食品亚类或食品品种也纳入本条规定。如二甲基二碳酸盐（又名维果灵）的 14.02.03 果蔬汁（肉）饮料（包括发酵型产品等）。

其他：对未列入食品分类系统中的使用范围的补充。

表 A.2 规定了可在各类食品（表 A.3 除外）中按生产需要适量使用的食品添加剂名单。

表 A.2　可在各类食品中按生产需要适量使用的食品添加剂名单

序号	添加剂名称	CNS 号	英文名称	INS 号	功能
1	5′-呈味核苷酸二钠	12.004	disodium 5′-ribonucleotide	635	增味剂
2	5′-肌苷酸二钠	12.003	disodium 5′-inosinate	631	增味剂
3	5′-鸟苷酸二钠	12.002	disodium 5′-guanylate	627	增味剂

续表

序号	添加剂名称	CNS 号	英文名称	INS 号	功能
4	D – 异抗坏血酸及其钠盐	04.004, 04.018	d – isoascorbic acid (erythorbic acid), sodium d – isoascorbate	315, 316	抗氧化剂
5	L（+）–酒石酸	01.111	L（+）– tartaric acid	334	酸度调节剂
6	N –［N –（3, 3 – 二甲基丁基）］– L – α – 天门冬氨 – L – 苯丙氨酸 1 – 甲酯（纽甜）	19.019	neotame	961	甜味剂
7	β – 胡萝卜素	08.010	β – carotene	160a	着色剂
8	β – 环状糊精	20.024	β – cyclodextrin	459	增稠剂

表 A.3

食品分类号	食品名称
11.01.01	白糖及白糖制品（如白砂糖、绵白糖、冰糖、方糖等）
11.01.02	其他糖和糖浆［如红糖、赤砂糖、冰片糖、原糖、果糖（蔗糖来源）、糖蜜、部分转化糖、枫树糖浆等］
11.03.01	蜂蜜
12.01	盐及代盐制品
12.09	香辛料类
13.01	婴幼儿配方食品
13.02	婴幼儿辅助食品
14.01.01	饮用天然矿泉水
14.01.02	饮用纯净水
14.01.03	其他类饮用水
14.02.01	果蔬汁（浆）
14.02.02	浓缩果蔬汁（浆）
15.03.01	葡萄酒
16.02.01	茶叶、咖啡

表 A.3 规定了表 A.2 所例外的食品类别，这些食品类别使用添加剂时应符合表 A.1 的规定。同时，这些食品类别不得使用表 A.1 规定的其上级食品类别中允许使用的食品添加剂。

原则上表 A.3 中的食品及其未列在表上的所有下级食品类别均不能使用表 A.2 中的食品

添加剂，但是如果表 A.1 中规定了可使用表 A.2 中的某些食品添加剂，则按照表 A.1 的规定使用，但表 A.3 上所列的食品类别和品种不得使用表 A.1 中规定的其上级食品类别中允许使用的食品添加剂。

⑥食品用香料：在食品中使用食品用香料、香精的目的是使食品产生、改变或提高食品的风味。食品用香料一般配制成食品用香精后用于食品加香，部分也可直接用于食品加香。食品用香料、香精不包括只产生甜味、酸味或咸味的物质，也不包括增味剂。

食品用香料、香精在各类食品中按生产需要适量使用，表 B.1 中所列食品没有加香的必要，不得添加食品用香料、香精，法律、法规或国家食品安全标准另有明确规定者除外。除表 B.1 所列食品外，其他食品是否可以加香应按相关食品产品标准规定执行。

用于配制食品用香精的食品用香料品种应符合本标准的规定。用物理方法、酶法或微生物法（所用酶制剂应符合本标准的有关规定）从食品（可以是未加工过的，也可以是经过了适合人类消费的传统的食品制备工艺的加工过程）制得的具有香味特性的物质或天然香味复合物可用于配制食品用香精。

具有其他食品添加剂功能的食品用香料，在食品中发挥其他食品添加剂功能时，应符合本标准的规定。例如，苯甲酸、肉桂醛、瓜拉纳提取物、二醋酸钠、琥珀酸二钠、磷酸三钙、氨基酸等。

食品用香精可以含有其生产、贮存和应用等所必需的食品用香精辅料（包括食品添加剂和食品）。食品用香精辅料应符合以下要求：a. 食品用香精中允许使用的辅料应符合《食用香精》（GB 30616—2014）标准的规定。在达到预期目的前提下尽可能减少使用品种。b. 作为辅料添加到食品用香精中的食品添加剂不应在最终食品中发挥功能作用，在达到预期目的的前提下尽可能降低在食品中的使用量。

食品用香精的标签应符合《食用香精标签通用要求》（QB/T 4003—2010）标准的规定。凡添加了食品用香料、香精的食品应按照国家相关标准进行标示。

⑦食品工业用加工助剂：加工助剂应在食品生产加工过程中使用，使用时应具有工艺必要性，在达到预期目的前提下应尽可能降低使用量。

加工助剂一般应在制成最终成品之前除去，无法完全除去的，应尽可能降低其残留量，其残留量不应对健康产生危害，不应在最终食品中发挥功能作用。

加工助剂应该符合相应的质量规格要求。

⑧胶基糖果中基础剂物质及其配料：胶基糖果中基础剂物质（简称胶基）及其配料应由符合表 D.1 中所列的各项物质配合制成。各成分用量在本标准中有规定者按规定执行，未规定者按生产需要适量使用。

⑨食品添加剂的检索

步骤一：确定该食品在食品分类系统中对应的最低级别的分类，如产品为"月饼"时应对应"7.02.03 月饼"，而不能选择"7.02 糕点"；

步骤二：检索表 A.3，确定该食品是否在表 A.3 中或是表 A.3 中食品类别的下级；

步骤三：对表 A.2、表 A.1 以及卫生部公告进行检索，检索所要查找的添加剂；

步骤四：在检索过程中按表 A.4 的原则，根据检索到的食品使用范围进行判定，判定该添加剂是否能用于该食品。

表 A. 4　　　　　　　　　　　　　　　　判定原则

所要判定的食品与表 A.3 的关系	表 A.2	某种食品添加剂在 GB 2760 表 A.1 和卫生部公告中所检索到的食品使用范围			
		本级食品类别	上级食品类别（在表 A.3 范围内）	所有上级食品类别	非本级或上级食品类别
在表 A.3 中	×	√	/	×	×
是表 A.3 中所列食品类别的下级	×	√	√	×	×
既不在 A.3 中，也不是表 A.3 中所列食品类别的下级	√（如果是这种情况即可判定其按生产需要适量使用）	√	/	√	×

注："×"表示不适用；"√"表示适用；"/"表示不涉及。

通过判定，如有适用的，则表明所检索的食品添加剂能用于该食品；如没有适用的，所检索的食品添加剂就不能用于该食品。

3. 食品安全企业标准的制定

《食品安全法》规定："企业生产的食品没有食品安全国家标准或者地方标准的，应当制定企业标准，作为组织生产的依据。国家鼓励食品生产企业制定严于食品安全国家标准或者地方标准的企业标准。"

当前市场竞争激烈，食品作为快销产品更是要不断推陈出新，而我国食品安全标准清理尚未完成，市场上很多产品无现成标准可依。如果企业在新产品开发中不及早做好标准的制定工作，将严重影响新产品型式检验、投产和质量控制。

（1）制定食品安全企业标准的基本要求　食品安全企业标准是食品生产企业组织生产的主要技术依据，也是供需双方交货、食品安全检验的质量依据，标准一经发布，企业各有关部门都要执行。因此，企业标准应该符合下列基本要求。

①政策法规性：制定食品安全企业标准是一项技术复杂、法规性很强的工作，特别食品直接关系到消费者的身体健康和人身、财产安全。因此，标准的制定要符合国家法规、政策和食品安全国家标准，必须充分考虑到产品的生产、运输和使用的安全，对产品在使用过程中可能危及人身安全和健康的因素，应在标准中作出严格规定。

②先进性：是指标准中所规定的技术内容应有利于促进技术进步和产品技术水平、质量的提高。既不能把产品标准的水平定得高不可攀，又不能把未经验证的技术指标定入产品标准中，也不可将指导指标要求定得过低，起不到促进作用。例如，有企业起草的标准中引用了一个新的检验方法，但在实际操作中发现没有检验机构有资质能承担这个检验，结果企业不得不重新修改标准。

③经济性：制定技术上较先进的标准，不可盲目追求高指标，而要通过全面的技术经济分析和论证，寻求其经济上的合理性。在技术指标方面，既要从现有基础出发，又要充分考

虑科学技术的发展；在性能方面，既要满足当前生产的需要，又要具备能适应市场竞争的能力。

④适用性：是指标准中所规定的技术内容满足使用要求的能力。要根据产品可能遇到的不同环境条件和必须具备的各项质量特性，在标准中分别做出规定。例如，食品在不同温度区间的保质期是有较大差别的，企业就可以在标准中对此做出分别的规定。

⑤正确性：标准中所作的规定要求正确可靠。规定的指标正确可靠，只能经过严格的科学验证，以精确的数学计算为基础。同时，不能忽视在指标表达过程中的技术错误。对表格、数值、公式、化学分子式及单位、符号、代号等，均应进行仔细复核，消除技术错误，以保证正确性。

（2）食品安全企业标准内容制定要求

①分类与命名：食品分类一般包括产品品种、型式的划分及其系列。品种是指食品按其性能、成分等方面的特征所划分的类别。型式是指同一品种按其形状、结构、特征的不同所划分的类别。

企业标准在编写分类时应满足以下基本要求：

直接采用有关产品的分类的国家标准和行业标准，如《调味品分类》（GB/T 20903—2007）、《肉制品分类》（GB/T 26604—2011）。

应优先采用国际通行的品种、型式。

同一种产品可按几种不同的原则划分类别时，应先按基本用途分类，再按结构特点分类，然后再按性能特点分类。

产品正式名称的命名应符合《预包装食品标签通则》（GB 7718—2011）的要求，不得使用商业名称或我国的台湾、香港、澳门所规定的产品的名称。

②要求：是指表达应遵守的准则的条款，即标准中为表达产品质量应满足用户要求而规定的技术要求，包括产品全部特性、对量化特性所要求的极限值。

产品特性的内容包括：外观和感官要求、理化性能、食品安全性能（微生物、污染物、农残）、分等分级、环境适应性。

在标准中规定极限值时，应以最合适的方式规定极限值，或者规定上限、下限，或者只规定上限或只规定下限。

③试验方法：试验方法是测定产品特性值是否符合规定要求的方式，并对测试的条件、设施、方法、顺序、步骤以及抽样和对结果进行数据的统计处理等做出统一规定。

试验方法包括的内容有：原理；试剂或材料；装置；试样和试料的制备和保存；程序；结果的表述，包括计算方法以及测试方法的精密度；试验报告。

④检验规则：检验规则是评定产品质量是否符合标准要求的一种方法和手段。检验规则主要包括：检验分类、每类检验所包含的检验项目；组批规则；抽样方案；抽样或取样方法；判定规则或复验规则。

⑤标签：食品的标签要符合《预包装食品标签通则》（GB 7718—2011）的要求，还可以根据产品的特点增加对产品类别、工艺、警示语等的标注。

⑥包装、运输、贮存：企业标准中应规定包装要求或引用现行的食品包装标准。当对运输方面有特殊要求时，应在标准中对运输做出具体规定，如温度、堆码高度、安全卫生措施等。贮存是保护产品在规定的存放条件和存贮期间内产品质量不受影响或所受影响在规定的

范围内作出的一种保护性措施规定，如通风、避光、干燥等。

（3）食品安全企业标准制定程序及其备案　制定食品安全企业标准一般按四个阶段进行：

①准备落实，调查研究，试验验证：组织制标小组，明确工作任务；调查研究，收集资料；试验验证相关数据。

②编写草案，征求意见：编写标准草案（征求意见稿）和编制说明；广泛征求意见。

③编写标准（送审稿），组织审查：编写标准（送审稿）；组织标准（送审稿）审查（由 5 名以上专家组成专家组，并出具结论性意见）。

④审批发布、上报备案：编写标准报批稿；企业领导审批；企业标准化部门编号后由企业发布；产品型式检验；上报省卫生厅备案。

二、　我国食品法律法规体系

1. 我国现有的食品法律法规体系

我国已建立了一套涵盖了从农田到餐桌的较为完整的食品安全法律法规体系，其中法律14 件，法规 25 件，法规性文件 11 件，部门规章 104 件以及与此相配套的一系列地方性法规和规章。我国食品法律法规按制定的主体来划分，见表 7 - 5。

表 7 - 5　　　　　　　　　我国食品法律法规分类

制定主体	类别	法律法规名称
全国人大和人大常务委员会	法律	《中华人民共和国食品安全法》《中华人民共和国产品质量法》《中华人民共和国刑法》《中华人民共和国标准化法》《中华人民共和国消费者权益保护法》《中华人民共和国农产品质量安全法》《中华人民共和国进出口商品检验法》《中华人民共和国进出境动植物检疫法》《中华人民共和国农业法》《中华人民共和国畜牧法》《中华人民共和国渔业法》《中华人民共和国野生动物保护法》《中华人民共和国动物防疫法》《中华人民共和国广告法》
国务院	行政法规	《国务院关于加强食品等产品安全监督管理的特别规定》《中华人民共和国食品安全法实施条例》《乳品质量安全监督管理条例》《中华人民共和国工业产品生产许可证管理条例》《中华人民共和国标准化法实施条例》《无照经营查处取缔办法》《中华人民共和国认证认可条例》《中华人民共和国进出口商品检验法实施条例》《中华人民共和国进出境动植物检疫法实施条例》《农业转基因生物安全管理条例》《生猪屠宰管理条例》《食盐专营办法》《突发公共卫生事件应急条例》等
各部、委、局	部门规章	国家卫生与计划生育委员会	《食品安全国家标准管理办法》《食品安全地方标准管理办法》《食品安全企业标准备案办法》《食品添加剂新品种管理办法》《新食品原料安全性审查管理办法》《餐饮服务许可管理办法》《餐饮服务食品安全监督管理办法》等

续表

制定主体	类别	法律法规名称
各部、委、局	部门规章	**农业部**《生鲜乳生产收购管理办法》《农业转基因生产标识管理办法》《农产品包装和标识管理办法》《农药限制使用管理规定》《农产品地理标志管理办法》等
		商务部《生猪屠宰管理条例实施办法》《流通领域食品安全管理办法》等
		国家质量技术监督检验检疫总局《产品质量监督抽查管理办法》《有机产品认证管理办法》《食品检验机构资质认定管理办法》《进出口食品安全管理办法》《出口食品生产企业备案管理规定》等
		国家工商行政管理总局《食品广告发布暂行规定》《酒类广告管理办法》等
		国家食品药品监督管理总局《食品生产许可管理办法》《食品经营许可管理办法》《食品召回管理办法》《食用农产品市场销售质量安全监督管理办法》《食品生产经营日常监督管理办法》《保健食品注册管理办法》《保健食品注册与备案管理办法》
各省、直辖市、自治区人大	地方性法规	《广东省食品安全条例》《贵州省食品安全条例》《宁夏回族自治区食品生产加工小作坊和食品摊贩管理办法》《北京市食品安全条例》等
各省、直辖市、自治区人民政府	地方性规章	《福建省食品生产加工小作坊监督管理办法》《上海市实施〈中华人民共和国食品安全法〉办法》《重庆市食品安全管理办法》等

2. 我国主要食品法律简介

（1）刑法　根据我国的《刑法》，危害食品安全犯罪适用的法律条文主要有：

①生产、销售伪劣产品罪（第一百四十条）：生产者、销售者在产品中掺杂、掺假，以假充真，以次充好或者以不合格产品冒充合格产品，销售金额五万元以上不满二十万元的，处二年以下有期徒刑或者拘役，并处或者单处销售金额百分之五十以上二倍以下罚金；销售金额二十万元以上不满五十万元的，处二年以上七年以下有期徒刑，并处销售金额百分之五十以上二倍以下罚金；销售金额五十万元以上不满二百万元的，处七年以上有期徒刑，并处销售金额百分之五十以上二倍以下罚金；销售金额二百万元以上的，处十五年有期徒刑或者无期徒刑，并处销售金额百分之五十以上二倍以下罚金或者没收财产。

生产、销售不符合食品安全标准的食品，无证据证明足以造成严重食物中毒事故或者其他严重食源性疾病，不构成生产、销售不符合安全标准的食品罪，但是构成生产、销售伪劣产品罪的，按生产、销售伪劣产品罪处罚。

案例：亿豪食品工业有限公司于2001年10月成立后，陈某某（亿豪公司总经理）提供配方，并指使、安排公司他人购买辣椒红、日落黄、双乙酸钠、二氧化钛、滑石粉等添加剂添加到该公司所生产的组织蛋白、纤维蛋白、苏亚系列产品（豆制品类）中，以提升产品色泽等外观，延长产品保质期，增加产品销量，获取利益。2008 年 12 月 4 日某某市质量技术监督局书面通知该公司上述添加剂在《食品添加剂使用标准》中未能查询到允许使用在豆制品（其他豆制品）上，要求该企业在生产加工产品中不得添加上述添加剂。陈某某在明知该公司生产的产品中添加辣椒红、双乙酸钠、二氧化钛、日落黄、滑石粉等添加剂不符合《食品添加剂使用标准》，为维持产品外观、增加销量，牟取非法利益，仍使用原产品配方，将上述添加剂添加于该公司生产的产品中。至案发时，该公司共计向河南、安徽等地公司销售苏亚系列产品，计价值人民币 838 万余元。期间，陈某某还多次指使工人在质监部门到该公司检查时，将上述辣椒红、日落黄、双乙酸钠、二氧化钛、滑石粉等添加剂隐匿，以逃避检查。案发后，公安机关依法扣押亿豪公司生产的苏亚系列产品，经抽样检验，均不符合上述标准要求。亿豪食品工业有限公司违反国家关于食品安全法律、法规的禁止性规定，在生产属于豆制品（其他豆制品）分类的产品中添加双乙酸钠、二氧化钛等添加剂，销售金额达 838 万余元，其行为构成生产、销售伪劣产品罪，判处罚金人民币 800 万元；陈某某作为被告单位直接负责的主管人员，其行为也已构成生产、销售伪劣产品罪，判处有期徒刑 15 年，并处罚金人民币 500 万元。

②生产、销售不符合安全标准的食品罪（一百四十三条）：如果经营者生产、销售的食品含有严重超出标准限量的致病性微生物、农药残留、兽药残留、重金属、污染物质以及其他危害人体健康的物质的；使用病死、死因不明或者检验检疫不合格的畜、禽、兽、水产动物及其肉类、肉类制品的；属于国家为防控疾病等特殊需要明令禁止生产、销售的；婴幼儿食品中生长发育所需营养成分严重不符合食品安全标准的；以及其他足以造成严重食物中毒事故或者严重食源性疾病的情形的（如违反食品安全标准，在食品加工、销售、运输、贮存等过程中，超限量或者超范围滥用食品添加剂；违反食品安全标准，在食用农产品种植、养殖、销售、运输、贮存等过程中，超限量或者超范围滥用添加剂、农药、兽药），都将被认定为"足以造成严重食物中毒事故或者其他严重食源性疾病"，可能被处三年以下有期徒刑或者拘役，并处罚金。

如果经营者生产、销售的食品造成轻伤以上伤害的；造成轻度残疾或者中度残疾的；造成器官组织损伤导致一般功能障碍或者严重功能障碍的；造成十人以上严重食物中毒或者其他严重食源性疾病的；以及其他对人体健康造成严重危害的情形；或者是生产、销售金额二十万元以上的；生产、销售金额十万元以上不满二十万元，不符合食品安全标准的食品数量较大或者生产、销售持续时间较长的；生产、销售金额十万元以上不满二十万元，属于婴幼儿食品的；生产、销售金额十万元以上不满二十万元，一年内曾因危害食品安全违法犯罪活动受过行政处罚或者刑事处罚的，都将被认定为"对人体健康造成严重危害或者有其他严重情节"。可能被处三年以上七年以下有期徒刑，并处罚金。

如果经营者生产、销售的食品致人死亡或者重度残疾的；造成三人以上重伤、中度残疾或者器官组织损伤导致严重功能障碍的；造成十人以上轻伤、五人以上轻度残疾或者器官组织损伤导致一般功能障碍的；造成三十人以上严重食物中毒或者其他严重食源性疾病的；以及其他特别严重的后果。将被认定为"后果特别严重"，可能被处七年以上有期徒刑或者无期徒刑，并处罚金或者没收财产。

案例：刘某某经营一个小饭馆，某日以 1.6 元/kg 的价格从陌生的老头手中购买散盐 15kg，用于其经营的饭店内调制烩面卤和凉菜并销售给顾客。2013 年某月某日，某县盐业管理局执法人员在刘某某经营的饭店内查获非碘盐 1kg。经某县疾病预防控制中心检测认定：上述散盐碘含量为零。刘某某擅自添加国家为防控疾病明令禁止的不含碘盐，足以造成碘缺乏引起的食源性疾病，其行为已构成生产销售不符合安全标准的食品罪。因其认罪态度较好，确有悔罪表现，判处拘役三个月，缓刑六个月，并处罚金 5000 元。

③生产、销售有毒、有害食品罪（一百四十四条）：我国法律、法规禁止在食品生产经营活动中添加、使用的物质；国务院有关部门公布的《食品中可能违法添加的非食用物质名单》《保健食品中可能非法添加的物质名单》上的物质；国务院有关部门公告禁止使用的农药、兽药以及其他有毒、有害物质；其他危害人体健康的物质，被认定为"有毒、有害的非食品原料"。

在食品加工、销售、运输、贮存等过程中，掺入有毒、有害的非食品原料，或者使用有毒、有害的非食品原料加工食品的；在食用农产品种植、养殖、销售、运输、贮存等过程中，使用禁用农药、兽药等禁用物质或者其他有毒、有害物质的；在保健食品或者其他食品中非法添加国家禁用药物等有毒、有害物质的，或者销售明知掺有有毒、有害的非食品原料的食品的，将可能被处五年以下有期徒刑，并处罚金。

如果经营者生产、销售的有毒、有害食品造成轻伤以上伤害的；造成轻度残疾或者中度残疾的；造成器官组织损伤导致一般功能障碍或者严重功能障碍的；造成十人以上严重食物中毒或者其他严重食源性疾病的；以及其他对人体健康造成严重危害的情形，或者是生产、销售金额二十万元以上不满五十万元的；生产、销售金额十万元以上不满二十万元，有毒、有害食品的数量较大或者生产、销售持续时间较长的；生产、销售金额十万元以上不满二十万元，属于婴幼儿食品的；生产、销售金额十万元以上不满二十万元，一年内曾因危害食品安全违法犯罪活动受过行政处罚或者刑事处罚的；有毒、有害的非食品原料毒害性强或者含量高的，将被认定为对"人体健康造成严重危害或者有其他严重情节"，可能被处五年以上十年以下有期徒刑，并处罚金。

如果经营者生产、销售的有毒、有害食品致人死亡或者重度残疾的；造成三人以上重伤、中度残疾或者器官组织损伤导致严重功能障碍的；造成十人以上轻伤、五人以上轻度残疾或者器官组织损伤导致一般功能障碍的；造成三十人以上严重食物中毒或者其他严重食源性疾病的；生产、销售金额五十万元以上；将被认定为"特别严重情节"，可能被处十年以上有期徒刑、无期徒刑或者死刑，并处罚金或者没收财产。

案例：2010 年以来，张某某先后两次在行某某的"永建"养猪协作中心购买瘦肉精 2kg，作为饲料添加剂持续饲养生猪 70 余头，并以 8 万元的价格予以销售。2011 年某月某日，河南省饲料产品质量监督检验站对张某某的存栏生猪抽样检验，发现其含有瘦肉精，判定为不合格。张某某犯生产、销售有毒、有害食品罪，判处有期徒刑一年，并处罚金 40000 元。

④非法经营罪：提供给他人生产、销售食品为目的，违反国家规定，生产、销售国家禁止用于食品生产、销售的非食品原料，情节严重的：违反国家规定，生产、销售国家禁止生产、销售、使用的农药、兽药，饲料、饲料添加剂，或者饲料原料、饲料添加剂原料，情节严重的：违反国家规定，私设生猪屠宰厂（场），从事生猪屠宰、销售等经营活动，情节严

重的，可能被处五年以下有期徒刑或者拘役，并处或者单处违法所得一倍以上五倍以下罚金；情节特别严重的，处五年以上有期徒刑，并处违法所得一倍以上五倍以下罚金或者没收财产。

案例：2008年至2011年3月，刘某某违反国家规定，先后从陈某某（已判刑）处购买瘦肉精共约330kg，销售给郝某某等人约310kg，非法获利6000余元。2011年3月25日，刘某某上缴20kg瘦肉精。经河南省饲料产品质量监督检验站检验，刘某某所上缴的瘦肉精含有盐酸克伦特罗。2011年3月25日，刘某某自动到孟州市公安局投案，如实供述自己的罪行。法院认定，刘某某经营销售含有瘦肉精成分的稀释粉310余千克，在30kg以上，属情节特别严重，依法应予严惩。刘某某自动到孟州市公安局投案，如实供述自己的犯罪事实，系自首，可以从轻处罚。最终，刘某某犯非法经营罪，判处有期徒刑九年，并处罚金30000元。

⑤虚假广告罪：广告主、广告经营者、广告发布者违反国家规定，利用广告对商品或者服务作虚假宣传，情节严重的，处二年以下有期徒刑或者拘役，并处或者单处罚金。

（2）食品安全法　我国的《食品安全法》由中华人民共和国第十一届全国人民代表大会常务委员会第七次会议于2009年2月28日通过，2015年4月24日，第十二届全国人民代表大会常务委员会第十四次会议对《食品安全法》进行修订，并于2015年10月1日起施行。

《食品安全法》对于食品生产经营者的主体责任有以下规定：

①食品生产经营的一般要求（第三十三条）：食品生产经营应当符合食品安全标准，并符合下列要求：具有与生产经营的食品品种、数量相适应的食品原料处理和食品加工、包装、贮存等场所，保持该场所环境整洁，并与有毒、有害场所以及其他污染源保持规定的距离；具有与生产经营的食品品种、数量相适应的生产经营设备或者设施，有相应的消毒、更衣、盥洗、采光、照明、通风、防腐、防尘、防蝇、防鼠、防虫、洗涤以及处理废水、存放垃圾和废弃物的设备或者设施；有专职或者兼职的食品安全专业技术人员、食品安全管理人员和保证食品安全的规章制度；具有合理的设备布局和工艺流程，防止待加工食品与直接入口食品、原料与成品交叉污染，避免食品接触有毒物、不洁物；餐具、饮具和盛放直接入口食品的容器，使用前应当洗净、消毒，炊具、用具用后应当洗净，保持清洁；贮存、运输和装卸食品的容器、工具和设备应当安全、无害，保持清洁，防止食品污染，并符合保证食品安全所需的温度、湿度等特殊要求，不得将食品与有毒、有害物品一同贮存、运输；直接入口的食品应当使用无毒、清洁的包装材料、餐具、饮具和容器；食品生产经营人员应当保持个人卫生，生产经营食品时，应当将手洗净，穿戴清洁的工作衣、帽等；销售无包装的直接入口食品时，应当使用无毒、清洁的容器、售货工具和设备；用水应当符合国家规定的生活饮用水卫生标准；使用的洗涤剂、消毒剂应当对人体安全、无害；法律、法规规定的其他要求。

同时，新增了对于非食品生产经营者从事食品贮存、运输和装卸的要求，规定贮存、运输和装卸食品的容器、工具和设备应当安全、无害，保持清洁，防止食品污染，并符合保证食品安全所需的温度、湿度等特殊要求，不得将食品与有毒、有害物品一同贮存、运输。

小贴士：对于该条款的要求，在《食品安全国家标准　食品生产通用卫生规范》（GB 14881—2013）中，以强制性标准的形式，进行了相应的具体化，使之更具有操作性。

②禁止性的要求（第三十四条）：禁止生产经营下列食品：用非食品原料生产的食品或者添加食品添加剂以外的化学物质和其他可能危害人体健康物质的食品，或者用回收食品作为原料生产的食品；致病性微生物，农药残留、兽药残留、生物毒素、重金属等污染物质以及其他危害人体健康的物质含量超过食品安全标准限量的食品、食品添加剂、食品相关产品；用超过保质期的食品原料、食品添加剂生产的食品、食品添加剂；超范围、超限量使用食品添加剂的食品；营养成分不符合食品安全标准的专供婴幼儿和其他特定人群的主辅食品；腐败变质、油脂酸败、霉变生虫、污秽不洁、混有异物、掺假掺杂或者感官性状异常的食品、食品添加剂；病死、毒死或者死因不明的禽、畜、兽、水产动物肉类及其制品；未按规定进行检疫或者检疫不合格的肉类，或者未经检验或者检验不合格的肉类制品；被包装材料、容器、运输工具等污染的食品、食品添加剂；标注虚假生产日期、保质期或者超过保质期的食品、食品添加剂；无标签的预包装食品、食品添加剂；国家为防病等特殊需要明令禁止生产经营的食品；其他不符合法律、法规或者食品安全标准的食品、食品添加剂、食品相关产品。

③许可管理制度（第三十五条、第三十六条、第三十九条、第四十一条）：国家对食品生产经营实行许可制度。从事食品生产、食品销售、餐饮服务，应当依法取得许可。但是，销售食用农产品，不需要取得许可。

食品生产加工小作坊和食品摊贩等的具体管理办法由省、自治区、直辖市制定。

国家对食品添加剂生产实行许可制度。从事食品添加剂生产，应当具有与所生产食品添加剂品种相适应的场所、生产设备或者设施、专业技术人员和管理制度，并取得食品添加剂生产许可。

对直接接触食品的包装材料等具有较高风险的食品相关产品，按照国家有关工业产品生产许可证管理的规定实施生产许可。

④食品安全全程追溯制度（第四十二条）：国家建立食品安全全程追溯制度。食品生产经营者应当，建立食品安全追溯体系，保证食品可追溯。国家鼓励食品生产经营者采用信息化手段采集、留存生产经营信息，建立食品安全追溯体系。国务院食品药品监督管理部门会同国务院农业行政等有关部门建立食品安全全程追溯协作机制。

⑤食品安全管理制度（第四十四条）：食品生产经营企业应当建立健全食品安全管理制度，对职工进行食品安全知识培训，加强食品检验工作，依法从事生产经营活动。食品生产经营企业的主要负责人应当落实企业食品安全管理制度，对本企业的食品安全工作全面负责。食品生产经营企业应当配备食品安全管理人员，加强对其培训和考核。经考核不具备食品安全管理能力的，不得上岗。

⑥从业人员健康管理制度（第四十五条）：食品生产经营者应当建立并执行从业人员健康管理制度。患有国务院卫生行政部门规定的有碍食品安全疾病的人员，不得从事接触直接入口食品的工作。从事接触直接入口食品工作的食品生产经营人员应当每年进行健康检查，取得健康证明后方可上岗工作。

⑦过程控制制度（第四十六条）：食品生产企业应当就下列事项制定并实施控制要求，保证所生产的食品符合食品安全标准：原料采购、原料验收、投料等原料控制；生产工序、设备、贮存、包装等生产关键环节控制；原料检验、半成品检验、成品出厂检验等检验控制；运输和交付控制。

⑧食品安全自查制度（第四十七条）：食品生产经营者应当建立食品安全自查制度，定期对食品安全状况进行检查评价。生产经营条件发生变化，不再符合食品安全要求的，食品生产经营者应当立即采取整改措施；有发生食品安全事故潜在风险的，应当立即停止食品生产经营活动，并向所在地县级人民政府食品药品监督管理部门报告。

⑨进货查验记录制度（第五十条）：食品生产者采购食品原料、食品添加剂、食品相关产品，应当查验供货者的许可证和产品合格证明；对无法提供合格证明的食品原料，应当按照食品安全标准进行检验；不得采购或者使用不符合食品安全标准的食品原料、食品添加剂、食品相关产品。

食品生产企业应当建立食品原料、食品添加剂、食品相关产品进货查验记录制度，如实记录食品原料、食品添加剂、食品相关产品的名称、规格、数量、生产日期或者生产批号、保质期、进货日期以及供货者名称、地址、联系方式等内容，并保存相关凭证。记录和凭证保存期限不得少于产品保质期满后六个月；没有明确保质期的，保存期限不得少于二年。

⑩出厂检验记录制度（第五十一条、五十二条）：食品、食品添加剂和食品相关产品的生产者，应当依照食品安全标准对所生产的食品、食品添加剂和食品相关产品进行检验，检验合格后方可出厂或者销售。

食品生产企业应当建立食品出厂检验记录制度，查验出厂食品的检验合格证和安全状况，如实记录食品的名称、规格、数量、生产日期或者生产批号、保质期、检验合格证号、销售日期以及购货者名称、地址、联系方式等内容，并保存相关凭证。记录和凭证保存期限不得少于二年。

⑪食品召回制度（第六十三条）：国家建立食品召回制度。食品生产者发现其生产的食品不符合食品安全标准或者有证据证明可能危害人体健康的，应当立即停止生产，召回已经上市销售的食品，通知相关生产经营者和消费者，并记录召回和通知情况。食品生产经营者应当对召回的食品采取无害化处理、销毁等措施，防止其再次流入市场。但是，对因标签、标志或者说明书不符合食品安全标准而被召回的食品，食品生产者在采取补救措施且能保证食品安全的情况下可以继续销售；销售时应当向消费者明示补救措施。食品生产经营者应当将食品召回和处理情况向所在地县级人民政府食品药品监督管理部门报告；需要对召回的食品进行无害化处理、销毁的，应当提前报告时间、地点。

除了上述规范经营、禁止经营和9项管理制度外，《食品安全法》还提出了以下要求：

①新原料的安全评估（第三十七条）：利用新的食品原料生产食品，或者生产食品添加剂新品种、食品相关产品新品种，应当向国务院卫生行政部门提交相关产品的安全性评估材料。

②食品与药品原料的规定（第三十八条）：生产经营的食品中不得添加药品，但是可以添加按照传统既是食品又是中药材的物质。按照传统既是食品又是中药材的物质目录由国务院卫生行政部门会同国务院食品药品监督管理部门制定、公布。

③食品标识的要求（第六十七条、六十九条、七十一条）：预包装食品的包装上应当有标签。标签应当标明下列事项：名称、规格、净含量、生产日期；成分或者配料表；生产者的名称、地址、联系方式；保质期；产品标准代号；贮存条件；所使用的食品添加剂在国家标准中的通用名称；生产许可证编号；法律、法规或者食品安全标准规定应当标明的其他事项。

专供婴幼儿和其他特定人群的主辅食品，其标签还应当标明主要营养成分及其含量。

生产经营转基因食品应当按照规定显著标示。

食品的标签、说明书，不得含有虚假内容，不得涉及疾病预防、治疗功能。生产经营者对其提供的标签、说明书的内容负责。食品的标签、说明书应当清楚、明显，生产日期、保质期等事项应当显著标注，容易辨识。食品与其标签、说明书的内容不符的，不得上市销售。

小贴士：对于食品标识的要求，还应结合《预包装食品标签通则》（GB7718—2011）、《预包装食品营养标签通则》（GB 28050—2011）以及具体食品的标准来理解，以便制作出符合法律和标准要求的标签。

④特殊食品的注册备案管理（第七十六条、第八十条、第八十一条）：使用保健食品原料目录以外原料的保健食品和首次进口的保健食品应当经国务院食品药品监督管理部门注册。但是，首次进口的保健食品中属于补充维生素、矿物质等营养物质的，应当报国务院食品药品监督管理部门备案。其他保健食品应当报省、自治区、直辖市人民政府食品药品监督管理部门备案。

特殊医学用途配方食品应当经国务院食品药品监督管理部门注册。注册时，应当提交产品配方、生产工艺、标签、说明书以及表明产品安全性、营养充足性和特殊医学用途临床效果的材料。

婴幼儿配方食品生产企业应当将食品原料、食品添加剂、产品配方及标签等事项向省、自治区、直辖市人民政府食品药品监督管理部门备案。婴幼儿配方乳粉的产品配方应当经国务院食品药品监督管理部门注册。注册时，应当提交配方研发报告和其他表明配方科学性、安全性的材料。

食品生产经营者违反《食品安全法》的规定，将要承担由此产生的民事责任、行政责任和刑事责任。

①民事责任：消费者因不符合食品安全标准的食品受到损害的，可以向经营者要求赔偿损失，也可以向生产者要求赔偿损失。接到消费者赔偿要求的生产经营者，应当实行首负责任制，先行赔付，不得推诿；属于生产者责任的，经营者赔偿后有权向生产者追偿；属于经营者责任的，生产者赔偿后有权向经营者追偿。

生产不符合食品安全标准的食品，消费者除要求赔偿损失外，还可以向生产者或者经营者要求支付价款十倍或者损失三倍的赔偿金；增加赔偿的金额不足一千元的，为一千元。但是，食品的标签、说明书存在不影响食品安全且不会对消费者造成误导的瑕疵的除外。

②行政责任：未取得食品生产经营许可从事食品生产经营活动，或者未取得食品添加剂生产许可从事食品添加剂生产活动的，由县级以上人民政府食品药品监督管理部门没收违法所得和违法生产经营的食品、食品添加剂以及用于违法生产经营的工具、设备、原料等物品；违法生产经营的食品、食品添加剂货值金额不足一万元的，并处五万元以上十万元以下罚款；货值金额一万元以上的，并处货值金额十倍以上二十倍以下罚款。

用非食品原料生产食品、在食品中添加食品添加剂以外的化学物质和其他可能危害人体健康的物质，或者用回收食品作为原料生产食品，或者经营上述食品；生产经营营养成分不符合食品安全标准的专供婴幼儿和其他特定人群的主辅食品；经营病死、毒死或者死因不明的禽、畜、兽、水产动物肉类，或者生产经营其制品；经营未按规定进行检疫或者检疫不合格的肉类，或者生产经营未经检验或者检验不合格的肉类制品；生产经营国家为防病等特殊需要明令禁止生产经营的食品；生产经营添加药品的食品的，以上行为尚不构成犯罪的，由县级以上人民政府食品药品监督管理部门没收违法所得和违法生产经营的食品，并可以没收用于违法生产经营的工具、设备、原料等物品；违法生产经营的食品货值金额不足一万元的，并处十万元以上十五万元以下罚款；货值金额一万元以上的，并处货值金额十五倍以上三十倍以下罚款；情节严重的，吊销许可证，并可以由公安机关对其直接负责的主管人员和其他直接责任人员处五日以上十五日以下拘留。

生产经营致病性微生物、农药残留、兽药残留、生物毒素、重金属等污染物质以及其他危害人体健康的物质含量超过食品安全标准限量的食品、食品添加剂；用超过保质期的食品原料、食品添加剂生产食品、食品添加剂，或者经营上述食品、食品添加剂；生产经营超范围、超限量使用食品添加剂的食品；生产经营腐败变质、油脂酸败、霉变生虫、污秽不洁、混有异物、掺假掺杂或者感官性状异常的食品、食品添加剂；生产经营标注虚假生产日期、保质期或者超过保质期的食品、食品添加剂；生产经营未按规定注册的保健食品、特殊医学用途配方食品、婴幼儿配方乳粉，或者未按注册的产品配方、生产工艺等技术要求组织生产；以分装方式生产婴幼儿配方乳粉，或者同一企业以同一配方生产不同品牌的婴幼儿配方乳粉；利用新的食品原料生产食品，或者生产食品添加剂新品种，未通过安全性评估；食品生产经营者在食品药品监督管理部门责令其召回或者停止经营后，仍拒不召回或者停止经营的；生产经营不符合法律、法规或者食品安全标准的食品、食品添加剂的；以上行为尚不构成犯罪的，由县级以上人民政府食品药品监督管理部门没收违法所得和违法生产经营的食品、食品添加剂，并可以没收用于违法生产经营的工具、设备、原料等物品；违法生产经营的食品、食品添加剂货值金额不足一万元的，并处五万元以上十万元以下罚款；货值金额一万元以上的，并处货值金额十倍以上二十倍以下罚款；情节严重的，吊销许可证。

生产经营被包装材料、容器、运输工具等污染的食品、食品添加剂；生产经营无标签的预包装食品、食品添加剂或者标签、说明书不符合本法规定的食品、食品添加剂；生产经营转基因食品未按规定进行标示；食品生产经营者采购或者使用不符合食品安全标准的食品原料、食品添加剂、食品相关产品的，由县级以上人民政府食品药品监督管理部门没收违法所得和违法生产经营的食品、食品添加剂，并可以没收用于违法生产经营的工具、设备、原料等物品；违法生产经营的食品、食品添加剂货值金额不足一万元的，并处五千元以上五万元以下罚款；货值金额一万元以上的，并处货值金额五倍以上十倍以下罚款；情节严重的，责令停产停业，直至吊销许可证。

生产经营的食品、食品添加剂的标签、说明书存在瑕疵但不影响食品安全且不会对消费者造成误导的，由县级以上人民政府食品药品监督管理部门责令改正；拒不改正的，处二千元以下罚款。

食品、食品添加剂生产者未按规定对采购的食品原料和生产的食品、食品添加剂进行检验；食品生产经营企业未按规定建立食品安全管理制度，或者未按规定配备或者培训、考核食品安全管理人员；食品、食品添加剂生产经营者进货时未查验许可证和相关证明文件，或者未按规定建立并遵守进货查验记录、出厂检验记录和销售记录制度；食品生产经营企业未制定食品安全事故处置方案；盛放直接入口食品的容器，使用前未经洗净、消毒或者清洗消毒不合格；食品生产经营者安排未取得健康证明或者患有国务院卫生行政部门规定的有碍食品安全疾病的人员从事接触直接入口食品的工作；保健食品生产企业未按规定向食品药品监督管理部门备案，或者未按备案的产品配方、生产工艺等技术要求组织生产；婴幼儿配方食品生产企业未将食品原料、食品添加剂、产品配方、标签等向食品药品监督管理部门备案；特殊食品生产企业未按规定建立生产质量管理体系并有效运行，或者未定期提交自查报告；食品生产经营者未定期对食品安全状况进行检查评价，或者生产经营条件发生变化，未按规定处理；食品生产企业按规定制定、实施生产经营过程控制要求的，由县级以上人民政府食品药品监督管理部门责令改正，给予警告；拒不改正的，处五千元以上五万元以下罚款；情节严重的，责令停产停业，直至吊销许可证。

拒绝、阻挠、干涉有关部门、机构及其工作人员依法开展食品安全监督检查、事故调查处理、风险监测和风险评估的，由有关主管部门按照各自职责分工责令停产停业，并处二千元以上五万元以下罚款；情节严重的，吊销许可证；构成违反治安管理行为的，由公安机关依法给予治安管理处罚。

食品生产经营者在一年内累计三次因违反本法规定受到责令停产停业、吊销许可证以外处罚的，由食品药品监督管理部门责令停产停业，直至吊销许可证。被吊销许可证的食品生产经营者及其法定代表人、直接负责的主管人员和其他直接责任人员自处罚决定作出之日起五年内不得申请食品生产经营许可，或者从事食品生产经营管理工作、担任食品生产经营企业食品安全管理人员。因食品安全犯罪被判处有期徒刑以上刑罚的，终身不得从事食品生产经营管理工作，也不得担任食品生产经营企业食品安全管理人员。食品生产经营者聘用人员违反前两款规定的，由县级以上人民政府食品药品监督管理部门吊销许可证。

③刑事责任：食品生产者违反《食品安全法》，构成刑事犯罪的，将依《刑法》规定追究刑事责任。

（3）产品质量法　《产品质量法》主要规定了国家产品质量监督的措施、生产者和销售者的产品质量责任和义务、损害赔偿和罚则。其中，食品生产者的产品质量责任和义务主要有：

①生产者应当对其生产的产品质量负责。产品质量应当符合下列要求：不存在危及人身、财产安全的不合理的危险，有保障人体健康和人身、财产安全的国家标准、行业标准的，应当符合该标准；具备产品应当具备的使用性能，但是，对产品存在使用性能的瑕疵作出说明的除外；符合在产品或者其包装上注明采用的产品标准，符合以产品说明、实物样品等方式表明的质量状况。

②生产者不得伪造产地，不得伪造或者冒用他人的厂名、厂址。

③生产者不得伪造或者冒用认证标志等质量标志。

④生产者生产产品，不得掺杂、掺假，不得以假充真、以次充好，不得以不合格产品冒充合格产品。

食品的生产者因为生产的产品质量存在缺陷，必须承当由此带来的民事和行政责任，甚至是刑事责任。

①民事责任：因产品存在缺陷造成受害人人身伤害的，侵害人应当赔偿医疗费、治疗期间的护理费、因误工减少的收入等费用；造成残疾的，还应当支付残疾者生活自助费、生活补助费、残疾赔偿金以及由其扶养的人所必需的生活费等费用；造成受害人死亡的，并应当支付丧葬费、死亡赔偿金以及由死者生前扶养的人所必需的生活费等费用。

②行政责任：生产、销售不符合保障人体健康和人身、财产安全的国家标准、行业标准的产品的，责令停止生产、销售，没收违法生产、销售的产品，并处违法生产、销售产品（包括已售出和未售出的产品，下同）货值金额等值以上三倍以下的罚款；有违法所得的，并处没收违法所得；情节严重的，吊销营业执照；构成犯罪的，依法追究刑事责任。

在产品中掺杂、掺假，以假充真，以次充好，或者以不合格产品冒充合格产品的，责令停止生产、销售，没收违法生产、销售的产品，并处违法生产、销售产品货值金额百分之五十以上三倍以下的罚款；有违法所得的，并处没收违法所得；情节严重的，吊销营业执照；构成犯罪的，依法追究刑事责任。

伪造产品产地的，伪造或者冒用他人厂名、厂址的，伪造或者冒用认证标志等质量标志的，责令改正，没收违法生产、销售的产品，并处违法生产、销售产品货值金额等值以下的罚款；有违法所得的，并处没收违法所得；情节严重的，吊销营业执照。

第三节　我国食品生产经营许可制度

一、　我国食品生产经营许可制度概况

1995 年颁布的《中华人民共和国食品卫生法》第二十七条规定：食品生产经营企业和食品摊贩，必须先取得卫生行政部门发放的卫生许可证方可向工商行政管理部门申请登记。未取得卫生许可证的，不得从事食品生产经营活动。这是我国法律首次设定食品生产经营许可制度。随着我国改革开放后，食品生产加工业的迅速发展，从 1980 年到 2000 年，全国食品工业年均增长速度达 13.1%。原以餐饮服务业为主设计的卫生许可制度已逐渐无法适应食品加工业规模化发展及消费者对食品质量安全的要求。根据 2001 年国家质检总局对全国米、面、油、酱油、醋 5 类食品的企业的专项产品质量抽检，产品平均合格率仅为 59.9%。为此，2002 起，国家质检总局在全国分类逐步推行食品质量安全市场准入制度，至 2008 年对所有食品（不包括保健食品和半成品）类别全面实行食品生产许可证管理。通过公布实施《食品质量安全市场准入审查通则》和各类食品的生产许可证审查细则，对食品生产企业的环境条件、生产设备、检验能力、管理制度等做出具体的规定，达不到条件的企业将无法进入食品生产行业，推动企业大规模地提升生产能力和质量水平。2009 年，《中华人民共和国食品安全法》取代了《食品卫生法》。《食品安全法》第二十九条明确规定：国家对食品生产经营实行许可制度。从事食品生产、食品流通、餐饮服务，应当依法取得食品生产许可、食品流通许可、餐饮服务许可；第四十三条规定：国家对食品添加剂的生产实行许可制度。进一步明确了食品生产经营许可制度的职责范围、管理方式。与此相适应，卫生、质检、工商、食药监等部门制定了《餐饮服务许可管理办法》、《餐饮服务许可审查规范》、《食品生产许可管理办法》、《食品生产许可审查通则》、《食品添加剂生产监督管理规定》、《食品流通许可证管理办法》等，进一步细化了许可的实施的范围、程序、条件。在新一轮政府机构改革中，改变了原先"分段监管"的机制，由国家食品药品监督管理总局负责食品生产经营

活动监督管理。国家食品药品监督管理总局陆续出台了《食品生产许可管理办法》、《食品经营许可管理办法》等部门规章，重新构建了自身的生产经营许可机制。

由于《食品安全法》对于食品生产加工小作坊和食品摊贩从事食品生产经营活动，授权省、自治区、直辖市人民代表大会常务委员会制定地方性法规进行规范，而各省、市、自治区人大常委会的立法进度不一，经济发展程度不同，目前食品生产加工小作坊和食品摊贩的生产经营活动的立法工作尚未全部完成，对于是否需要设立许可没有统一的规定。

二、 食品生产许可证

1. 食品生产许可范围

按照《食品安全法》和《食品生产许可管理办法》的规定，在我国境内从事食品生产活动，应当依法取得食品生产许可证。食品生产许可实行一企一证原则，即同一个食品生产者从事食品生产活动，只需取得一个食品生产许可证。生产多类别食品的，在生产许可证副本中予以注明。许可的范围包括食品（保健食品）和食品添加剂。按照原料和工艺，食品生产许可证分成32个大类别，88个类别名称，具体分类详见表7-6。

表7-6　　　　　　　　　　食品生产许可目录

序号	食品、食品添加剂类别	类别名称	类别编号	审查细则
1	粮食加工品	小麦粉	0101	小麦粉生产许可证审查细则
		大米	0102	大米生产许可证审查细则
		挂面	0103	挂面生产许可证审查细则
		其它粮食加工品	0104	其他粮食加工品生产许可证审查细则
2	食用油、油脂及其制品	食用植物油	0201	食用植物油生产许可证审查细则
		食用油脂制品	0202	食用油脂制品生产许可证审查细则
		食用动物油脂	0203	食用动物油脂生产许可证审查细则
3	调味品	酱油	0301	酱油生产许可证审查细则
		食醋	0302	食醋生产许可证审查细则
		味精	0303	味精生产许可证审查细则
		酱类（酱）	0304	酱生产许可证审查细则
		调味料产品	0305	调味料产品生产许可证审查细则
4	肉制品	热加工熟肉制品	0401	肉制品生产许可证审查细则
		发酵肉制品	0402	
		预制调理肉制品	0403	
		腌腊肉制品	0404	
5	乳制品	液体乳	0501	乳制品生产许可证审查细则
		乳粉	0502	
		其他乳制品	0503	

续表

序号	食品、食品添加剂类别	类别名称	类别编号	审查细则
6	饮料	瓶（桶）装饮用水	0601	饮料产品生产许可证审查细则
		碳酸饮料（汽水）	0602	
		茶（类）饮料	0603	
		果蔬汁类及其饮料	0604	
		蛋白饮料	0605	
		固体饮料	0606	
		其他饮料	0607	
7	方便食品	方便面	0701	方便面生产许可证审查细则
		其他方便食品	0702	其他方便食品生产许可证审查细则
		调味面制品	0703	
8	饼干	饼干	0801	饼干生产许可证审查细则
9	罐头	畜禽水产罐头	0901	罐头食品生产许可证审查细则
		果蔬罐头	0902	
		其他罐头	0903	
10	冷冻饮品	冷冻饮品	1001	冷冻饮品生产许可证审查细则
11	速冻食品	速冻面米食品	1101	速冻食品生产许可证审查细则
		速冻调制食品	1102	
		速冻其他食品	1103	
12	薯类和膨化食品	膨化食品	1201	膨化食品生产许可证审查细则
		薯类食品	1202	薯类食品生产许可证审查细则
13	糖果制品	糖果	1301	糖果制品生产许可证审查细则
		巧克力及巧克力制品	1302	巧克力及巧克力制品生产许可证审查细则
		代可可脂巧克力及代可可脂巧克力制品	1303	
		果冻生产许可审查细则	1304	
14	茶叶及相关制品	茶叶	1401	茶叶生产许可证审查细则
		边销茶	1402	边销茶生产许可证审查细则
		茶制品	1403	含茶制品生产许可证审查细则
		调味茶	1404	
		代用茶	1405	代用茶产品生产许可证审查细则
15	酒类	白酒	1501	白酒生产许可证审查细则
		葡萄酒及果酒	1502	葡萄酒及果酒生产许可证审查细则
		啤酒	1503	啤酒生产许可证审查细则

续表

序号	食品、食品添加剂类别	类别名称	类别编号	审查细则
15	酒类	黄酒	1504	黄酒生产许可证审查细则
		其他酒	1505	其他酒生产许可证审查细则
		食用酒精	1506	食用酒精产品生产许可证换（发）证实施细则
16	蔬菜制品	酱腌菜	1601	酱腌菜生产许可证审查细则
		蔬菜干制品	1602	蔬菜干制品生产许可证审查细则
		食用菌制品	1603	食用菌制品生产许可证审查细则
		其他蔬菜制品	1604	
17	水果制品	蜜饯	1701	蜜饯生产许可证审查细则
		水果制品	1702	水果制品生产许可证审查细则
18	炒货食品及坚果制品	炒货食品及坚果制品	1801	炒货食品及坚果制品生产许可证审查细则
19	蛋制品	蛋制品	1901	蛋制品生产许可证审查细则
20	可可及焙炒咖啡产品	可可制品	2001	可可制品生产许可证审查细则
		焙炒咖啡	2002	焙炒咖啡生产许可证审查细则
21	食糖	糖	2101	糖生产许可审查细则
22	水产制品	非即食水产品	2201	干制水产品生产许可证审查细则 盐渍水产品生产许可证审查细则 鱼糜制品生产许可证审查细则
		即食水产品	2202	其他水产加工品生产许可证审查细则
23	淀粉及淀粉制品	淀粉及淀粉制品	2301	淀粉及淀粉制品生产许可证审查细则
		淀粉糖	2302	淀粉糖生产许可证审查细则
24	糕点	热加工糕点	2401	糕点生产许可证审查细则
		冷加工糕点	2402	
		食品馅料	2403	
25	豆制品	豆制品	2501	豆制品生产许可证审查细则 其他豆制品生产许可证审查细则
26	蜂产品	蜂蜜	2601	蜂产品生产许可证审查细则
		蜂王浆（含蜂王浆冻干品）	2602	
		蜂花粉	2603	蜂花粉及蜂产品制品生产许可证审查细则
		蜂产品制品	2604	
27	保健食品	保健食品	2701	保健食品生产许可审查细则

续表

序号	食品、食品添加剂类别	类别名称	类别编号	审查细则
28	特殊医学用途配方食品	特殊医学用途配方食品	2801	
		特殊医学用途婴儿配方食品	2802	
29	婴幼儿配方食品	婴幼儿配方乳粉	2901	婴幼儿配方乳粉生产许可审查细则
30	特殊膳食食品	婴幼儿谷类辅助食品	3001	婴幼儿及其他配方谷粉产品生产许可证审查细则
		婴幼儿罐装辅助食品	3002	
		其他特殊膳食食品	3003	
31	其它食品	其他食品	3101	酵母及酵母制品生产许可证审查细则等
32	食品添加剂	食品添加剂	3201	食品添加剂生产许可审查通则
		食品用香精	3202	
		复配食品添加剂	3203	

2. 食品生产许可证的基本条件

如果是一家新设立的食品生产企业，首先应当取得营业执照等合法主体资格，如企业法人、合伙企业、个人独资企业、个体工商户等。根据准备生产的产品品种，应向经贸部门咨询是否符合国家产业政策的要求。如果不属于国家产业政策限制生产的品种，可以直接开始选择厂址、购置设备、招聘人员使企业具备生产符合食品安全标准的食品"硬件"和"软件"设施，即：

（1）具有与生产的食品品种、数量相适应的食品原料处理和食品加工、包装、贮存等场所，保持该场所环境整洁，并与有毒、有害场所以及其他污染源保持规定的距离；

（2）具有与生产的食品品种、数量相适应的生产设备或者设施，有相应的消毒、更衣、盥洗、采光、照明、通风、防腐、防尘、防蝇、防鼠、防虫、洗涤以及处理废水、存放垃圾和废弃物的设备或者设施；保健食品生产工艺有原料提取、纯化等前处理工序的，需要具备与生产的品种、数量相适应的原料前处理设备或者设施；

（3）有专职或者兼职的食品安全管理人员和保证食品安全的规章制度；

（4）具有合理的设备布局和工艺流程，防止待加工食品与直接入口食品、原料与成品交叉污染，避免食品接触有毒物、不洁物；

（5）法律、法规规定的其他条件。

在具备生产符合食品安全标准的条件后，向受理生产许可的行政部门申请办理食品生产证。

小贴士：企业是否具备条件的标准按《食品生产通用卫生规范》（GB 14881—2013）、《食品生产许可审查通则》和28类食品的审查细则来判定。

3. 食品生产许可证的申办

（1）申请材料　申请食品生产许可应提交下列材料：①食品生产许可申请书；②营业执

照复印件；③食品生产加工场所及其周围环境平面图、各功能区间布局平面图、工艺设备布局图和食品生产工艺流程图；④食品生产主要设备、设施清单；⑤进货查验记录、生产过程控制、出厂检验记录、食品安全自查、从业人员健康管理、不安全食品召回、食品安全事故处置等保证食品安全的规章制度。

申请保健食品、特殊医学用途配方食品、婴幼儿配方食品的生产许可，还应当提交与所生产食品相适应的生产质量管理体系文件以及相关注册和备案文件。

（2）申办程序

①提交申请：申请人将申请资料提交至受理生产许可的行政部门。

②受理申请：许可机关对收到的申请，根据下列情况分别作出处理：申请事项依法不需要取得食品生产许可的，应当即时告知申请人不受理。申请事项依法不属于受理机关职权范围的，应当即时作出不予受理的决定，并告知申请人向有关行政机关申请。申请材料存在可以当场更正的错误的，应当允许申请人当场更正，由申请人在更正处签名或者盖章，注明更正日期。申请材料不齐全或者不符合法定形式的，应当当场或者在 5 个工作日内一次告知申请人需要补正的全部内容。当场告知的，应当将申请材料退回申请人；在 5 个工作日内告知的，应当收取申请材料并出具收到申请材料的凭据。逾期不告知的，自收到申请材料之日起即为受理。申请材料齐全、符合法定形式，或者申请人按照要求提交全部补正材料的，应当受理食品生产许可申请。

③现场审核：行政许可申请受理决定书发出后，许可机关认为需要对申请材料的实质内容进行核实的，应当进行现场核查。在食品生产许可现场核查时，可以根据食品生产工艺流程等要求，核查试制食品检验合格报告。现场核查应当由符合要求的核查人员进行。核查人员不得少于 2 人。核查人员应当自接受现场核查任务之日起 10 个工作日内，完成对生产场所的现场核查。

申请保健食品、特殊医学用途配方食品、婴幼儿配方乳粉生产许可，在产品注册时经过现场核查的，可以不再进行现场核查。

④决定：除可以当场作出行政许可决定的外，许可机关应当自受理申请之日起 20 个工作日内作出是否准予行政许可的决定。因特殊原因需要延长期限的，可以延长 10 个工作日。

⑤颁发证书：许可机关做出准予许可决定之日起 10 日内，向企业发放食品生产许可证。对不符合条件的，应当及时作出不予许可的书面决定并说明理由。

三、 食品经营许可

1. 食品经营许可范围

根据《食品安全法》和《食品经营许可管理办法》的规定，在我国境内从事食品销售和餐饮服务活动，应当依法取得食品经营许可。食品经营许可实行一地一证原则，即食品经营者在一个经营场所从事食品经营活动，应当取得一个食品经营许可证。许可机关按照主体业态、食品经营项目，并考虑风险高低对食品经营许可申请进行分类审查。主体业态包括食品销售经营者、餐饮服务经营者、单位食堂。如申请通过网络经营、内设中央厨房或者从事集体用餐配送的，在主体业态后以括号标注。食品经营项目分为预包装食品销售（含冷藏冷冻食品、不含冷藏冷冻食品）、散装食品销售（含冷藏冷冻食品、不含冷藏冷冻食品）、特殊食品销售（保健食品、特殊医学用途配方食品、婴幼儿配方乳粉、其他婴幼儿配方食品）、其他类食品销售、热食类食品制售、冷食类食品制售、生食类食品制售、糕点类食品制售、自制饮品制售、其他类食品制售。如申请散装熟食销售的，应当在散装食品销售项目后以括号标注。列入其他类食品销售和其他类食品制售的具体品种应当报国家食品药品监督管理总局批准后执行，并明确标注。具有热、冷、生、固态、液态等多种情形，难以明确归类的食品，按照食品安全风险等级最高的情形进行归类。

2. 食品经营许可的基本条件

申请食品经营许可，应当先行取得营业执照等合法主体资格，其中企业法人、合伙企业、个人独资企业、个体工商户等，以营业执照载明的主体作为申请人；机关、事业单位、社会团体、民办非企业单位、企业等申办单位食堂，以机关或者事业单位法人登记证、社会团体登记证或者营业执照等载明的主体作为申请人。

申请食品经营许可的单位应具必以下基本条件：

（1）具有与经营的食品品种、数量相适应的食品原料处理和食品加工、销售、贮存等场所，保持该场所环境整洁，并与有毒、有害场所以及其他污染源保持规定的距离；食品经营场所和食品贮存场所不得设在易受到污染的区域，距离粪坑、污水池、暴露垃圾场（站）、旱厕等污染源 25 米以上。

（2）具有与经营的食品品种、数量相适应的经营设备或者设施，有相应的消毒、更衣、盥洗、采光、照明、通风、防腐、防尘、防蝇、防鼠、防虫、洗涤以及处理废水、存放垃圾和废弃物的设备或者设施；直接接触食品的设备或设施、工具、容器和包装材料等应当具有产品合格证明，应为安全、无毒、无异味、防吸收、耐腐蚀且可承受反复清洗和消毒的材料制作，易于清洁和保养。

（3）有专职或者兼职的食品安全管理人员和保证食品安全的规章制度；其中食品安全管理人员应当经过培训和考核。取得国家或行业规定的食品安全相关资质的，可以免于考核。食品安全管理制度应当包括：从业人员健康管理制度和培训管理制度、食品安全管理员制度、食品安全自检自查与报告制度、食品经营过程与控制制度、场所及设施设备清洗消毒和维修保养制度、进货查验和查验记录制度、食品贮存管理制度、废弃物处置制度、食品安全突发事件应急处置方案等。

（4）具有合理的设备布局和工艺流程，防止待加工食品与直接入口食品、原料与成品交叉污染，避免食品接触有毒物、不洁物；

（5）法律、法规规定的其他条件。

3. 食品经营许可的申办

（1）申请材料　申请食品经营许可，应当提交下列材料：①食品经营许可申请书；②营业执照或者其他主体资格证明文件复印件；③与食品经营相适应的主要设备设施布局、操作流程等文件；④食品安全自查、从业人员健康管理、进货查验记录、食品安全事故处置等保证食品安全的规章制度。

利用自动售货设备从事食品销售的，申请人还应当提交自动售货设备的产品合格证明、具体放置地点，经营者名称、住所、联系方式、食品经营许可证的公示方法等材料。

通过互联网从事食品经营的，除上述条件外，还应当向许可机关提供具有可现场登陆申请人网站、网页或网店等功能的设施设备，供许可机关审查。

（2）申办程序

①提交申请：申请人将申请资料提交至受理经营许可的行政部门。

②受理申请：许可机关对收到的申请，根据下列情况分别作出处理：申请事项依法不需要取得食品经营许可的，应当即时告知申请人不受理。申请事项依法不属于受理机关职权范围的，应当即时作出不予受理的决定，并告知申请人向有关行政机关申请。申请材料存在可以当场更正的错误的，应当允许申请人当场更正，由申请人在更正处签名或者盖章，注明更正日期。申请材料不齐全或者不符合法定形式的，应当当场或者在 5 个工作日内一次告知申请人需要补正的全部内容。当场告知的，应当将申请材料退回申请人；在 5 个工作日内告知的，应当收取申请材料并出具收到申请材料的凭据。逾期不告知的，自收到申请材料之日起即为受理。申请材料齐全、符合法定形式，或者申请人按照要求提交全部补正材料的，应当受理食品经营许可申请。

③现场审核：行政许可申请受理决定书发出后，许可机关认为需要对申请材料的实质内容进行核实的，应当进行现场核查。仅申请预包装食品销售（不含冷藏冷冻食品）的，以及食品经营许可变更不改变设施和布局的，可以不进行现场核查。现场核查应当由符合要求的核查人员进行。核查人员不得少于 2 人。核查人员应当自接受现场核查任务之日起 10 个工作日内，完成对经营场所的现场核查。

④决定：除可以当场作出行政许可决定的外，许可机关应当自受理申请之日起 20 个工作日内作出是否准予行政许可的决定。因特殊原因需要延长期限的，可以延长 10 个工作日。

⑤颁发证书：许可机关做出准予许可决定之日起 10 日内，向企业发放食品生产许可证。对不符合条件的，应当及时作出不予许可的书面决定并说明理由。

🔍 思考题

1. 中国《食品安全法》规定的食品生产者的义务有哪些？
2. 中国的食品安全标准的分类有哪些？
3. 在市场上有哪些不符合食品安全标准的食品标签？
4. 中国食品生产经营许可制度有哪些？

参考文献

[1] 叶华生，孙海山等. 标准化知识（下册）. 第二版. 福州：福建省标准化协会，2003.

[2] 王世平. 食品标准与法规. 北京：科学出版社，2013.

[3] 赵丹宇，郑云雁，李晓瑜. 国际食品法典应用指南. 北京. 中国标准出版社，2001.

[4] 张雨，黄桂英，刘自杰. 中国食品安全的现状及其与国外的差距. 中国食物与营养，2003（3）：13 – 16.

[5] 李墩贤. 欧盟食品安全法律体系的演进. 法制与社会，2010（4）：53.

[6] 邹志飞. 食品添加剂使用标准之解读. 中国标准出版社，2011.

第八章
食品安全危害的应急管理 案例分析

第一节 食品安全危机管理

一、 危机管理的基本理论

危机是由于内部或外部的高度不确定的变化因素，对社会共同利益和安全产生严重威胁的一种危险境况和紧急状态。食品安全的危机管理是为了有效预防、控制和消除食品安全危机的危害，保障公众身体健康与生命安全，维护正常的社会秩序，恢复公众信任制定的。一个系统工程，需要社会各个方面的合力。

1. 概述

（1）基本概念

①危机的内涵：在危机管理领域，对危机的定义有 100 多种。18～19 世纪，"危机"被用来表示政治体制、社会秩序或政府面临的紧急状况和重大危险，而后被引入企业管理领域，有了危机管理的概念。美国学者赫尔曼（Hermann，1972）认为："危机是一种情境状态，其决策主体的根本目标受威胁时，改变决策？可获得的反应时间有限，且形势常常向使决策主体不可预料的方向发展。"福斯特（Foster，1980）指出，危机具有四个显著特征，即急需快速做出决策、严重缺乏必要的训练有素的员工、相关物资紧缺、处理时间有限。罗森塔尔（Rosenthal，1989）等人将危机界定为：对一个社会系统的基本价值和行为架构产生严

重威胁，并且在实践性和不确定性很强的情况下必须对其做出关键性决策的事件。巴顿（Barton，1993）在企业层面对危机的定义进行阐述，认为危机是一个会引起潜在负面影响的具有不确定性的事件，这种事件及其后果可能对组织及其员工、产品、服务、资产和声誉造成巨大的损害。里宾杰（Lerbinger，1997）认为：危机是对于企业未来的获利性、成长乃至生存发生潜在威胁的事件。

②食品安全危机事件的定义：食品安全危机事件，在《食品安全法》和《国家重大食品安全事故应急预案》称为食品安全事故，是指食物中毒、食源性疾病、食品污染等源于食品，对人体健康有危害或者可能有危害的事故。

③食品安全危机管理的概念："危机管理"是指为恰当处理危机，最大限度地避开或减少损失而采取有效措施和解决对策的过程。它包括对危机的事前、事中和事后整个过程的管理。这三个阶段彼此衔接、相互联系，事后阶段实际也是另一个危机管理过程的事前阶段。因此，危机管理是一种有组织、有计划、持续动态的管理过程。

（2）我国危机管理的发展历程

第一阶段：初步总结经验阶段（1949—2002 年）

我国的危机管理的历史由来已久。早在新中国成立以前，我国学者已对自然灾害、瘟疫、饥荒等灾难性事件有了深入研究，并在其预防和应对工作中积累了宝贵经验。在对 3000 余年来的丰富的考古资料研究的基础上，形成了灾害理学、灾害工学以及灾害律学，并积累了灾害成因、防灾、减灾等方面的经验。新中国成立之后国家内忧外患，在长期的实践中，政府从我国的基本国情出发，学习和借鉴古今中外的先进经验，在政府危机管理方面总结出了行之有效的方法和措施。

随着经济社会的快速发展，不同于自然灾害的公共安全问题越来越多。我国政府针对生产事故、公共卫生事件及其他危害公共安全与社会秩序的事件逐渐形成了一些管理体制和应急工作办法。

1988 年我国从事企业危机管理的创始人佘廉教授首次提出"企业逆境管理研究"，并于1993 年建立企业预警管理系统理论。1999 年，亚洲金融危机使中国经济发展的外部环境不断恶化，对外贸易受到重大影响。韩万一进行企业经营危机的测报红灯查诊法的研究，及时对危机进行测报预警。

第二阶段：制度化阶段（2002—2007 年）

2002 年 11 月，SARS 疫情的发生给社会带来巨大冲击，暴露出我国危机管理机制的脆弱性，这时国内学者对危机管理中的一个子系统进行论述，但并未对预警、预防、处理、反思和学习整个危机管理系统进行整合。2005 年 1 月，国务院常务会议原则通过《国家突发公共事件总体应急预案》和 25 件专项预案、80 件部门预案，共 106 件。此时我国突发公共事件的应急预案体系框架基本建成。

第三阶段：跨越发展阶段（2007 至今）

2007 年 8 月 30 日，第十届全国人民代表大会常务委员会第二十九次会议通过了《中华人民共和国突发事件应对法》，并于同年 11 月 1 日起施行。《中华人民共和国突发事件应对法》填补了我国危机管理法律的空白，标志着我国危机管理法律体系基本建成。2011 年 10 月 5 日，《国家重大食品安全事故应急预案》在 2005 版的基础上进行了修订，建立健全了应对突发重大食品安全事故的救助体系和运行机制，规范和指导了应急处理工作，有效预防、应对和控制了重大食品安全事故，高效组织应急救援工作，最大限度地减少重大食品安全事故的危害，保障公众身体健康与生命安全，维护正常的社会秩序。

（3）国外食品安全危机管理机制

①美国食品安全危机管理机制：经过长期的实践积累和不断完善，美国在食品安全事故处置机制方面取得了令人瞩目的成就。"9·11"事件后，美国更是加强了在食品安全方面的投资，制定了《公共卫生安全与生物恐怖应对法》《动物健康保护法》等法律法规，明确规定了各执法部门、企业的职责。美国食品安全危机应急机制建设是在法律授权的前提下开展相应工作，整个机制建设发展都是围绕法案授权的内容而展开的。机制建设包括应急机制标准与多方主体应急协调计划（或框架）两份文件，应急机制标准是用来规定全国范围内的各应急管理主体的统一标准和规范，为了使各级政府与相关部门都能协调一致和快速高效地应对各种类型的突发事件，给各级政府、私营部门和公共组织提供一套全国统一的方法，开展预防、准备、应急和恢复工作。多方主体应急协调计划是在应急机制标准所提供的框架的基础上，为应对国家层面的重大事故提供的一套完整的国家应急行动计划。除了政府部门的分工协作，美国的食品相关的"非政府组织"在倡导人们健康饮食，提高公众食品安全意识，监督企业生产、改良政府食品管理等方面起到了重要的作用。

美国食品安全事故处置机制已经比较完善，拥有完善的食品召回机制。除了政府监管机构如食品药品管理局对产品生产实行严格的质量监控外，企业也要对产品进行全面全程的质量监控，保证能及时发现产品存在的问题。一般情况下，如果食品出现安全隐患，企业会主动召回问题产品，并会在第一时间通知政府和公众，向公众道歉。政府可以很轻松地从企业那里得到准确的信息，而且召回行动是企业自愿执行的，需要法院强制执行的情况很少，否则企业将可能面临产品查封、罚款甚至倒闭的严重后果。不仅如此，各企业都设有公开热线电话供消费者随时咨询。待召回结束，食品药品管理局还会对被召回的问题食品是否最终被销毁或恰当处置等予以确认。正是这种完备的食品召回制度，美国的消费者对食品安全有较高的信任度。

②日本食品安全危机管理机制：当食品安全危机可能发生时，厚生劳动省就要采取措施预防损害健康的事故发生、防止其扩大，并制定相应的政策。厚生劳动省在健康危机管理机构设置信息收集窗口，广泛收集危害国民生命健康安全的信息。健康危机管理机构就其收集到的危险信息进行分析，包括危险程度、损害健康程度、规模、有无治疗方法等。健康危机管理机构在决定食品危机管理的对策时，及时向上级报告，在采取预防对策后，根据具体情况，收集相关的信息，以便在必要的时候重新调整对策。同时，对相关部门进行指导，公开对策内容，适时召开专家审议会，听取意见。在此期间，国民可通过政府公报、网络、新闻机构、医疗团体等了解国内外食品危机的信息。健康危机管理机构利用"紧急传真"等方式，将紧急重要的信息、对策或治疗方案等迅速地提供给医疗机构。

此外农林水产省在发生危机时，也有自己的一套应急机制。隶属于农林水产省的消费安全局在各科室定期、随时收集食品安全的信息、检查食品安全，对信息提供联络点的列表和信息收集的状况进行定期评估。各科室对收集来的信息进行分析，判断是否会出现影响健康的情况、影响的程度以及性质等，并将重要的分析结果向上报告，根据上级指示采取适当的措施。及时与食品安全委员会、厚生劳动省等交换信息，并以通俗易懂的方式向公众公布。农林水产省根据收集来的信息，分析发生食品安全事故的可能，设立专家研讨会，并与食品安全委员会、厚生劳动省等积极合作迅速解决危机。调查内容包括停止向消费者供给问题食品，查清问题发生的阶段，发生原因、发生经过等。

食品安全委员会既是食品安全风险的监测部门，又是农林水产省和厚生劳动省的协调部门，在统一了三个分管食品安全的部门的同时又保持了工作的独立性，同上述两个部门组成了日本食品管理机构既独立分工又相互合作的体系。2004 年制定的《日本食品安全相关部委紧急应对基本纲要》主要构成有：紧急事态的范围；紧急事态的基本应对方针；紧急事态应对时的信息沟通机制；以及紧急事态的对策等内容。在紧急应对的时候，政府全员保持一致、迅速，合理地应对紧急事件，控制食品安全危机事件对国民健康造成的不良影响。食品安全管理委员会和危机管理机构，为了确保在紧急重大事件发生时整个政府保持一致，平时设立了各自的信息联络窗口，紧密地进行信息交换和联系，此为紧急事态应对时的信息沟通机制。食品安全委员会和危机管理机构认识到紧急事态等时，相互通过信息联络窗口进行第一通报，各自根据所制定的紧急应对预案迅速建立起信息联系和紧急应对需要的组织机构，并作出应对决策，在委员长认为必要的时候，迅速向食品安全主管大臣报告。在发生紧急事态时，地方政府、有关试验研究机构、有关国际机构、有关国家的公共机构、有关团体会直接通过媒体或因特网，迅速、广泛地收集国内外的信息，食品安全委员会和危机管理机构会把收集到的国内外的信息，通过媒体、政府报纸、因特网等迅速和真实地提供给国民。

在日本，可追溯管理模式应用于所有农产品，可让所有产品有源可循，在危机爆发前遏止住，在危机爆发后又能以最快的速度查清危机的源头。

③欧盟食品安全危机管理机制：欧盟食品安全局是欧盟对食品安全管理的独立机构，由管理委员会、行政主任、咨询论坛、科学委员会和 8 个专家小组组成。管理委员会由 14 名欧盟理事会任命的成员及一名欧委会代表组成，负责制定食品安全局的运行规则与程序，并发挥协调作用。执行主席经经欧委会提名，由管委会任命并对管委会负责。咨询会议由 15 个成员国各派一名代表组成，负责协调食品安全局与成员国相关组织间的工作，并提出必要的政策建议。科学委员会及其专门小组是在原科学指导委员会基础上建立的专家组织，负责信息收集与处理、风险评估、决策咨询等具体工作。欧盟食品安全局的主要责任是独立地对直接或间接与食品安全有关的事件提出科学的建议，这些事件包括与动物健康、动物福利、植物健康、基本生产和动物饲料有关的事件；建立各成员国食品安全机构之间密切的合作信息网络，评估食品安全风险，向公众发布信息等。同时，欧盟食品安全局还在成员国发生食品安全危机时，向危机处置小组提供必要的科学技术和政策建议。例如，作为欧盟重要成员国的德国，在欧盟的法律框架内，德国政府始终致力于加强监管，建立了系统的食品安全事故处置机制。以"风险管理"为主，在"从农田到餐桌"的全程食品监管中，德国逐渐形成了政府、企业、研究机构和公众共同参与的应对危机的机制。

2. 食品安全危机的特征

（1）突发性　危机事件具有突然爆发的特点，危机管理的应急处置显得十分关键，且要求在短时间内进行有效处理。一旦危机事件发生时，消费者会产生应激反应。虽然这种恐慌是一时的，但会对消费者当前以及将来的购买决策造成影响，消费者的性别、年龄、教育水平、对食品安全的关注度等也都会影响消费者对食品危机事件的反应程度。因此，发生危机事件后，政府和企业必须在最短时间内开展处置行动，以使危机的处理达到最迅速、高效的效果。

（2）广泛性　食品与人们日常生活息息相关，这就决定了其影响的广泛性。人们对食品危机事件十分敏感，加之当下发展迅猛的互联网和传播媒体，食品危机事件的发生引起了越来越多人的关注，如果不能及时妥善处理，会带来更多的负面回应，使危机加深，甚至会引发其他次生危机，增加解决危机的难度。正是由于食品危机的这些特征，使得相应的危机管理比较困难。

（3）预防性　人为因素引起的危机事件可事先预防。应把握预防过程中的技术性和成本投入。危机管理过程中，政府和企业须通过监测和预警对危机对象进行防控，尽量防止危机爆发或者减少危机带来的危害。

（4）复杂性　食品危机从产生到发展都是不可预测的。影响食品安全的主要因素涉及方方面面，非常复杂，主要包括环境、消费、管理、生物、技术、人为等因素。此外，危机造成的结果也受到各类因素的影响，例如消费者专业度不够、消费者的人口社会学特征、危机事件本身的特征、企业的规模、企业的品牌效应以及媒体传播等。食品安全危机的发展过程难以预料，也增加了其控制难度。

二、　食品安全公共危机管理

食品安全关乎国计，维系民生，食品安全状况体现了政府的公信力及执政能力。在政府重视和社会关注的当今，食品安全监管部门面临着压力和责任的双重考验。因此，加强危机管理，及时、科学地处理危机对于食品安全监管事业的发展，具有十分重要的意义。

维护公共安全是现代国家的首要责任，同时也是国家产生的基础和国家固有的属性。而食品安全危机对人民群众身体健康和生命安全构成严重威胁，可见，当食品安全危机爆发时，政府的首要责任就是团结一致，树立信心，领导全社会去管理和应对危机，最大限度减少伤亡和损失。

1. 食品安全公共危机管理基本理论

（1）公共危机管理的内涵　公共管理理论将整个社会的管理划分为公共和私人两个领域。公共领域强调管理主体、管理目标、利益追求的公共性，其管理的主体并不仅仅是政府，还有非营利组织等其他组织，政府在其中起主导作用。公共危机管理是一种有组织、有计划、持续动态的管理过程，是政府针对潜在的或者当前的危机，建立必要的公共危机应对机制，同时需要有预警、应急、善后等完善的机制作为保障，在危机发展的不同阶段采取一系列必要的措施，预防、处理和化解危机，恢复社会秩序，保障人们正常生产和生活的活动。

（2）公共危机管理的意义　当前，我国社会正处在危机多发时期，各种社会瓶颈突显。政府作为社会权威性的管理机关，承担着维护社会稳定和发展的重要使命，加强公共危机管理成为和谐社会背景下各级政府必须面对的一项重要课题。

我国政府历来重视公众的身体健康和食品安全问题，不断完善有关的法律法规和制度建设。不断完善食品安全法律体系及食品安全预防、预警和应急机制；开展食品安全专项整治工作；实施食品放心工程。通过这一系列的基础建设，我国的食品安全工作已取得了重大的进展，整体食品安全状态正在不断改善。机构之间、各级政府之间、政府与公众之间的协调是果断采取高效措施的基础。与其他公共卫生安全事件一样，食品安全突发性事件的处理需要预警监测、信息交流、医疗救护、监测检验、卫生防护、科技攻关、物资设施保障、财力支持等方面的协同配合，而要实现各个方面的协调，必须建立完善的机构体系。只有建立一个统一的运行和管理的监测预警制度，才能迅速收集详实的信息，为防范与紧急应对突发事件提供一个基础。

2. 危机预防体系（事前预防）

食品安全危机应急管理的协调机制十分重要，应形成一个协调机制用于食品安全危机管理，制定和完善食品危机应急管理的工作方案和应急管理预案。危机管理预防体系组成如图8－1所示。

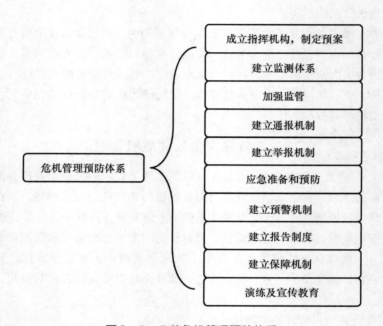

图 8 － 1　公共危机管理预防体系

（1）成立应急指挥机构并制定预案　应急指挥机构是政府在紧急状态时统一指挥应急工作的领导机关，是应急工作的核心和基础。应急处理与食品安全的日常监管和食品安全危机预警息息相关。食品危机事件既有危机事件的突发性，同时又关系到人民群众的生产生活，造成的影响深远。一旦危机爆发，必须在尽可能短的时间内消除危机，并减少危机事件带来的影响和损害。

（2）建立监测体系　全国建立统一的重大食品安全事故监测、报告网络体系，加强食品安全信息管理和综合利用，构建各部门间信息沟通平台，实现互联互通和资源共享。建立畅通的信息监测和通报网络体系，形成统一、科学的食品安全信息评估和预警指标体系，及时研究分析食品安全形势，对食品安全问题做到早发现、早预防、早整治、早解决。设立全国统一的举报电话。加强对监测工作的管理和监督，保证监测质量。

（3）建立预警机制　食品安全危机预警机制是以食品安全信息评估和分析为平台，并根据分析结果对食品安全危机做出预警和准备。

食品安全信息包含三个方面：

①消费信息、食品检测报告、医院门诊的报告、媒体报道、投诉、举报等；

②食品安全风险分析；

③食品安全事件的记录与研究。

食品安全预警机制应注重：

①建立基于食品链的食品安全检测技术链，确保食品产业链的质量安全。

②建立食品安全风险分析机制。对已确知有毒有害的食品以及食品原料，以及不断涌现的新食品、食品原料的安全性，新的生物、物理、化学因素、食品加工技术对食品安全的影响和危害，都应开展科学的风险评估，为食品安全预警预报提供信息，以便对可能出现的食品安全事故做出及时有效的预报和处置。

③统一协调的食品安全信息平台，将各监管职能部门的信息进行有效整合和统一分析，充分发挥其在食品安全预警预报中的作用。实现互联互通和资源共享，形成统一、科学的食品安全信息评估和预警预报指标体系，及时研究分析食品安全形势，对食品安全事故和隐患做到早发现、早预防，把食品安全风险降到最小。

（4）加强监管　落实相关部门职责，加强对重点品种、重点环节、重点场所，尤其是高风险食品种植、养殖、生产、加工、包装、贮藏、经营、消费等环节的食品安全日常监管；建立健全重大食品安全信息数据库和信息报告系统，及时分析对公众健康的危害程度、可能的发展趋势，及时作出预警，并保障系统的有效运行。

（5）建立通报机制　应对公众健康造成或者可能造成严重损害的重大食品安全事故和涉及人数较多的群体性食物中毒或者出现死亡病例的重大食品安全事故进行通报。

（6）建立举报机制　任何单位和个人有权向政府机关举报重大食品安全事故和隐患，以及相关责任部门、单位、人员不履行或者不按规定履行食品安全事故监管职责的行为。政府接到举报后，应当及时组织或者通报有关部门，对举报事项进行调查处理。

（7）应急准备和预防　及时对可能导致重大食品安全事故信息进行分析，按照应急预案的程序及时研究确定应对措施。接到可能导致重大食品安全事故的信息后，应密切关注事态发展，并按预案做好应急准备和预防工作。事态严重时及时上报，做好应急准备工作。做好可能引发重大食品安全事故信息的分析、预警工作。

（8）建立报告制度　食品药品监管局会同有关部门建立、健全重大食品安全事故报告系统。食品安全综合监管部门应当按照重大食品安全事故报告的有关规定，主动监测，按规定报告。重大食品安全事故发生（发现）后，事故现场有关人员应当立即报告单位负责人，单位负责人接到报告后，应当立即向当地相关监管部门报告。

（9）建立保障机制

①人员保障：应急指挥部办公室应负责组织食品安全监察专员及相关部门人员、专家参加事故处理。

②医疗保障：重大食品安全事故造成人员伤害的，卫生系统应急救援工作应当立即启动，救治人员应当立即赶赴现场，开展医疗救治工作。

③技术保障：重大食品安全事故的技术鉴定工作必须由有资质的检测机构承担。当发生重大食品安全事故时，受重大食品安全事故指挥部或者食品安全综合监管部门委托，立即采集样本，按有关标准要求实施检测，为重大食品安全事故定性提供科学依据。

④物资保障：政府应当保障重大食品安全事故应急处理所需设施、设备和物资，保障应急物资储备，提供应急救援资金，所需经费列入同级人民政府财政预算。

⑤信息保障：食品安全综合监管部门建立重大食品安全事故的专项信息报告系统。重大

食品安全事故发生后，应急指挥部应当及时向社会发布食品安全事故信息。

（10）演练及宣传教育　政府及有关部门要采取定期和不定期相结合形式，组织开展突发重大食品安全事故的应急演习演练。根据本地区实际情况和工作需要会同上级有关部门指导突发重大食品安全事故的应急救援演习演练工作。组织全国性和区域性突发重大食品安全事故的应急演习演练，以检验和强化应急准备、协调和应急响应能力，并对演习演练结果进行总结和评估，进一步完善应急预案。

政府和相关部门应当加强对广大消费者进行食品安全知识的教育，提高消费者的风险和责任意识，正确引导消费。

3. 危机的处理（事中）

（1）食品安全关键点判别　食品安全关键点，主要是指食品安全危机事件发生的过程中，具有转折意义的重要事件和重要时间点。

以下是主要的食品安全关键点：

①警示点：部分具有警示意义的事件会出现在食品安全危机事件爆发前。辨识了这个警示点，可对食品安全危机的爆发做出充分的准备，也有可能避免食品安全危机事件的发生。

②导火索：食品安全危机的发生一开始往往是零散的小规模事件，但如果遇到一个导火索，则会迅速演变为一个大规模的集体性食品安全危机事件。

③拐点：它是食品安全危机事件的重大转机。既可能是由好转坏的拐点，也有可能是由坏向好的转折点。

（2）应急管理（预案执行）　由于危机事件类型不同所产生的影响程度和范围也不同，因此要及时、高效地应对不同严重程度的食品安全危机事件，就应当事先将食品安全危机事件分类，并制定不同的应对措施。根据食品安全危机事件的性质、危害程度和涉及范围，我国在《国家重大食品安全事故应急预案》中按食品安全事故的性质、危害程度和涉及范围，将重大食品安全事故分为特别重大食品安全事故（Ⅰ级）、重大食品安全事故（Ⅱ级）、较大食品安全事故（Ⅲ级）和一般食品安全事故（Ⅳ级）四级（表8–1）。

表8–1　　　　　　　　　我国食品安全危机事件分级与应急响应

级别	应急响应
重人食品安全事故（Ⅱ级）	省级人民政府根据省级食品安全综合监管部门的建议和食品安全事故应急处理的需要，成立应急处理指挥部，提出启动省级重大食品安全事件应急处理工作建议，组织、协调、落实各项应急措施
较大食品安全事故（Ⅲ级）	市（地）级人民政府负责发生在本行政区域内的较大食品安全事故的统一领导和指挥，根据食品安全综合监管部门的报告和建议，决定启动较大食品安全事故的应急处置工作
一般食品安全事故（Ⅳ级）	县级人民政府负责组织有关部门进行调查、确认一般食品安全事故（Ⅳ级）和评估，及时采取措施，提出是否启动应急救援预案

进入Ⅰ级响应后，国家应急指挥部办公室及有关专业应急救援机构立即按照预案组织相关应急救援力量，配合地方政府组织实施应急救援。

国家应急指挥部办公室根据重大食品安全事故的情况协调有关部门及其应急机构、救援队伍和事发地毗邻省（自治区、直辖市）人民政府应急救援指挥机构，相关机构按照各自应急预案提供增援或保障，有关应急队伍在现场应急救援指挥部统一指挥下，密切配合，共同实施救援和紧急处理行动。

事发地省级人民政府负责成立现场应急指挥机构，在国家应急指挥部或者指挥部工作组的指挥或指导下，负责现场应急处置工作；现场应急指挥机构成立前，先期到达的各应急救援队伍和事故单位的救援力量必须迅速、有效地实施先期处置；事故发生地人民政府负责协调，全力控制事态发展，防止次生、衍生和耦合事故（事件）发生，果断控制或切断事故危害链。

重大食品安全事故应急预案启动后，上一级应急指挥部办公室应当指导事故发生地人民政府实施重大食品安全事故应急处理工作。

（3）响应的升级与降级　当重大食品安全事故随时间发展进一步加重，食品安全事故危害特别严重，并有蔓延扩大的趋势，情况复杂难以控制时，应当上报指挥部审定，及时提升预警和反应级别；对事故危害已迅速消除，并不会进一步扩散的，应当上报指挥部审定，相应降低反应级别或者撤销预警。

4. 危机后期工作（事后）

危机后期工作流程如图 8 - 2 所示。

图 8 - 2　危机后期工作流程图

（1）响应终结　重大食品安全事故隐患或相关危险因素消除后，重大食品安全事故应急救援终结，应急救援队伍撤离现场。应急指挥部办公室组织有关专家进行分析论证，经现场检测评价确无危害和风险后，提出终止应急响应的建议，报应急指挥部批准宣布应急响应结束。

（2）召回食品的后处理及信息公布　实施召回的食品应当定点存放，存放场所应当有明显标志。实施召回的单位必须准确记录召回食品的批号和数量。食品生产者应当及时对不安全食品进行无害化处理；根据《食品安全法》等有关法律、法规、规章规定应进行销毁的食品，应当及时予以销毁。食品生产者对召回食品的后处理应当有详细的记录，并向所在地的市级质监部门报告，接受市级质监部门监督。食品生产者所在地的省级质监部门应当组织专家委员会对召回总结报告进行审查，对召回效果进行评估，并书面通知食品生产者审查结论；责令召回的，应当上报国家质检总局备案。食品生产者所在地的省级以上质监部门审查认为召回未达到预期效果的，通知食品生产者继续或再次进行食品召回。食品监管部门在其政务信息网站和公告栏上，向社会公布各项召回行动的有关信息。

（3）善后管理　善后处置工作，包括人员安置、补偿，征用物资补偿，污染物收集、清理与处理等事项。尽快消除事故影响，妥善安置和慰问受害和受影响人员，尽快恢复正常秩序，保证社会稳定。重大食品安全事故发生后，保险机构及时开展应急救援人员保险受理和受灾人员保险理赔工作。造成重大食品安全事故的责任单位和责任人应当按照有关规定对受害人给予赔偿。

食品安全突发事件平息过后，并不意味着食品危机管理整个过程就结束了，因为危机事件后的各种负面影响依然存在，更有可能再次造成危机事件的后续爆发。突发事件平息过后，决策管理者要紧急组织恢复工作，尽量缩短混乱期，快速恢复常态。另外，同时组织一班人马紧急调查事件真相，对于在危机事件整个过程中表现不同的各类人群相对应的给予奖励和惩处，做到奖惩分明。

①经济善后：食品安全危机必定造成一定的经济损失。对于直接受害者来讲，如何解决食品安全造成的伤害十分重要。在全国范围内建立食品安全危机善后处理基金，对食品安全直接受害者进行经济上的安抚，尽量减轻其受到的物质损失。对于食品安全危机发生所在的行业来讲，也有必要对损失严重的企业和个人进行一定的扶持，重新振兴产业发展，扶持企业重新进入正确的发展轨道。

②心理善后：食品安全危机的心理善后处理也很重要。突发性危机事件的过程接受只是阶段转换，而不能认为是危机事件处理的全部结束。突发性危机事件的过程肯定给广大的民众带来了无法挽回的精神损失和心理阴影，政府的公信力也会因危机事件的发生而被怀疑，政府的形象势必受到严重的负面影响，即使政府在突发性危机事件的整个处理过程中表现出积极的态度和有效的救治措施，但无论如何也无法回到危机事件发生前的层次。所以，政府也应该在危机事件平息后，及时做好和民众的沟通工作，并明确政府今后应对突发性危机事件如何采取更加有效的措施，逐步提升政府在民众心目中的形象，快速恢复民众对政府的信心。

（4）评估管理　食品安全危机的评估管理就是对食品安全危机管理效果的客观评估，然后根据评估结果在政策制定、管理经验等方面做出改进，以更好地应对和避免下一次危机。食品安全危机评估管理包括政策评估和经济评估。

①政策评估：食品安全危机的发生、处理与善后是一个过程，其间必定涉及政策、体制、管理、经济等各个方面的问题。在食品安全危机过去之后，要对食品安全危机管理进行客观的政策评估，研究梳理政府在处理食品安全危机方面的得失功过，制定并改进食品安全危机管理的政策和机制，以便更好地应对新的危机。

②经济评估：食品安全危机本身必定造成一定的经济损失，处理危机也可能会造成一定的物质损失。在食品安全危机过后，需要评估食品安全危机管理的成本和收益。而事后评估主要是通过公共危机结束后系统、全面的评估与反馈，总结公共危机管理的经验，吸取公共危机管理的教训，进一步改进与提高公共危机管理的绩效，从而有效地进行危机后的恢复与重建工作。

（5）责任追究　对在重大食品安全事故的预防、通报、报告、调查、控制和处理过程中，有玩忽职守、失职、渎职等行为的，依据有关法律法规追究有关责任人的责任。食品生产者在实施食品召回的同时，不免除其依法承担的其他法律责任。根据召回的实施情况，对违法者行政处罚的裁量以是否消除对公众的危害为原则。对缺陷食品实施召回，分别设定了从轻和从重处罚的条件：食品生产经营者实施主动召回，经评估认为达到预期效果的，食品监管部门对其生产经营缺陷食品的违法行为进行行政处罚时，可以依法从轻、减轻或者免除行政处罚。反之，食品监管部门发出召回令后，食品生产经营者拒不执行召回令的，食品监管部门在对其生产经营缺陷食品的违法行为进行行政处罚时，可以依法从重处罚。

（6）总结报告 重大食品安全事故善后处置工作结束后，地方应急救援指挥部总结分析应急救援经验教训，提出改进应急救援工作的建议，完成应急救援总结报告并及时上报。

（7）预案更新 根据不断变化的形式，及时更新和修订应急预案。根据演练、检测结果完善应急预案。

三、 食品安全的企业危机管理

一次食品安全危机可摧毁一个品牌，打垮一个企业，甚至对整个食品业造成巨大的创伤。食品安全危机事件是涉及公众生存安全的事件，不仅导致食品企业经营秩序失衡，还会给企业员工、消费者、投资人、其他利益相关的组织和个人带来心理压力，产生情绪紧张，诱发心理危机，对社会造成严重危害，甚至引发社会震荡。因此，企业应将危机管理作为企业经营的重点环节之一。

1. 企业危机管理的基本理论

（1）企业危机管理的内涵 食品企业安全危机管理，是食品企业组织并联合相关力量在监测、预警、干预、控制以及消解食品安全危机事件的生成、演进与影响的过程中所采取的一系列方法和措施。

食品企业为避免或者减轻食品安全危机所带来的威胁、冲击和损害，而进行有计划、有组织的学习。制定和实施一系列的管理措施和相应的策略，包括建立危机预防管理体系、危机准备、危机处理与危机解决后的恢复等不断学习和适应的动态过程。

（2）企业危机管理的意义 食品行业在中国是普及面最广而且长盛不衰的行业，拥有最广大的消费群。然而，在激烈的市场竞争中，由于制度缺失、人为失误和客观条件限制等种种原因，每一个企业都可能发生意想不到的危机事件。这些有意无意的行为都会严重挫伤消费者的消费热情，抑制消费需求。加强食品企业对于食品安全危机的危机管理是市场竞争的客观要求。

食品企业面对的危机形势是严峻的，遭遇食品安全危机不仅暴露食品企业的产品、服务问题，更暴露了食品企业的管理问题。每经历一次危机，食品企业应从中查找问题，从组织机构的设置到管理权限，甚至管理机制的各个方面进行改变，同时学习和运用危机管理知识，掌握危机管理技能，扭转形式，化危机为转机，并且勇于实践危机管理，才能达到综合治理、标本兼治的目标，同时也提升了管理者的管理创新，保证企业更健康、更快速地发展。

2. 危机预防体系（事前）

食品安全危机中的任何一个决策，都关系着企业的兴衰存亡，而这个转折点是不确定的。事先的情报、资料的收集与评估，建立危机预案系统，制定的危机处理计划，是企业在危机中摆脱困境的有效途径。谋定而后动，防患于未然，才能增加企业处理危机的胜算。建立食品企业危机管理体系，能最大程度地预防食品安全危机事件的发生，并能及时在危机爆发前做出快速有效的处理，尽可能减轻危机造成的损害，从而保障食品企业的安全和持续经营。通过构筑一套食品企业应对因食品卫生安全引发危机的管理模式，来完善企业的危机管理体系。

（1）成立食品危机应急处理小组 以往大多数食品企业都是在危机发生时才临时成立一个危机管理小组，来协调和控制危机及其产生的影响。此种做法，需花费一定时间挑选组员，并且不能保证组员都能具备处理危机的技能，可能错过危机处理的最佳时间且无法有效应对危机事件。因此，食品企业需在组织架构中组建一个机动、高效的危机管理小组作为企业的常设机构，来专门处理企业食品危机事件。这样一旦出现危机信号，在评估危机影响后，能确保组织整体运行的高效性。在成立危机应急处理小组时，应注意以下几个方面。

①人员的选择：食品企业危机所涉及的领域，不局限于食品卫生安全本身的技术因素，还包括正确辨识危机、危机处理能力以及沟通技巧等层面跨学科的问题。因此人力资源方面必须提前储备具备危机处理相关知识的高素质人才，否则就很难在危机发生时找到合适的人员，从而延误时机，甚至导致处理失败。食品企业人力资源应建立食品企业自身的精英队伍，包括食品技术专家、售后服务专家、人力资源专家、法律顾问和沟通人员等。

②组织机构的架构：食品安全危机应急处理小组是食品企业危机处理成功与否的关键因素，任何一个食品企业，都应该建立处理危机的相关组织机构。

应设立危机处理委员会为危机管理机构，由最高管理者全权负责。危机处理委员会设主任、副主任和委员。一般食品企业危机管理机构的组织架构的具体设置为主任由总经理担任，副主任由分管营销、行政、技术的副总经理担任；而委员由各部门负责人担任。

③各部门职责：食品企业危机管理模式所涉及的职责主要落实到两个责任层，一个是决策层，另一个是执行层。

a. 决策层为危机处理委员会，负责处理危机的全面工作，具备决策权，协调处理各单位各部门相关事宜。任命危机管理者担任危机领导小组组长，根据危机种类，职能部门分工选派危机处理委员会委员担任组员。

b. 执行层为危机处理小组，负责将危机管理者的策略计划转换成专业、具体和可操作的实施方案，及时将相关信息、执行情况、总结及评估上报危机处理委员会。

（2）建立危机预警系统

①危机预案：危机管理关键在于排除导致危机的各种可能性，对企业经营的各方面的风险、威胁和危险进行识别和分析，并对每一种风险进行分类管理，准确地预测企业所面临的各种风险和机遇，根据这些预测事先制订好对应的处理方案。凭借处理预案的经验总结和各种演练，在应对那些从未有过的突发危机时保持冷静，做到临危不乱。

②制定预案的步骤：在食品企业危机管理的预警系统中，危机预案能把危机消灭在萌芽状态，起到很好的预防作用。要建立食品安全危机预案，首先要对经营本身的风险、威胁进行识别和分析，不仅包括产品质量和责任，还包括自然灾害、经营欺诈、环境、健康和人身安全、营销等方面；其次要对食品安全危机进行分类并决定如何管理各类风险，从而准确地预测食品企业所面临的各种风险和机遇。

企业建立危机预案要遵循以下步骤（图8-3）。

企业危机处理预案建立之后，可能在很长的

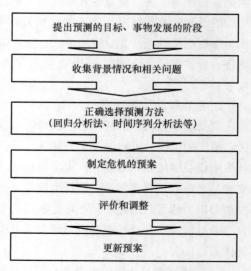

图8-3 企业建立危机预案步骤

时间内根本不会被采用。但制定了危机预案，有助于事先训练与准备，一旦危机爆发就能迅速采取行动，及早控制危机。同时，可以减轻决策压力，有利于提高决策质量。

③预案分类：食品企业的危机预案主要包括重大产品质量事故处理预案和媒体公关危机事件处理预案。

a.《重大产品质量事故处理预案》主要针对：食品质量批量不合格，已进入市场流通的情况；食品包装内出现异物；食品质量存在重大缺陷；厂区出现较重传染病，并已扩散；食品遭人恶意破坏或投毒等其他重大产品质量事故等。

b.《媒体公关危机事件处理预案》适用范围：各种媒体公关危机事件的处理。

（3）危机公关

①制定危机公关制度：食品企业危机管理一个关键的工作就是要掌握媒介传播的规律。

首先应分析确定哪些是与危机有关的媒介，制作关注本企业、行业的媒体的联络清单，包括名称、地址、电话、传真、网址、记者和总编的姓名、联络方式等，逐步完善联络清单。这样在危机爆发时，才不会陷入被动的局面，让危机公关人员有一份可用的媒介指南以便参考，做到及时找出源头的媒体，主动出击，针对其开展公关活动。

②营造和谐的公共关系：食品企业若想保持和谐的媒体关系、化解先天缺乏信任的问题，就应在食品安全危机潜在期，就和媒体建立良好关系。例如，与媒体定期见面沟通；安排新闻媒体从业人员访问企业主管、参观工厂、进行座谈等活动。

③新闻发言人的选择：新闻发言人不一定选择企业老总，可考虑能充分掌握各类信息的中高层人员担任。新闻发言人在准备发布新闻时，要使用新闻发言人的专门语言，语言简洁、主题突出、信息精确、沟通清楚，具有亲和力、机智灵活、风趣幽默。一定要事前悉心研究企业，要能把握企业经营理念的内涵，熟悉企业业务并深入危机议题等相关方面，其专业知识应尽可能涵盖企业的历史、规模、生产制程、营业额、产品发展以及法律法规等领域。新闻发布的过程可以看作是新闻发言人和记者控制与反控制的较量。食品企业新闻发言人要在日常演练中不断提升变"危"为"机"的技巧，模拟一对一的互相专访和一对多的新闻发布会进行练习，以应对突发事件记者的提问，并进行录像，再通过录像逐一点评，及时发现不足并纠正。

（4）教育培训　食品企业任何行为都是通过员工的行为来实现的，对企业员工进行危机管理教育和培训十分重要。第一，要达成企业文化共识，良好的企业文化能够使得员工有归属感和使命感，加强凝聚力，员工才可能在遭遇危机时尽力维护企业声誉；第二，让所有企业员工都明白危机管理的重要性和必要性，提高员工对危机事件发生的警惕性；第三，培训员工的生产和服务技能，保证企业产品或服务的质量；第四，进行危机管理知识培训，有利于维护企业形象。

（5）保障机制　食品质量管理是食品企业为了使其产品质量能满足不断更新的市场质量要求而开展的策划、组织、计划、实施、检查、改进等管理活动的总和。而食品质量的好坏与否与消费环节（由消费者摄入量）食源性危害的存在状况有关。由于食品链的任何环节均可能引入食品安全危害，必须对整个食品链进行充分的控制。因此，食品安全必须通过食品链中所有参与方的共同努力来保证。

（6）应对危机的措施

①建立创新机制：建立引进创新机制，是食品企业实施技术创新的主要方式，主要依靠

产学研合作、人才引进、购买专利、委托开发、合作开发、联合创办技术研究开发机构和科技型实体等产学研联合途径，提升产业层次和产品档次，增强竞争力。

建立自主创新机制，是食品企业依靠自身人才的技术力量，根据市场需求，进行技术和产品开发，使产品在市场竞争中具有竞争优势。在自主创新的过程中，人才是知识的载体，技术创新的根本在于高素质的人才，而雄厚的人才基础是提高企业自主开发、技术创新和迅速将科研成果产业化的关键。因此企业建立创新机制需要依靠充足的高素质人才，在科研生产实践过程中及时有效地解决新课题、新工艺，并不断予以改进创新。

②辨识竞争者：食品企业密切关注现有竞争者和替代品的生产者行为的变化，注意区分好的竞争者和恶意的竞争者。

好的竞争者一般能自觉遵守行规；合理定价；将注意力限定在某一个或数个细分市场上；致力于生产成本的降低及产品的差异化等。好的竞争者的存在，有利于吸引顾客的注意，为顾客提供更多的选择，扩大对整个产业的市场需求，同时，督促企业改进经营与管理，促进企业创新，并能有效地避免政府的反垄断管制。

而坏的竞争者经常破坏行规，利用各种非正当的手段，扩充企业的市场份额；在生产能力过剩的情况下仍继续扩大投资；过分依赖价格这种单一的竞争手段，不注意提高产品的差异化程度；敢冒大风险。对于这些竞争者，企业要格外重视。压价、诋毁等行为，会破坏食品企业的竞争环境，因此，食品企业在采取竞争行动之前，要事先辨识竞争者，并且对其可能采取的方式及其激烈程度进行估计，以免陷入恶性竞争的情境。

③加强环境预测：食品企业应随时关注宏观环境的变化，尽快确认可能对企业造成不利影响的变化，提前发出危机预警，使食品企业提前做好准备。

尽管宏观环境因素不可预测，但通过食品企业的努力，在条件允许的情况下，企业完全有可能成为环境的影响者和改变者。

面对可能出现的宏观环境的不利变化，食品企业要做好两手准备。

第一，对发生概率高、潜在危害大的变化可能引发的危机，提前制订危机管理计划，提高对危机处理的把握；

第二，对于科学技术进步、社会文化环境变迁等因素所可能引发的潜在危机，企业应在技术、产品、管理手段、营销手段等方面积极开展创新工作，使企业成为技术的领先者和消费潮流的领导者。

（7）信息监测系统的建立　建立信息监测系统，是利用信息系统对食品安全危机进行监测，监视则是时刻跟踪可能引起危机的因素和征兆，评估可能发生的危机类型、范围、损害度，并在必要时发出危机警报。预测主要有监视、信息处理、评价和临界判断等。监视是预控和制定危机处理计划的依据，能帮助及时识别和发现食品卫生安全危机，并快速果断地进行处理。在危机处理时信息系统有助于有效诊断危机原因、及时汇总和传达相关信息，并有助于食品企业各部门统一口径，协调配合。可考虑构建消费者交流平台。

①设立专职受理投诉机构：制订详细的顾客投诉受理工作程序，实行"首问责任制"，设立800投诉专线电话。选拔和培训高素质员工担任投诉受理工作，培养其具有强烈的危机意识和危机处置能力，机智灵活，反应敏捷，善于倾听，能勇于认错和道歉，迅速报告有关部门并尽快解决问题。

②定期主动进行回访，调查顾客满意程度：通过电话或其他方式回访顾客，向他们征求

产品的意见，增加与顾客的沟通。充分依靠广大群众对食品安全的重视和积极性，及时发现问题、解决问题。

（8）预案模拟演练 食品企业应根据危机预案进行定期的模拟训练，包括心理训练、危机处理知识训练和危机处理基本功的演练等内容。以便提高企业对危机的快速反应能力，强化危机管理意识，检测已拟定的危机预案是否切实可行。针对不同的危机有各种各样的危机处理办法，注重员工防灾意识的培养，使员工面对危机时，服从指挥，沉着冷静，积极应对。

3. 危机的处理（事中）

（1）危机预警的信号 食品安全危机的形成与发展有一个过程，显示出不同程度的前兆与信号。大部分食品企业处理危机常发生低估、轻估、高估、错估危机的现象。错判将恶化原本已复杂不安的危机，作为企业要尽量避免此种问题的发生。

（2）专案小组工作程序

①危机应对方案：在现实中，一旦某些迹象预示着食品卫生安全的危机发生，食品企业必须积极地行动起来，利用一切可以利用的资源，对人力、物力和财力进行高效的配置，并在尽可能短的时间里让其有序地运作起来。但是，面对危机，食品企业通常容易出现一类错误的心理：漠视、忽视危机出现的可能性或者危机的后果，居安而不思危。食品企业具体的应对计划如下：

a. 所有部门接诉的突发事件必须在1h内汇报危机管理小组；

b. 危机管理小组接诉后24h内做出具体处理措施；

c. 公司各驻外机构负责人直接负责处理所辖区内突发事件，对重大疑难事件，可要求公司派员支持；

d. 建立完整档案报危机委员会统一备案。

②互联网追踪，信息收集：在现代社会，信息不仅是企业的重要资源，也是危机管理的生命。危机管理小组应及时收集信息，通过不同的信息渠道包括公众回访、民意测评、媒体监督等了解公众意向，检查食品企业管理的社会效益，了解社会舆论，预测社会的发展趋势，收集整理并及时汇报可能威胁企业的相关危机信息，和导致危机进一步扩展的信息，为危机处理委员会的决策系统服务，以便能及时准确地预测食品企业将遇到的问题与纠纷。

③危机确认：在食品安全危机发生时，食品企业负责人首先应召集企业高层听取关于危机事件的报告。当危机处理委员会听完汇报之后，必须在最短的时间内对危机事件的发展趋势、对企业可能带来的影响进行评估；并迅速查找出主要危机和关键因素，确认预想的食品安全危机是否是真的危机，再考虑是否需参照相关完备的食品安全危机预案进行危机处理的系统工作。

④选择处理策略：在确认了食品安全危机的存在时，食品企业的危机处理委员会必须对应对措施和对危机事件的处理方针、人员、资源保障等重大事情做出初步的评估和决策；并迅速查找出主要危机和关键因素，参照相关较完备的食品安全危机预案进行有效指挥和控制，协调企业内部各部门以及社会力量来积极应对、处理各类危机事件，控制主要危机、关键环节，将冲击和不确定性降到最低，或者利用危机带来的市场机遇，提升食品企业的价值。

（3）召回 食品生产商在发现批量产品存在质量问题，并有可能对消费者造成伤害时，应不待消费者投诉或者政府强制，立即通过可追溯系统联系下游食品链的其他厂商召回问题产品。如果生产商不主动召回，而是在消费者投诉后被政府强制召回，该生产商将面临重罚后果，同时企业将会失去市场竞争力和社会公众的尊重，企业的信誉度和食品的安全度将大大降低。

（4）危机沟通

①内部员工：当食品企业发生危机时，危机内部信息沟通需要及时真实，与内部员工沟通应以诚相待。当食品安全危机发生后，食品企业要让内部员工了解危机的真相及企业准备采取的各种措施，以稳定军心，并赢得员工的信任，增强与企业共渡难关的信心。

有效的员工沟通包括：

a. 主要负责人要第一时间亲临现场，以激励员工，消除恐惧和误解。

b. 尽早向员工介绍事件经过，对事件的描述要一致，否则易引起怀疑。

c. 稳定员工的情绪。对受伤害的员工表示歉意和慰问，通报企业已经采取的措施。

d. 征询员工对危机处理方面的建议和意见。

②政府及相关部门：企业要积极主动地做出表态或说明来挽救企业声誉，争取社会大众的理解、支持和信任。将手头掌握的资料提供给政府部门，积极配合进行事件的调查和危机处理工作。要积极争取政府、第三方等对危机处理的支持，他们的结论或判断往往是公正评判的最终依据，对于企业的评价往往具有起死回生的力量。

③媒体：公共关系中最重要、最敏感的公众之一就是新闻媒介，也是食品企业与社会公众联系的最主要的渠道。新闻媒介有着不可忽视的特性，它传递信息迅速、影响力大、威望度高，可以影响和引导民意，大众传媒的力量是无可辩驳的。在欧美，它被看作立法、司法、行政三大权利之后的"第四权利"。企业可以借助媒介力量，建立并维持与公众之间的互相沟通渠道、谅解、宣传、修正、加强企业形象，与公众建立良好关系。

④消费者：与消费者或受害者及亲属的沟通要本着"以人为本"的原则。

a. 立即开通24h消费者热线，让受过专门训练的人员应对消费者的咨询，安抚消费者激怒的心情，并避免消费者进一步受损害。

b. 把消费者的利益放在首位，拿出实际行动，尽量为受到危机影响的消费者弥补损失。

c. 如果危机事件涉及人员的伤亡，要及时而真诚地与受害者亲属进行沟通，给他们以安慰。否则，来自受害者亲友和一般消费者的反应肯定会非常强烈，将招致对企业极不利的流言，有损企业的形象。

4. 危机后期工作（事后）

食品安全危机事件的结束，并不意味着危机处理的过程结束。当食品安全危机已经接近尾声时，食品企业要着手恢复企业正常营运秩序，还要消除危机的严重后果，恢复食品的正常生产，抚平对消费者生理和心理的伤害；其次，总结、反思、评估危机，认真剖析管理中存在的不足，汲取经验教训，理出企业在此次食品安全危机事件中的缺失资源，在此基础上进行改进，查漏补缺，寻找新的途径加强安全与危机管理，从而提高应对危机的水平，保持企业的稳定和可持续发展。

（1）危机结束

①危机结束的信号：危机在接近结束时，有两个明显的信号：

a. 24h热线电话的骤减：来电的频繁反映了媒体和公众对企业食品安全危机事件本身的关注程度，来电人的态度激烈程度则反映了公众潜在的不满、敌意甚至对抗可能性。随着危机处理的展开和时间的推移，应答电话的数量将逐渐减少。临近危机平息的时候，几乎没有来电。危机过后，由于人们都期望尽快忘记这一切而回到正常的生活中来，潜在的不满、敌意甚至对抗可能性便消失。

b. 媒体报道兴趣的转移：由于媒体的终端消费者和潜在利益的代理者是公众，如何吸引公众的注意力便成为媒体竭尽全力的工作重点。一旦意识到危机事件不再有新闻价值，他们就会终止或结束他们的报道，而不会在意以前的一些报道还没有"善后"。

②危机结束的判定：除了根据危机信号的直觉和经验外，还有一些数据、调查和法律手续等客观性指标标准能帮助食品企业识别判定食品安全危机真正结束的时间。

a. 危机周期：由于危机事件的破坏性和潜在损害可能，公众对食品安全危机的记忆会得到显著增强。如果危机没有得到有效控制而出现持续性的扩大和蔓延，事实上相当于不断为公众的大脑添加新的信息。如果危机企业很快采取了措施并收到了成效，媒体的报道也从负面转向了正面，公众的记忆便开始消退，其从最初的关切到恢复平静的时间大概在一月。

b. 对公众的实际调查：媒体报道的停止，并不完全表明公众对事件关注的消失，一般还会出现谣言和猜测的余波。对重要目标公众进行实际调查，可以准确把握他们的心理状态和危机的阶段，判定危机是否结束。

c. 业务数据：业务数据是一项客观性较强的危机判定指标。食品企业在食品安全危机中的业务被打乱（甚至被终止）和业绩下滑都是一种必然。当销售、利润和其他指标已经出现了有效反弹，食品企业至少离危机结束为时不远。

③后处理及信息公布：实施召回的食品应当定点存放，存放场所应当有明显标志。实施召回的单位必须准确记录召回食品的批号和数量。食品生产者应当及时对不安全食品进行无害化处理或销毁，并详细记录召回食品的后处理情况，并向所在地的监管部门报告，接受监督。食品生产者所在地的监管部门应当组织专家委员会对召回总结报告进行审查，对召回效果进行评估，并书面通知食品生产者审查结论。

（2）危机后恢复　食品安全危机管理工作中一个常见的错误就是过分强调应急反应阶段的投入，而没有给予恢复工作足够的重视，从而往往使反应阶段的努力大打折扣。食品安全危机过后，危机带来的负面影响仍然会在消费者甚至整个社会层面持续一段时间，食品企业危机管理的后期工作最主要是使管理者和参与者将大部分精力集中于危机事件及其直接受到影响的群体，如受到危及的消费者。如果对于那些健康和心理受到严重损伤的大多数不给予必要、恰当关注，真正的危机就永远不会消失，因此需要加倍的努力，尤其要着力于沟通和宣传领域。

食品企业必须重新建立起顾客的信心，以恢复原有的销售水平。食品企业可能有必要重新展开一次宣传攻势，积极准备反映食品生产活动正常的新闻报道，邀请危机发源地媒体、主流媒体以及涉及危机案件中的部分代表消费者参观整改后的生产设施和管理流程，要集中精力做正面的报道，必须尽快矫正和引导市场，树立安全、健康和诚信的企业形象，以抵消危机在消费者心目中形成的不利形象。

（3）危机后评估总结

①监控：食品安全危机处理是一个持续的、带有不确定性特征的过程。在这个过程中，需要随时了解和监控与危机及处理有关的信息，并通过对监控内容的分析与评估，随时修正、选择或放弃某个战略或战术方案。

②市场调研：食品安全危机过去后，食品企业要对社会公众，尤其是企业的消费者进行市场调研，咨询他们与危机的关系如何，影响程度如何；目前在重要事情上的沟通有效程度如何；他们提出了哪些批评、建议或评论：他们的失望、困惑或敌意程度；他们希望下一步做什么；他们心目中的企业良好形象是什么等。确定该危机是如何影响到企业重要公众们的行为和意见的，以及企业到底受到了多大程度的影响。

③绩效评估考核：通过绩效评估，可以有效地衡量食品企业在危机处理中的表现，对从危机中学到的经验教训加以评论，寻找从这次食品安全危机事件中所产生的机会，减少未来影响的缓和措施建议，即为食品企业今后的政策或策略调整（战略、策略、人事方面、顾问方面、供应商们等）作必要的调查和分析。

食品安全危机发生后的绩效评估是对危机管理工作进行全面的评价，包括对预警系统的组织和工作程序、危机处理计划、危机决策等各方面的评价，要详尽地列出危机管理工作中存在的各种问题。主要评估指标是所进行的沟通及其效果；对业务操作的影响，影响和预先计划说明的比较；与预测恢复的业务相比较所达到的程度，以及与预测恢复时间的比较；报告使危机处理小组了解到的情况的程度；为阻止事件发展所采取措施的效果；关于事件内外部沟通的效果。

危机处理绩效评估建立在危机处理监控信息的全面调查整理基础上，危机事件发生后，危机处理小组在解决危机的基础上，根据危机事件具体情况，对危机事件相关责任人员拟定奖惩方案，报危机处理委员会审批后执行；检验各相关部门的危机处理能力，并及时总结修正，以此来强化员工的工作能力，在公司范围内全面而有效地提升反制危机的能力。

（4）危机后反思学习　在危机处理过程中，食品企业往往会发现一些平时未能发现的问题，特别是与引发危机事件有关的问题。这些问题中有些是偶然的，有些是制度性的，有的则是人为造成的。随着危机事件的处理，这些问题也逐渐暴露出来，而且这些问题暴露时还会发现一些与之相关联的、与危机事件无关但也很重要的问题。企业可以通过对暴露出来的问题的分析，进行必要的改革和调整，从而避免企业犯更大的错误。

在危机处理过程中，食品企业也会发现一些平时未能发现的长处，或是未能发现的资源。这样的发现将有利于企业将这部分资源进行有效的利用或将这部分长处进行进一步强化，突出其重要性。除此之外，食品企业还可以通过危机处理来积累包括危机处理经验在内的各种经验，建立起一些平时没有机会建立起的社会关系资源，如媒介关系和政府关系或是与消费者的互信关系。一些更成功的危机处理还能进行广泛的正面宣传，扩大企业的社会影响，提升企业的知名度和美誉度，从而积累企业的品牌资源。

因此，食品企业在成功地处理了食品安全危机之后，应乘胜追击，不仅要巩固自己的反危机成果，而且要争取获得进一步的成功。实践证明，一次成功的危机处理，往往能为食品企业带来新的关系资源和发展机遇。

第二节　食品公共危机管理案例分析

食品公共危机管理案例分析是通过分析在食品安全危机中政府承担起的监管角色以及其

在与社会、市场互动中体现出来的能力和不足，来反映一种基本的问题处理模式，本章节通过三聚氰胺奶粉危机事件与塑化剂危机事件分析，以案例发现食品安全危机事件的发生发展规律，以提高我国食品安全危机管理能力、提高政府的公信力和执政能力。

【案例】

三聚氰胺奶粉危机事件分析

一、案例背景

三聚氰胺（化学式：$C_3H_6N_6$），俗称蜜胺、蛋白精，IUPAC 命名为 1，3，5－三氨基－2，4，6－三嗪，是一种三嗪类含氮杂环有机化合物，被用作化工原料。它是白色单斜晶体，奶粉中蛋白质含量的测定主要采用凯氏定氮法，其含氮量一般不超过 30%，而三聚氰胺的分子式显示，其含氮量为 66% 左右。由于凯氏定氮法只能测出含氮量，并不能鉴定饲料中有无违规化学物质，所以，添加三聚氰胺的饲料理论上可以测出较高的蛋白质含量。同时三聚氰胺物理性状为白色单斜晶体、无味，这与蛋白粉相仿，而且易于购买和生产，成本很低，故被不良厂家添加在奶粉中增加含氮量，以达到检测蛋白质含量符合标准的目的。同时，2008 年我国乳制品行业步入成熟期，上游成本上升和下游价格战导致行业利润水平持续下滑。城市消费市场基本呈现饱和状态，农村市场尚有开拓空间；不良厂家为了抢占农村奶粉市场，采取了低价倾销战略，通过提高检测蛋白质含量、降低成本，用廉价大豆蛋白粉来替代奶粉，甚至添加伪造蛋白质的三聚氰胺，采用不法手段降低成本，事实上，正是由于行业监管不到位，行业进入门槛不高，因此无序的行业竞争未必会"优胜劣汰"，反而导致"劣币驱逐良币"，并由此产生了全行业的安全隐患。此次"三聚氰胺事件"发展为全行业问题，可以说充分体现了乳品行业盈利空间受到压缩、市场竞争无序的现状。

二、三聚氰胺奶粉危机的演变过程

2007 年 12 月以来，石家庄三鹿集团公司陆续接到消费者关于婴幼儿食用三鹿牌奶粉出现疾患的投诉。

从 2008 年 3 月开始，南京鼓楼医院接到了南京儿童医院送来的 10 例泌尿结石样本，经国内先进的结石红外光谱自动分析系统分析，这是一种极其罕见的结石，而且都发生在尚在喝三鹿奶粉的婴儿身上。

图 8-4　三聚氰胺事件

2008 年 6～8 月事态不断发展升温，患者持续增多，许多省份不断出现相似病例，2008 年 6 月 28 日至 9 月 8 日，位于甘肃省兰州市的中国人民解放军第一医院泌尿科两个多月来共收治 14 名患有双肾多发性结石和输尿管结石病例的婴儿。调查发现患儿多有食用三鹿牌婴幼儿配方奶粉的历史。经相关部门调查，高度怀疑石家庄三鹿集团股份有限公司生产的三鹿牌婴幼儿配方奶粉受到三聚氰胺污染。

9月11日三鹿作为毒奶粉的始作俑者被新华网曝光引起社会哗然。党中央、国务院对严肃处理三鹿牌婴幼儿奶粉事件作出六项部署，立即启动国家重大食品安全事故Ⅰ级响应，并成立应急处置领导小组。在查处责任人的同时，2008年国务院机构改革方案出台，明确卫生部承担食品安全综合协调、组织查处食品安全重大事故的责任。

9月18日，国务院办公厅发文废止食品质量免检制度。据卫生部统计，此次重大食品安全事故共导致中国29万余名婴幼儿出现泌尿系统异常，其中6人死亡。在此次事件后，中华人民共和国食品安全法在2009年2月28日第十一届全国人民代表大会常务委员会第七次会议上通过。

我们以下从三个阶段来对政府危机管理能力进行分析。

（一）危机前的政府危机管理能力

危机前的政府安全风险管理能力主要是危机的预警后政府的预防能力和反应能力，这两种能力互为基础、相互促进，然而在三聚氰胺奶粉事件中政府的预防能力和反应能力显得很弱。危机识别是危机预防的起点，识别的时间越早，越能减少危机发生的概率和影响范围以及危机损失。然而在对三聚氰胺奶粉事件中看到，从3月份危机初见端倪，到6～8月危机扩大，直至9月份危机全面爆发，危机潜伏期长达半年之久，而政府却碌碌无为。

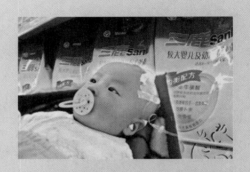

图8-5　吃三鹿牌奶粉患病的婴幼儿

1. 危机意识薄弱，对人民群众回应被动

2008年6月中旬后，南方日报收到网民反应，有人在国家质量监督检验检疫总局食品生产监管司的留言系统里反映由三鹿奶粉导致多起婴儿肾结石，但被屏蔽，只有要求网民提供详情的留言回复尚在。如6月30日在国家质检总局食品生产监管司的"留言查询"版内，有消费者报料说在湖南儿童医院，有5名婴儿得了肾结石病，而且这些婴儿吃的都是同一个品牌的奶粉，投诉者大声疾呼："请尽快查清奶粉是否有问题，为避免更多婴儿得此病。"然而，对其投诉的回复是："请你提供问题奶粉的详细信息，以便我们调查处理。"7月，徐州儿童医院小儿泌尿外科医生冯东川在国家质检总局食品生产监管司的留言系统里反映今年婴儿双肾结石导致肾衰的病例出奇地增多，且大多饮用三鹿奶粉，并表示希望政府部门能组织流行病学专家协助明确原因，不过也没有得到明确答复。

在我国食品安全危机管理中政府对危机潜在性重视不够，敏感性不足，对于危机来临的潜在阶段没有给予应有的重视，导致危机从量变到质变，进入危机突发期，关键性的危机事件突然爆发，而且演变迅速，反应能力低下使政府的权威性受到质疑，导致社会公信力缺失。这让我们不得不反思我国食品安全危机管理中政府的反应能力和机制中存在的极大缺陷。

2. 政府部门有隐匿信息和责任推诿行为

从现有的报道看，2008年8月2日，三鹿集团将相关信息上报给石家庄市政府。而根据《国家重大食品安全事故应急预案》的有关规定，地方人民政府和食品安全综合监管部门接到重大食品安全事故报告后，应当立即向上级人民政府和上级食品安全综合监管部门报告，并在2h内报告至省（区、市）人民政府，也可以直接向国务院和食品药品监管局及相关部门报告。上述规定事实上是对信息沟通的及时性做出了明确的要求，但实际情况是，石家庄市政府直到9月8日才将有关情况的书面报告提交给河北省政府。如果说当时处于奥运会的高度敏感时期，情况不宜公布而使市领导有所顾虑的话，那起码可以低调地帮助三鹿企业查找原因，切断三聚氰胺的来源，限制生产规模，侦办不法商人，也可以以环保、改制、拆迁等其他理由责令企业停产整顿，可惜没有，什么都没有。这种信息的延迟在一定程度上加大了毒奶粉的危害后果。同时在9月6日、9日的留言里，不少投诉者"强烈希望检验此品牌奶粉的质量，以免更多的孩子受害"。而质检总局却回复"请将详细信息向卫生部门反映"。从把责任推回给投诉者再到把责任推卸到卫生部门，这里面质检总局在危机前没有以一种积极的态度去回应和处理，而是以逃避和被动的态度。政府部门隐匿信息可以从中看出，地方政府跟大企业关系密切，如果没有新西兰政府联系中央政府，强烈要求中国官员召回其中国伙伴三鹿集团生产的被污染奶粉，河北的地方官员会何时才采取行动？如果没有媒体在9月8日对结石婴儿的报道引起社会的轩然大波、民众恐慌和奶业衰退，此次危机能如此迅速得到中央政府的高度重视吗？没有国内外的媒体压力，危机后的救治行动和重建工作还会如此迅速吗？部门间责任的相互推诿，也反映了我国食品安全监管系统中多部门的多头监管，存在职责交叉、责任不明的弊端，阻碍了危机识别能力的发挥。

3. 食品安全检测体系不健全，检测流于程序，对危机的预防能力造成了很大的制约

7月份，在长沙医治的患儿家属向国家质检总局投诉后，获得了检测报告，结果都是合格。9月7日某患者家属向家乡的工商局投诉，湖北省质监局在他购买奶粉的超市抽检了两段样本进行检测。然而，获得的检测报告显示各项指标符合国家标准。甚至，三鹿将自己的样品6次送到北京、上海、天津等多家权威机构检测，结论都为合格。湖南、江苏等监督检验机构还对市场上三鹿产品进行抽查，结论也都是合格。由于检测技术的落后和流于程序，基本上都是投诉—送检—合格。在检测技术的落后和管理体制的漏洞之下，危机预防能力低下的政府在危机初期不但不能成为危机的发现者，反而还成了元凶的庇护者。

（二）危机中政府危机管理能力

危机中的政府应对是在食品安全危机的持续爆发阶段的政府行为，包括对危机的处理和在危机事件中与各个利益关系主体的沟通联系等。由于危机事件具有突发性、紧迫性、危害性和可变性的特征，在危机全面爆发时更考验着政府的各种应对能力。纵观危机处理的过程，我国政府体现了较强的控制能力和救治能力，然而沟通能力略显不足。

我国在"三鹿危机"发生时，以最快的速度设立危机控制中心，调集训练有素的专业人员，配备必要的危机处理工具，全面实施危机控制和管理计划，在短短的时间内从上到下指挥环环相扣地采取行动，我国政府这种权威的控制能力是不容置疑的。国务院办公厅9月19日发出通知，要求各地区、各部门认真贯彻落实党中央、国务院的决策部署，以对人民群众高度负责的精神，进一步做好婴幼儿奶粉事件处置工作。卫生部9月20日发出紧急通知，要求没有开通婴幼儿奶粉事件健康咨询热线12320的省份，应在

最短时间内开通，并及时告知公众。为及时解答公众的健康咨询和医疗救治等问题，科学地进行解疑释惑，及时引导群众正确就医，卫生部将北京市和上海市公共卫生公益电话12320设置为服务于全国的婴幼儿奶粉健康咨询热线电话。

在这次危机中我国政府坚持引导正确的舆论导向，每日通报各地各级检验机构的检验结果，及时曝光劣质奶粉品种，通过各种宣传渠道向广大消费者宣传选用合格奶粉和使用奶粉的科学知识，为乳制品生产企业和广大消费者提供信息共享平台和检测三聚氰胺的服务。政府在这次三聚氰胺奶粉危机管理中建立了充分发挥上情下达和下情上达作用的信息传播系统，让各种意见、观点、信息在新闻媒体上充分交流、融合、碰撞，催化了危机的应对，同时为危机后的重建提供了基础。在救治能力方面，三聚氰胺奶粉重大安全事故发生后，从国务院启动Ⅰ级响应以来，全国卫生系统和医疗专业工作人员有步骤有计划地推进，拯救了绝大部分的生命，使一场卷席全国甚至波及国外的大型危机死亡人数控制在个位数以内。但是，在应对国外的沟通时却略显不足。首先是世界卫生组织批评中国政府没有第一时间向国际社会通报毒奶粉事件，其次，地方政府没有及时和新西兰政府有效沟通，而是等到事情发展到很大的态势惊动了中央政府才开始开展危机的应急工作。

温家宝总理指出："在这起事件中，暴露出政府监管不力，也反映出一些企业缺乏职业道德和社会公德，我们不仅要追究领导责任，对这样的企业，也要坚决整顿、处理，一个也不放过。"奶粉事件发生后国家质检总局局长李长江引咎辞职。伴随依法治国的推进，官员"问责制度"将从"个案"转为"惯例"，追究力度和广度在加大，"地方政府负总责、监管部门各负其责、企业是第一责任人"的食品安全责任体系也在建立和完善。

（三）危机后政府危机管理能力

能否把危机转化为机会，怎样重新评估现有的资源和政策，才是考验政府能力的关键一环。从三聚氰胺奶粉危机事件后看政府对食品安全监管体系的修正，体现了很大的进步，然而仍蕴藏着很大的漏洞和缺陷。

由此次三聚氰胺奶粉危机事件推生了《中华人民共和国食品安全法》，于2009年6月1日起施行。该法律相比之前的食品卫生法，有较大的改进。其一，国务院设立食品安全委员会，监管体制进一步理顺了。其二，明确了"国家建立食品安全风险监测制度"，强化了风险监测和评估的重要作用。其三，严格规范添加剂使用，减少制度上的漏洞，从而防止食品安全事故的发生。其四，取消了免检制度，恢复了合理的"质优者上"的竞争定律。将危机中的教训上升到完善制度的层面，及时改进工作中的不足，改善治理结构，改革制度理念，体现了我国政府较强的危机后修正能力。同时，在危机发生后相当长的时期内，我国都对奶粉的抽检处于严格控制状态，质监部门定期对奶粉进行抽检并公布抽检结果，在相当长的一段时期内危机恢复维持着良好的状态，然而公众对毒奶粉的阴霾还未散尽的时候，2010年2月三聚氰胺奶粉却重现市场，目前就广东境内清查出的问题奶粉总量就有28.5t，这着实让人难以置信。在严厉打击、重点惩治背景下，在举国贯彻落实《食品安全法》的大环境中，问题奶粉仍然顶着如此强烈的"炮火"，坚强地抬起头来，不能不说是奇迹。也不由得让我们对现有的国家监管能力提出质疑，从而也可以看出新出台的《食品安全法》缺乏可操作性，法律责任不严、处罚过轻、违法成本很低等缺点还没完全改善，还需要更为完善的细则使其落到实处。我国食品安全监管体系、监管模式的完善还值得期待。

纵观整个三聚氰胺危机事件中政府应对的全过程，这是一个由政府主导，以及社会、企业参与的多元网络互动过程，也是一个在危机中探索重构并逐步寻找机会的过程。然而我国在危机事件的处理中却暴露出了各种各样的弊端，导致了最后三聚氰胺卷土重来的悲剧。首先，我国在2006年颁布了《国家重大食品安全事故应急预案》，对事故的分级，日常监管和应急控制机构的职责，监测、预警与报告机制，应急机制，应急处理和责任追究做了明确的规定。三聚氰胺危机的爆发是在该法律实施了两年之后，由此看来我国在危机前阶段的预防和反应能力无疑是不足的，政府应对的被动和仓促以及部门间责任的相互推诿造成了危机检测预警的不足，《国家重大食品安全事故应急预案》形同虚设。另一方面，危机后的沉痛教训催生了《食品安全法》，在我们都以为走在《食品卫生法》向《食品安全法》前进的道路上的时候，三聚氰胺奶粉依然在各种制度的漏洞中大规模卷土重来。无疑这是我国长期重视"硬件建设"忽视"软件建设"的结果，即重形式而轻实质，重回应而轻责任，重制度建设而轻能力建设。

第三节　企业危机管理案例分析

企业危机管理是指企业在经营过程中针对可能出现的或正在面临的危机，通过进行危机监测、预警、决策和处理，减少或避免危机所产生的影响与危害的一种新型管理体系。一般来说，企业危机的形成和发展大致可分为4个阶段，即潜伏期、爆发期、后遗症期、解决期。相应地，企业的危机管理可以分为3个重要阶段，即事前（潜伏期）管理、事中（爆发期）管理、事后（后遗症期、解决期）管理。

本节通过对A、B、C三家企业应对危机情况进行分析，发现企业危机管理的成功经验。

【案例1】

瘦肉精事件中A企业危机管理分析

一、A企业瘦肉精事件回顾

2011年3月15日上午9时许，央视新闻频道播出《每周质量报告》3·15特别行动——《"健美猪"真相》，节目曝光了"养猪户添加违禁药'瘦肉精'，监管部门收钱放行，经纪人联络其中，下游厂家有意收购"的乱象。而且这种用瘦肉精喂食的猪，流入了肉食行业的龙头老大、以"十八道检验、十八个放心"著称的A企业股票旗下的食品有限公司。节目播出后，上市公司A企业股票午后即跌停，当晚，A企业还发布了停牌公告。

2011 年 3 月 15 日傍晚，新华网刊文《农业部派出督查组赴河南严查"瘦肉精"》。

2011 年 3 月 15 日，据人民网题为《A 企业被曝使用瘦肉精猪肉 企业首度回应》的报道，A 企业副总经理杜俊甫表示，农业部对瘦肉精有着严格的管理规定，A 企业同样一直对瘦肉精有严格的管理和检测规定，不可能出现这样的事情，所以 A 企业一定会严格核实，了解具体实情，并承诺一定给消费者一个交代。

3 月 16 日午时，为了应对民众的质问和法律的介入，A 企业发布官方声明，推翻了前一日"不可能出现这样的事情"的说法。声明称，"某某食品有限公司是 A 企业下属的子公司，对此事给消费者带来的困扰，A 企业深表歉意。"这意味着 A 企业官方承认了"健美猪"流入的事实。

3 月 16 日 A 企业给各大零售企业发出函件称："凡我司生产的熟肉制品均可正常销售，如出现相关的质量问题，我司将承担一切责任。"另外，A 企业还表示，已委托国家及地方相关检测机构，对其生产的熟肉制品进行全面检测，检测结果将在 3 月 20 日予以公告。当日，A 企业总经理接受采访时更是明确表示，A 企业作为一家大公司，对所有问题不会回避，会承担所有的责任。

当晚，A 企业再次发表声明，要求某某食品有限公司收回在市场上流通的产品，在政府有关部门的监管下处理。对某某食品有限公司总经理、主管副总经理、采购部长、品管部长予以免职，某某食品有限公司继续停产整顿。

3 月 23 日一直未曾露面的 A 企业创始人兼董事长在"A 企业落实两个声明、确保食品安全全国视频会议"上首度公开回应相关事宜。并表示针对"瘦肉精"抽样检测存在的风险，公司决定不惜成本，对生猪屠宰实施"瘦肉精"在线逐头检测，确保生猪 100% 全检，为广大客户提供安全放心产品。

二、A 企业瘦肉精事件危机管理分析

（一）事前管理分析

A 企业瘦肉精事件的披露时间是 2011 年 3 月 15 日，但记者的调查在 2011 年 1 月份就开始了，可见 A 企业的危机预警机制很不完善，信息搜集与分析机制、检验与检测机制等均存在很大漏洞。同时，A 企业与媒体之间没有建立良好的沟通机制。记者在 A 企业暗访的时间长达 3 个月，A 企业没有任何察觉，记者也没有主动向 A 企业透露任何动向，直至 3 月 15 日将事情通过央视公布于众。如果 A 企业与媒体建立了良好的沟通机制，"瘦肉精"产品可能就不会大量流入市场。而且央视公布于众后，A 企业副总经理还在人民网题为《A 企业被曝使用瘦肉精猪肉 企业首度回应》的文章上表示：农业部对瘦肉精有着严格的管理规定，A 企业同样对瘦肉精有严格的管理和检测规定，不可能出现这样的事情。当日接受采访时更是明确表示，"A 企业作为一家大公司，对所有问题不会回避，会承担所有的责任。"据不同媒体报道，16 日 A 企业给各大零售企业发出函件称："凡我司生产的熟肉制品均可正常销售，如出现相关的质量问题，我司将承担一切责任。"另外，A 企业还表示，已委托国家及地方相关检测机构，对其生产的熟肉制品进行全面检测，检测结果将在 3 月 20 日予以公告。

正是因为在瘦肉精事件中事前管理不到位，且推卸责任，A 企业被推到了舆论的风口浪尖，成为众矢之的，损失惨重。

（二）事中管理分析

瘦肉精事件发生后，A 企业拿出了一系列具体应对措施，体现了相对诚恳、务实的态度，一定程度上缓解了外部强大的舆论压力。A 企业董事长两次向消费者道歉，以及召开万名职工大会，一定程度上可以说是 A 企业积极的表现，从中能看到 A 企业落实食品安全的姿态。3 月 16 日午时，A 企业发布官方声明，推翻了前一日"不可能出现这样的事情"的说法。声明称，"某某食品有限公司是 A 企业下属的子公司，对此事给消费者带来的困扰，A 企业深表歉意。"这意味着 A 企业官方承认了"健美猪"流入的事实。这种含糊其辞的声明，并未能起到挽回企业形象的作用。当晚，A 企业再次发表声明，要求某某食品有限公司收回在市场上流通的产品，在政府有关部门的监管下处理。同时对某某食品有限公司总经理、主管副总经理、采购部长、品管部长予以免职，某某食品有限公司继续停产整顿。而且从 3 月 16 日起，A 企业一年增加"瘦肉精"检测费用 3 个多亿，实施生猪屠宰瘦肉精在线逐头检验，旨在从源头上确保 100% 安全。

但在一些细节的处理上有失妥当，产生了一定的负面影响，其中最突出的就是 3 月 31 日双汇集团在漯河召开的万人道歉大会，其道歉诚意明显不够，与民意期待有很大距离；道歉大会似乎变成了娱乐大会，经销商高呼"双汇万岁、万隆万岁"，恍如一出闹剧，缺乏严谨认真的态度；道歉对象理应是广大消费者，但此次大会云集了职工和经销商，更像是一次热热闹闹的家庭聚会，淡化了道歉的色彩。

（三）事后管理分析

危机过后，A 企业为总结教训，警钟长鸣，在企业内部管理方面进行了一些积极的探索和努力。第一，为了铭记教训，A 企业把"3·15 国际消费者权益日"设为"A 企业食品安全日"，时时刻刻提醒员工要牢记自己的使命和责任。并同时成立"A 企业食品安全监督委员会"，邀请同行、新闻媒体、政府监管部门等共同监督企业的生产经营。第二，设立"食品安全奖励基金"，对坚守食品安全的供应商、销售商进行表彰、奖励；设立举报制度，彻查、严惩危害食品安全的事件和责任者。并于每年 3 月 15 日，对食品安全管理工作进行一次总评，评选在食品安全方面做得好的供应商、销售商以及个人，予以表彰和奖励。第三，为了保证采购、生产、销售各个环节产品的品质和安全，A 企业还建立"食品安全举报制度"，严查各环节的违规行为，对于触动食品安全这根"红线"的单位和个人严肃处理，绝不姑息。第四、完善检测制度，首先，A 企业建立生猪收购头头检验，原辅料进厂批批检查制度。制度规定：供应商供应的生猪和原辅料要确保安全，供应前要签订质量安全承诺书，保证不采购有"瘦肉精"的猪，不销售有"瘦肉精"的猪，凡提供有毒有害等非食品原料的供应商，除按照国家规定进行处理外，还要按"问题生猪"或"问题商品"价值的两倍进行索赔；供应商供应的各类物资，必须证件真实有效齐全，如弄虚作假，无论是供应商还是企业的职工，都要负法律责任和经济赔偿，决不让一头"问题猪"和"问题原料"流入 A 企业。其次，A 企业引入独立监督机构，建立产品安全第三方检测机制。目前，A 企业与产品安全第三方检测机构——中国检验认证集团签订了食品安全长期战略合作协议。

通过对 A 企业在"瘦肉精"事件中的事前、事中及事后应对策略的分析，可以看出 A 企业的危机管理系统尚不成熟，采取了"临时抱佛脚"的危机管理策略。但事后应对内部管理体制倒是非常到位、有效。在央视曝光后，A企业迅速承认自身错误并对问题产品采取召回措施，危机应对的第一步棋是正确的。然而，其接下来的行为却渐渐偏离了正确的航向。在事后一个月的时间里，A企业危机应对的着力点始终放在经销商上，从视频会议安抚经销商到"万人大会"上的悲情牌，A企业的工作重心一直在于对经销商的安抚和打气上。诚然，对于肉类加工企业来说，经销商的重要性是不容置疑的，其危机管理也绝不应忽视经销商的作用。但对企业来说，最关键的始终还是消费者。有消费者才有市场，才有企业和经销商共同生存的空间。然而，在A企业的危机应对过程中，消费者似乎处于被遗忘的角落。A企业对于消费者的质疑远没有给出足够的解释，其对消费者的反应仅仅停留在最初的道歉和后来重庆区域经理的"大嚼火腿肠"上。对瘦肉精造成的危害以及今后的预防上一直缺乏有说服力的科学回应。也难怪消费者对其危机公关行动的评价只是冷冷的"早知今日，何必当初"。

【案例2】

B企业"标准门"危机管理分析

2013年4月以来，在27天的时间里《京华时报》创造了"一家媒体批评一个企业"的记录，持续28天以连续67个版面、76篇报道，称B企业"标准不如自来水"，引发了市民对饮用水问题的强烈担忧。直到最后B企业退出北京市场。

一、事件回顾

3月15日，某南方网站报道B企业水中现黑色不明物。对此，B企业回应称，含有天然矿物元素的瓶装水在运输储存过程中，有时会受到温差等影响而析出矿物盐，并不影响饮用。

3月22日，中国广播网报道，有消费者投诉B企业瓶中有不少棕红色的漂浮物。经销商在未取走问题样品的情况下回复表示，自己是从湖北丹江口工厂进的货，经过厂家检测得出的结果是，棕红色的不明物质为矿物质析出所致，水可以正常饮用。B企业总裁办主任钟晓晓在接受采访时也坚称，B企业生产工艺肯定没有问题。

3月25日，某南方网站再报道B企业丹江口水源地污染，报道称，在B企业取水点周边水域岸上，遍地是各种各样的生活垃圾，其中不乏大量疑似医用废弃药瓶，俨然"垃圾围城"之势。对此，B企业回应称，媒体所报道的不整洁区域距离其公司取水口下游约1.4公里，对取水质量并无影响。此外，B企业取水口源水符合《DB 33/383—2005瓶装饮用天然水》天然水源水质量要求。

4月9日，《国际金融报》报道，B企业在广东万绿湖水源地、浙江千岛湖水源地和湖北丹江口水源地均采用的是DB 33/383—2005标准，而该标准是浙江地方标准。但令人奇怪的是，广东也有本省的饮用天然水标准，但广东万绿湖水源地的产品却未采用该标准，仍采用对水质要求较低的浙江标准。

4月9日，华润怡宝在钓鱼台国宾馆发起《2013中国瓶装水企业社会责任倡议书》，向国内瓶装饮用水企业发起全面承担企业社会责任的倡议，旨在倡导做有责任的企业，做有责任的品牌。

4月11日，陷入"标准门"之后一直保持沉默的B企业终于在其官方微博作出郑重声明：B企业饮用天然水的产品品质始终高于国家现有的任何饮用水标准，远远优于现行的自来水标准。B企业产品的砷、镉含量低于检测限值，含量低至无法检出。霉菌和酵母菌亦无法检出。

此外，B企业还将矛头指向了华润怡宝。B企业在声明指出，近期针对B企业的一系列的报道是蓄意策划的，隐藏在幕后的就是国有控股饮用水企业——华润怡宝。

B企业罗列了一系列怡宝的"罪证"，并表示，"作为国有控股的饮用水企业，利用民众对食品安全和环境污染的恐慌心理作为行销手段，以达到打击竞争对手、扩大市场份额的目的，这一做法令人遗憾。"

B企业所列证据包括已被删除的华润怡宝此前推出的"中国饮用水之殇"网页和广告的截图，以及"华润怡宝用'大自然搬运过来的水，你还敢喝吗？'将矛头直指B企业公司广告语'大自然的搬运工'"等。

B企业还邀请电视、报纸和网络媒体以及消费者对B企业水源、生产过程和产品品质进行全面的实地访问和监督，拟邀请人数不少于5000人。

4月11日晚，华润怡宝发布声明称："我司从未以任何方式对B企业声明中所提到的做法予以任何形式的参与；作为一家有社会责任的企业，我司一贯反对任何企业不正视自身问题、推卸自身责任，通过利用媒体转移公众视线将自身危机转嫁给竞争对手的任何行为；我司保留对B企业采取法律行动的一切权利。"

4月15日，B企业声明自称其标准中甲苯、亚硝酸盐指标限值是严于自来水标准的，并称，"就一两项指标就判定整个标准谁高谁低是毫无法律依据的"。对此，中国民族卫生协会健康饮水专业委员会马锦亚表示："我们看一个标准的高与低，更重要的是关注其中对人体有害的指标，哪怕你只有一项低于国家标准，你的标准就是不如国标"。

4月14日，B企业对《京华时报》等媒体报道B企业水质标准低于国家标准进行回应，称《京华时报》所谓的"相对于B企业从未从严修订标准的，但其从宽修订标准却显得非常积极"完全是置事实于不顾，颠倒黑白，并称《京华时报》无知。甚至在15日的微博中放出狠话："你跑不掉，也别想跑。"对此，"京华时报官方微博"16日上午发博回应，"标准面前，你跑不掉，也别想跑"。

4月16日，华润怡宝声明称，为维护自身合法权益，已向深圳市南山区人民法院对B企业提起诉讼，该诉讼已于2013年4月15日被该院正式受理。

4月18日，中华民族卫生协会健康饮水专业委员会秘书长马锦亚表示，B企业不仅没有正视自己的问题，还公开指责该协会是"莫名其妙的协会""信口雌黄"，决定将B企业从协会中除名。

4月19日，《京华时报》发表声明称，对于本社指出的B企业执行的地方标准在部分指标上低于国家标准一事，B企业不正视自身存在的问题，反而反复通过强调"产品品质高于国家标准"来混淆视听，转移视线，并通过言语恐吓、制造舆论影响等手段，打压媒体责任，挑战新闻媒体的舆论监督职责，严重侵犯了本社名誉权。本社保留对B企业股份有限公司的上述行为采取法律行动的一切权利。同时曝光B企业遭饮用水协会除名，因国家卫生计委明确表示企业包装饮用水应当符合国标。

4月20日，《京华时报》报称浙江省明确B企业需执行国标。

4月24日，浙江省卫生厅宣布瓶（桶）装饮用水已有国家食品标准地标自行废除。

5月3日，北京瓶（桶）装水销售协会通知下架B企业桶装水。

5月6日，北京质监局调查生产B企业桶装水的北京怀柔水厂，其备案的标准是浙江省标准不是北京饮用水所执行的标准，并要求其在北京停产。

二、B企业危机管理分析

（一）危机前阶段企业的处理措施

1. B企业危机意识淡薄

就在"标准门"爆发前不久，B企业就已经因为各种问题频频爆出负面消息，B企业的回应基本上都是否定或者轻描淡写的解释过去，并没有真正重视问题和打消各种疑虑。

2. B企业在危机爆发后，没有给予高度的重视，没有及时与媒体、利益相关者和各类相关专家沟通、交流。《京华时报》针对B企业的第一篇报道是4月10日发布的。而实际上，在4月9日，《京华时报》已和B企业进行了采访沟通。但是，B企业的处理态度却非常傲慢、滞后，一直到4月10日17时30分，才由负责公关的员工给《京华时报》记者胡笑红发了个短信，说有个声明发给她。接着到4月11日早上8点50分，才发了一个针对此次负面报道的声明，距离《京华时报》的报道发出达28h，错过了危机处理的黄金24h，错过了控制危机的最佳时机，事态进一步恶化。

（二）危机发生中阶段企业的处理措施

1. B企业危机处理主次不分

B企业在危机爆发后的首要目标不是及时止损和最大限度降低损失，而是探求所谓"真相"和逃避存在的问题。因此事情发生后B企业不但没有抱着真诚沟通的原则和《京华时报》进行沟通，而且还跟《京华时报》打骂战，指责《京华时报》无良心，指责记者报道不严谨，用心不端，刺激《京华时报》最后惹怒了《京华时报》，使《京华时报》连续用70多版来报道B企业事件，以证实自己的声誉。

2. B企业违标事实清楚却不承认

B企业执行的产品标准——浙江标准DB 33/383镉、砷等毒理性指标均宽于国家瓶（桶）装水卫生标准和自来水标准。然而面对媒体的质疑，B企业却始终回避其标准是否低于国标问题，并将"品质"和"执行标准"混为一谈。对于"产品执行标准为浙江地方标准而非更严格的国家标准"这一最核心的问题，B企业始终没有给出明确的解释，反倒是左顾而言他，大谈阴谋论，大谈实际执行标准、大谈出厂水质。在漫长的几十天里，B企业始终没有痛快回答过这一问题。直到5月6日发布会上，多家媒体追问，为何在国家已经出台比地标更严格的标准后，B企业仍然要执行落后、宽松的浙江地方标准时，B企业董事长钟睒睒才表示，浙江地方标准DB 33/383是目前天然水标准中相对完善、相对要求比较高的标准，而且是行政级别最高的天然水饮用水的标准。他还表示"浙江卫生厅从来没有说过因为国标出了，所以DB 33就要废止，这个问题你最好问浙江省卫生厅。"B企业无理取闹，且打着所谓探求"真相""公理"的旗号一味坚持自己立场。

（三）危机发生后期阶段企业的处理措施

2013 年 5 月 6 日，B 企业在北京专门举行新闻发布会，B 企业董事长钟睒睒宣布，因为北京水业竞争环境恶劣，B 企业用 3 个月的过渡期退出北京市场。B 企业以"B 企业有点甜"的广告语而闻名于全国各地。现在却深陷"标准门"事件而退出北京市场，无疑使 B 企业公司经济利益和企业声誉双双受损。B 企业在整个事件中没有为解决危机而制定方案，也没有要广泛听取媒体与相关专家的意见与建议，为解决危机、制定新的措施与对策的依据。在整个事件过程中，B 企业处处被动。最后，B 企业称，在当前食品质量国家标准正在修订中的情况下，自己执行全国范围地方标准中内相对要求更高的浙江省地方标准 DB 33/383，并从严执行。从 B 企业此次整体危机处理的表现来看，B 企业针对此次危机处理只能用手忙脚乱、手足无措，找不着北来形容，完全看不出有系统运行的效果。

【案例 3】

福建 C 乳品有限公司危机事件分析

2011 年 11 月 7 日，国家加工食品质量监督检验中心（福州）报告称，福建 C 乳品有限公司（以下简称"C 公司"）生产的 1 批次纯牛奶（生产批号：20111009）在总局组织开展的乳制品风险监测中被检出不合格，黄曲霉毒素 M_1 检出值 1.0μg/kg，超过标准限量值 0.5μg/kg。

11 月 8 日 C 公司得知灭菌乳产品黄曲霉毒素 M_1 超标的信息后，即对提供当批原料奶的 3 个牧场（33 牧、27 牧、13 牧）进行调查。其中，第 33 牧场在 10 月 8 日前使用的玉米（河南产）为该牧场原料库中库存最底层的剩余玉米，可能已发生霉变并导致该牧场 10 月 8 日提供的原料奶黄曲霉毒素 M_1 超标；该批玉米是 C 公司牧场于 2011 年 9 月 27 日购入，数量约 60.5t，日消耗量约 5.5t，已于 10 月 7 日全部用毕。

11 月 9 日南平市质监局对 C 公司进行调查核实。C 公司原料奶全部来源于该公司自有的 12 个牧场，数量为 120～130t/d。各牧场原料奶通过奶罐车运至公司后，贮存于公司一、二车间的奶罐中。又获悉该公司生产的另 1 批次纯牛奶（生产批号：20111008）国家监督抽查被判为不合格，不合格项目也为黄曲霉毒素 M_1，检出值为 0.9μg/kg。C 公司 10 月 8 日、10 月 9 日两批问题产品的原料奶均为该公司下属 3 个牧场的同一批原料奶（存放于二车间的 2 个奶罐中），数量共 3 车 40.24t，数量共 7877 件。

11 月 9 日至 11 月 17 日期间，C 公司排地处理了自检黄曲霉毒素 M_1 阳性的原料奶 3 车计 43t。

2011 年 11 月 16 日，南平市质监部门将 C 公司有关情况书面报告福建省食品安全委员会办公室。并责令 C 公司用于生产问题产品的第 1、2、7 号灌装线停止生产，限期整改。对 C 公司涉嫌违反《食品安全法》行为立案调查处理。该公司生产的所有产品按品种每周进行一次抽查，连续抽检一个月。

11 月 27 日国家质检总局签发给各省市质监局一份"特急明电"——《关于立即对

乳制品中黄曲霉毒素 M_1 超标问题开展处置工作的通知》，其中写道："发现部分省份的个别批次的乳制品黄曲霉毒素 M_1 超标，决定在全国范围开展专项督查检查。"

12 月 24 日，国家质检总局公布 C 公司黄曲霉毒素 M_1 超标事项。

12 月 26 日，C 公司在其官方网站上发出了一封致歉函，国家质检总局 30 日通报指出，自 12 月 23 日发布国家监督抽查结果以来，各地质检机构对包括蒙牛、长富、伊利、光明、三元、雀巢、完达山、君乐宝等企业生产的液体乳进行了检测，未新发现黄曲霉毒素 M_1 超标问题。

依据以上的情况我们做如下分析：

（一）危机前的企业危机管理能力分析

从上可以看出 C 公司具备黄曲霉毒素 M_1 的自检能力，对原料奶黄曲霉毒素 M_1 项目：每日在投料前进行抽样自检，每周对所有牧场的原料奶按牧场进行一次检验，对出厂乳制品产品按批次逐批进行检验。而这次不合格事项，经进一步调查，是检测试剂盒要求的贮存条件与要求不符，使用冷冻失效的检测试剂盒造成检验结果的误判，从而发生 2011 年 10 月 8 日、9 日不合格原料奶投入生产、不合格成品出厂的情况。

从 C 公司日常监管及内部质量控制情况看，该公司对食品质量安全较为重视，从原料奶的进货查验、生产过程控制到产品出厂检验均按规定要求执行。2011 年 1—10 月份，该公司通过自检共发现了 6 车次的不合格原料奶。其中，抗生素超标原料奶 2 车；酒精试验不合格 1 车；酸度超标 1 车，以及 8 月发现的黄曲霉毒素 M_1 阳性的原料奶 2 车。对这些不合格原料奶，该公司均做了排地处理，未投入生产。2011 年 10 月 25 日，在未得到质监部门风险监测和国抽检验结果之前，该公司在对奶罐中的原料奶混合样进行例行检测发现黄曲霉毒素 M_1 达到允许的上限，立即对入厂原料奶实施黄曲霉毒素 M_1 项目的加严检测。10 月 26 日至 11 月 8 日期间，该公司已自检出黄曲霉毒素 M_1 阳性的 16 车原料奶计 198t，均采取了排地处理措施。

从 C 公司对发现不合格原料处理措施来看，该公司多采取了排地处理措施，只是头痛医头、脚痛医脚，并没有从源头分析及处理措施，如 2011 年 8 月，2011 年 10 月 25 日，10 月 26 日至 11 月 8 日期间均发现黄曲霉毒素 M_1 阳性。企业危机潜在性重视不够，敏感性不足，检验员不尽职尽责，阻碍了危机识别能力的发挥。

（二）危机中的企业危机管理能力分析

事故发生后该公司积极配合质监部门的调查，快速地查找原因，召回问题产品，问题牛奶数量共 7877 件（规格：24 盒/件），虽已全部售出，还是从经销商库存召回 1015 件零 17 盒，另有 5540 件较分散，企业已采取派出业务员回购后换货、就地销毁的措施。并将 2011 年 10 月 21 日至 11 月 16 日所生产的还没出厂的所有 25 批次灭菌乳产品，全部委托国家加工食品质量监督检验中心（福州）检验。12 月 24 日，国家质检总局公布的该公司的黄曲霉毒素 M_1 超标事项，该公司在两天之后即 12 月 26 日在其官方网站上发出了一封致歉函，认为黄曲霉毒素 M_1 超标"是我们 13 年牛奶事业上的奇耻大辱，全体深感愧对消费者多年来的厚爱与支持"。还声称，事件发生后"立即启动召回程序，对 10 月 8 日这一批次常温精品奶进行封存和销毁，同时内部进行质量体系管理的大整顿，再次强化从奶源、生产、运输等各个环节的质量关，并且延伸到牛奶产业链上游的控制，对饲料进行严格的批批检测"。但是，这封函也受到了不少消费者的质疑。在 2011 年 11 月 7 日，该公司就已经收到不合格的信息，在这一个多月之后声称已全部召回有问题的产品，当 12 月 24 日国家质检总局公布该公司的黄曲霉毒素 M_1 超标事项时不能在第一时间发出致歉函而是拖了两天，而且对于消费者关心的几大问题，比如不合格产品进入了哪些市场终端销售、封存和销毁是否全部完成、这一批次的产品数量、尚有多少无法召回以及是否给受损害的消费者进行赔偿等，该公司只字未提。多数市民对该公司的致歉函表示不满，认为"毫无诚意"，这些都说明了该公司应对媒介经验不足，没能从消费者的角度回答问题。

（三）危机后的企业危机管理能力分析

国家质检总局 12 月 30 日通报指出，自 12 月 23 日发布国家监督抽查结果以来，各地质检机构对包括蒙牛、长富、伊利、光明、三元、雀巢、完达山、君乐宝等企业生产的液体乳进行了检测，未新发现黄曲霉毒素 M_1 超标问题。从这一点可以看出在这次危机中以国家质检总局国家监督公布不合格，又以国家质检总局通报合格结束的企业危机事件，是一个非常圆满的食品危机应对事件，一共只经过不到十天时间，对于企业的损失是最小的，虽然也暴露一些不足，但没有造成事态的扩大化。

第四节　食品危机管理案例启示

一、　食品公共危机管理案例启示

从以上三个案例可以看出：

（1）企业为了降低成本，体现行业无序竞争。由于行业监管不到位、行业进入门槛不高，在整个行业的利润空间受到压缩的情况下，无序竞争不但不会"优胜劣汰"，反而导致"劣币驱逐良币"，并由此产生了全行业的安全隐患。我国政府应统一监测标准和监测体系，加强法制建设，积极引导、大力扶助行业协会和中介组织的形成，提高产品生产的组织化程度，借用行业协会的力量开展各项认证活动，并保证认证的专业性，更好地保证食品质量安全。

（2）食品安全危机发生后，人们在震惊和恐慌的同时会千方百计地寻找与事件有关的消息。我国政府对于危机的应急管理，其优点是集中领导、层级管理；但由于层级太多导致信息传递滞后、失真等，造成谣言四处传播，恐慌进一步加剧。因此在食品安全危机应急管理中，政府要主动引导和利用新闻媒体，保持与公众之间的信息沟通渠道通畅，充分利用电视、报刊、网络、广播等新闻媒体，在第一时间通过各种新闻媒体以专家委员会或者专家代表发布信息，将事件进展情况公布于众，保证信息的可信度和权威性，提供最新的信息和事实，并解释事实真相来提高公众的辨别和预防能力，新闻媒体还可以积极动员非政府组织资源，加快我国公众服务体系的建立，达到危机应急管理的最终目标。

（3）我国食品安全危机应急管理是政府单向、自上而下、管制与命令为主导的方式，缺乏与社会参与的结合。危机爆发后，政府扮演的是"全能政府"，往往突出以政府为单一主体进行应对，忽略了社会组织和公民在危机应急管理中的能动性和积极性，没有让公民参与制订解决方案，采用政府内部决策，容易使决策方案与公民实际需求脱离，从而导致危机应急管理效率低，直接影响到公民切身利益。为了更加有效地应对食品安全危机，我们应积极培育各类公民社会组织，不断加强其的广泛参与，使之在政府为主导的应急管理体系中扮演应有角色，并逐步完善相关组织和功能建设。

（4）我国政府对食品安全危机的应急管理是在国务院或者各地方政府设置相关的临时机构，缺乏统一的危机应急管理指挥机构，各个政府职能部门就可能出现各自为政、互不配合的情况，这就使得政府的危机应急管理决策落不到实处，最终影响、延误、阻滞政府对危机的应急管理。为了有效调动一切可利用资源，将层级关系、功能结构不同的各级各类部门和机构有序组织起来，必须建立一套合理的食品安全危机应急管理综合协调机构，保证各职能部门之间的高效协作，避免相互间的扯皮推诿现象。

二、 食品企业危机管理案例启示

从以上三个案例可以看出：

（1）要做好危机事前管理，首先要增强全体员工的危机意识，做到"防患于未然"。其次要构建危机管理系统，提高企业的应变力及解决问题的能力，在其中一定要做到勇于承担责任。再次要增强公关意识，持续加强与消费者、社会公众、新闻媒体、政府机构等外部公众的联系与沟通，获得其支持与信赖，不能违背真诚沟通原则，在沟通中要用数据说话，让公众看到沟通的诚意。

（2）要做好事中管理，管理者需要在巨大的压力下迅速做出正确决策。管理者要想有效地做出决策，妥善地处理好危机，就必须冷静应对，有序管理，组织专职人员与公众及时沟通，首先要注重速度，在第一时间作出正式回应，抓住危机公关的最佳时间；其次，要有系统的危机公关策略，不能东一枪西一炮。再次，要寻找站得住脚的理由，应用权威证实应有的效果来消除公众的质疑。

（3）在事后管理阶段，一方面要及时总结经验教训，另一方面应该采取积极的有实质意义的措施组织生产、销售与宣传，维护企业在公众面前的形象，重新建立消费者对企业的信心，逐步恢复原有的销售水平。

🔍 思考题

1. 简述危机管理的基本概念、发展历程。
2. 食品安全危机的特点有哪些？
3. 如何建立食品安全公共危机预防体系？试述食品安全公共危机处理及危机善后的相关程序和技巧。
4. 如何建立食品安全企业危机预防体系？试述食品安全企业危机处理、危机公关及危机后期工作的相关程序和技巧。
5. 在假期时协助一个食品企业建立该厂的良好操作规范。

参考文献

［1］张维平，裴世军．危机与我国社会危机的特点及分析．北京工业大学学报（社会科学版），2006，（02）：51－56.

［2］Hermann，Charles F. International Crisis：Insights from Behavioral Research. New York：Free Press，1972.

［3］罗伯特·希斯著．王成，宋炳辉，金瑛译．危机管理．北京：中信出版社，2001.

［4］Uriel Rosenthal. Coping with Crisis：the Management of Disasters，Riots，and Terrorism，Illinois. Charles C. Thomas Publisher，1989.

［5］Otto Lerbinger. The Crisis Manager：Facing Risk and Responsibility. Lawrence Erlubaum Associates：New Jersey，1997.

［6］佘廉．企业逆境管理．沈阳：辽宁人民出版社，1993.

［7］贺正楚．论企业危机管理系统的构建．系统工程，2003，21（3）：34－39.

［8］范靖．企业产品危机管理探究，厦门：厦门大学，2007.

［9］康秀平．从三鹿"三聚氰胺"事件看企业危机公关．当代小说：下，2010，（3）：63.

［10］周露露，周婷婷．"塑化剂风波"法律思考．辽宁行政学院学报，2013，15（5）：42－44.

［11］向斌．食品包装中塑化剂问题解析．中国包装，2011，（09）：51－53.